食品类专业教材系列

食品添加剂应用技术

（第三版）

魏明英　翟　培　主编

科学出版社

北　京

内 容 简 介

本书结合我国食品添加剂的标准和使用情况，重点介绍了食品添加剂的定义、性质、使用方法、应用范围与剂量，以及食品添加剂的使用实例、使用时的注意事项等有关知识。并对一些食品添加剂的应用及食品中违法添加的非食用物质和滥用食品添加剂的情况做了介绍。

本书为“十四五”职业教育国家规划教材，既可作为职业院校食品类专业学生的教科书，又可作为食品企业技术人员的参考书，还可作为普通消费者了解食品添加剂知识的科普书。

图书在版编目（CIP）数据

食品添加剂应用技术/魏明英，翟培主编．—3版．—北京：科学出版社，2020.9

（“十四五”职业教育国家规划教材·食品类专业教材系列）

ISBN 978-7-03-065842-5

Ⅰ.①食… Ⅱ.①魏… ②翟… Ⅲ.①食品添加剂-高等职业教育-教材 Ⅳ.①TS202.3

中国版本图书馆CIP数据核字（2020）第147429号

责任编辑：沈力匀 / 责任校对：马英菊

责任印制：吕春珉 / 封面设计：耕者设计工作室

科学出版社 出版

北京东黄城根北街16号

邮政编码：100717

http://www.sciencep.com

三河市骏杰印刷有限公司 印刷

科学出版社发行 各地新华书店经销

*

2006年 8 月第 一 版 2023年8月第二十八次印刷

2014年 8 月第 二 版 开本：787×1092 1/16

2020年 9 月第 三 版 印张：13

字数：320 000

定价：49.00 元

（如有印装质量问题，我社负责调换〈骏杰〉）

销售部电话 010-62136230 编辑部电话 010-62130750

第三版前言

食品添加剂是为了改善食品品质和色、香、味、形、营养价值，以及为保存和加工工艺的需要而加入食品中的化学合成或者天然的物质。其是食品工业中研发最活跃、发展和提高最快的领域之一。随着我国食品安全法律法规的不断完善和规范，行业的生产经营管理日益规范，行业企业的规模和产品生产集中度进一步提高。据相关数据统计，我国现有取得生产许可的食品添加剂生产经营企业 3 300 家，按照取得生产许可类别区分为：食品添加剂生产企业 1 623 家，食用香精生产企业 720 家，复配食品添加剂企业 957 家。许多食品添加剂在纯度和使用功效方面提高很快。一方面，食品添加剂大大促进了食品工业的发展，并被誉为现代食品工业的灵魂；另一方面，食品添加剂的滥用及行业的不规范给食品安全带来的问题也越来越多地引起了广大消费者的关注。因此，食品添加剂生产和使用者必须严格把握、正确理解食品添加剂的使用原则，深入了解被允许使用的食品添加剂的特性，结合自身产品的工艺需要，绝不使用不具有技术上必要性的食品添加剂。因此，食品添加剂生产和使用者必须严格把握、正确理解食品添加剂的使用原则，深入贯彻以人民为中心的发展思想，维护人民根本利益，紧紧抓住人民最关心的食品安全问题，深入了解被允许使用的食品添加剂的特性，结合自身产品的工艺需要，不使用不具有技术上必要性的食品添加剂，维护好食品添加剂的使用安全。

本书每个章节都通过食品添加剂的安全、合规使用和天然食品添加剂应用等知识，帮助学生树立健康情怀，养成诚实守信职业道德，培养绿色制造理念和精益求精的工匠精神，课程思政做到了如盐在水，教育无痕，润物无声。“食品添加剂应用技术”是职业教育食品类专业必修的专业课程，学生通过本课程的学习应掌握各类食品添加剂在食品加工中的应用知识和技术。本书 2006 年第一版为教育部职业教育与成人教育司推荐教材，2014 年第二版为普通高等教育“十一五”国家级规划教材，本版为“十四五”职业教育国家规划教材，并在前两版内容基础上按照《食品安全国家标准 食品添加剂使用标准》（GB 2760—2014）进行了修订，将食品添加剂按照功能分为防腐剂、抗氧化剂、着色剂、护色剂与漂白剂、食品用增香剂、调味剂、乳化稳定剂、膨松剂、酶制剂、其他食品添加剂和食品工业用加工助剂等，分别介绍了其安全性数据、性状、用途、质量标准，以及食品添加剂在食品中的应用，在食品中违法添加的非食用物质和滥用的食品添加剂，充分体现了“以就业为导向、以应用为主线、以理论够用为度、强化实践训练”的职业教育特色。

为了使学生能够掌握食品添加剂的实际应用，全书增配了二维码，以拓展和强化学生的食品添加剂方面的知识，并针对数字化教学增配了教学课件，方便教师在教学过程中参考使用（注：书中有关食品添加剂 ISH 号，“—”表示暂无编号）。

参加本书编写的都是多年从事食品添加剂教学科研和应用实践的教师，其中四川工商职业技术学院魏明英、广东食品药品职业学院翟培任主编，并负责全书的统稿工作；

广东食品药品职业学院韩晋辉、河南农业职业学院李俊华担任副主编；参加编写的人员还有北京电子科技职业学院李双石，佛山职业技术学院郑琳、齐明，广东环境保护工程职业学院沈会平。

本书在编写过程中，参考了许多文献、资料，还有一些网上的资料，对于相关作者难以一一鸣谢，在此一并表示感谢。

本书的编写得到了全国食品工业职业教育教学指导委员会和科学出版社的大力支持，还得到了各参编院校领导的大力支持，在此一并感谢。

第二版前言

为认真贯彻落实教育部《关于全面提高高等职业教育教学质量的若干意见》中提出的“加大课程建设与改革的力度，增强学生的职业能力”要求，适应我国职业教育课程改革的趋势，我们根据食品行业各技术领域和职业岗位（群）的任职要求，以“工学结合”为切入点，以真实生产任务或（和）工作过程为导向，以相关职业资格标准基本工作要求为依据，重新构建了职业技术（技能）和职业素质基础知识培养两个课程系统。在不断总结近年来课程建设与改革经验的基础上，组织开发、编写了高等职业教育食品类专业教材系列，以满足各院校食品类专业建设和相关课程改革的需要，提高课程教学质量。

食品添加剂是食品生产中最活跃、最有创造力的因素。食品添加剂已经成为现代食品工业不可缺少的一部分，对推动食品工业的发展起着十分重要的作用。在食品加工制造过程中使用食品添加剂，既可以使加工的食品色、香、味、形及组织结构俱佳，还能增加食品营养成分，防止腐败变质，延长食品保存期，便于食品加工，便于改进食品加工工艺，提高食品生产效率。

近年来，食品添加剂也是食品安全方面出问题最多的因素，造成许多不卫生和不安全的“问题食品”，甚至被称为“杀人食品”，苏丹红和三聚氰胺就是典型的例子，以至于让人们以为食品添加剂都是不安全的。总结起来问题出在这几方面：一是不法生产厂家为达到牟利目的，把非食用物质作为食品添加剂非法地加到食品中去；二是不按《食品添加剂使用卫生标准》正确使用食品添加剂；三是超范围、超剂量地滥用添加剂。要解决这些问题，我们认为最重要的还在于普及食品添加剂使用的基础知识和应用技术，才能保证食品的安全卫生，保证人民身体健康，适应食品工业的飞速发展和食品国际贸易的需要。因此职业院校食品类专业的学生学习食品添加剂的基础知识、掌握其应用技术是非常重要和十分必要的。

本书是“普通高等教育‘十一五’国家级规划教材”。全书结合我国食品添加剂的标准和使用情况，重点介绍了食品添加剂的定义、性质、使用方法、应用范围与剂量，以及食品添加剂的使用实例、使用时的注意事项等有关知识。我们力求将此书编写成为一本通俗易懂的普及食品添加剂应用知识的书，让它既可作为职业院校食品类专业学生的教科书，又可以作为食品企业技术人员的参考书，还能成为普通消费者了解食品添加剂知识的科普书。

参加本书编写的都是多年从事食品添加剂教学科研和应用实践的教师，有四川工商职业技术学院江建军、李剑；江苏食品职业技术学院陆正清；漯河职业技术学院王林山；连云港师范高等专科学校贾润红；沈阳师范大学职业技术学院任建军；山西轻工职业技术学院李珍；湖北轻工职业技术学院付三乔；呼和浩特职业学院王利民。江建军任主编并负责全书的统稿工作，王林山、付三乔、任建军担任副主编，并参加部分章节统稿工作。为了使本书内容更贴近实际工作过程，我们特请上海润创食品科技发展有限公司周宓总经理对此书进行了审稿工作。

本书经教育部高职高专食品类专业教学指导委员会组织审定。在编写过程中，得到了教育部高职高专食品类专业教学指导委员会、中国轻工职业技能鉴定指导中心的悉心指导及科学出版社和各参编院校领导的大力支持，谨此表示感谢。在编写过程中，参考了许多文献、资料，包括大量网上资料，对于其相关作者难以一一鸣谢，在此一并感谢。

第一版前言

食品添加剂是食品生产中最活跃、最有创造力的因素，已经成为现代食品工业的重要组成部分。在食品加工制造过程中科学合理地使用食品添加剂，对于改善食品色、香、味、形，调整营养结构，改进加工条件，提高食品的质量和档次，防止腐败变质和延长食品的保存期，以及维护食品安全发挥着重要的作用。食品添加剂对于改进食品加工工艺、提高食品生产效率、促进食品工业的现代化也有着不可替代的作用。没有食品添加剂，就没有现代食品工业。食品添加剂技术不仅为食品工业和餐饮业的发展提供了可靠的技术支持和保障，而且已经成为促进食品工业高速发展的动力。

虽然食品业内人士认为“食品添加剂是食品工业的灵魂”，但有关食品添加剂的负面说法却总是不断冒出来刺激公众敏感的神经。这种截然相反的现状让消费者无形中对食品添加剂的安全性产生了担忧和误解。食品添加剂到底是天使还是魔鬼？总结起来问题出在以下两方面：一是为达到牟利目的，把非食用物质作为食品添加剂非法地加到食品中去；二是不按《食品添加剂使用卫生标准》正确地使用食品添加剂，而是超范围、超剂量地滥用添加剂。要解决这些问题，我们认为最重要的还在于普及食品添加剂使用的基础知识和应用技术，才能保证食品的安全卫生，保证人民身体健康，适应食品工业的飞速发展和日益广泛发展的食品国际贸易的需要。因此，食品类专业的学生学习和掌握食品添加剂的知识是非常重要和十分必要的。

本书为教育部职业教育与成人教育司推荐教材。全书结合我国食品添加剂的标准和使用情况，重点介绍了食品添加剂的定义、性质、使用方法、应用范围与用量，以及食品添加剂的使用实例、使用时的注意事项等有关知识。我们力求将此书编写成为一本通俗易懂的实用型的普及食品添加剂应用知识的书，让它既可作为高等、中等职业技术院校食品类专业学生的教科书，又作为食品企业技术人员的参考书，还可作为普通消费者了解食品添加剂知识的科普书。

参加本书编写的有：四川工商职业技术学院江建军、魏明英、李剑；江苏食品职业技术学院陆正清；漯河职业技术学院王林山；连云港师范高等专科学校贾润红；山西轻工职业技术学院李珍；湖北轻工职业技术学院付三乔；呼和浩特职业学院王利民。江建军任主编并负责全书的统稿工作，魏明英、王林山、付三乔、任建军担任副主编，并参加统稿工作。参加本书编写的都是多年从事食品添加剂教学科研和应用实践的老师。

本书在编写过程中，参考了许多文献、资料，其中有许多网上的资料，难以一一鸣谢，在此一并感谢。

本书的编写得到了全国食品工业职业教育教学指导委员会和科学出版社的大力支持，还得到了各参编院校领导的大力支持，在此一并感谢。

目　录

第1章　食品添加剂及其安全使用

学习目标

（1）了解食品添加剂的基本知识。

（2）熟悉食品添加剂安全使用的标准和要求。

食品添加剂及其安全使用

食物是经口摄入能为人体提供营养素的物质，其基本功能是维持人类生存。广义的食品就是食物，而狭义的食品是指通过加工制造的食物，它们是食品工业的产品。

在食品的加工制造中，为了改善食品的品质和色、香、味及为防腐及加工工艺的需要，加入少量天然或合成的物质，这些物质就是食品添加剂，食品用香料、胶基糖果中基础剂物质、食品工业用加工助剂也包括在内。

食品添加剂在食品加工中扮演着重要角色，对改善食品的色、香、味和食品加工条件，调整食品营养结构，改善延长食品保存期发挥着重要的作用。

食品添加剂作为食品工业中不能缺少的一个重要部分，被人们认识的时间还不长，但是人们实际使用食品添加剂的历史却源远流长。在人类发现使用火的同时，人们就与食品添加剂结下了不解之缘。当时，人们不仅发现用火烤熟的兽肉、禽肉更好吃，而且发现烧烤之后有些食物能保存较长的时间。这其实就是因为食物经过烟熏之后，烟中的酸类、酚类和醛类等成分对食物起到防腐、抗氧化的作用。距今1800多年前的东汉时期，就使用盐卤作为凝固剂制作豆腐，并一直流传至今；北魏《齐民要术》中还记载过从植物中提取天然色素的方法；800年前的南宋时期也已将亚硝酸盐用于腊肉生产中，之后这一技术还传入欧洲。

随着人民生活水平的不断提高，人们对食品品质的需求也在不断提高，食品添加剂便随着食品工业的发展而逐步使用和发展起来。食品添加剂的品种在不断增加，产量也在持续上升。全世界食品添加剂品种多达25 000种，其中80%为香料，直接使用的有3 000～4 000种。常见的食品添加剂有600～1 000种。在美国食品和药物管理局（简称“美国FDA”）公布的食品添加剂名单中，有近3 000种食品添加剂；日本使用的食品添加剂约有2 000多种；欧盟允许使用的食品添加剂约有2 000种。我国在《食品安全国家标准 食品添加剂使用标准》（GB 2760—2014）与近年来各项添加剂标准中已公布批准使用的食品添加剂有2 500种。

当今，在食品添加剂的使用和对食品添加剂的认识中还存在一些误区。

一方面，人们对食品添加剂的安全性持怀疑态度，认为它对人体是有毒的，甚至望而生畏，认为凡是含有食品添加剂的食品就不是优质、安全的食品，从而影响我国的食品工业的正常生产，以至一些食品生产商为迎合消费者的口味，其产品中实际含有一些食品添加剂，却在商品标签中标注“不含任何食品添加剂”。

另一方面，食品的生产及实际生活中又需要和依赖食品添加剂。例如，为了改进食品品质，改善食品感官性状，需要加入调味剂、着色剂、香精香料、膨松剂等；为了防止腐败变质，确保食用者的安全与健康，还需要加入食品防腐剂。实践表明，不含任何食品添加剂的面包，货架期两三天就会发霉变质，而发霉变质的面包含有的真菌毒素是迄今发现的最强致癌物之一，食用后对人体有很大的危害性。因此，面包生产过程中必须加入适量的防腐剂和乳化剂，这样才能保持其在正常的货架期内的食品安全性。

随着工业革命的兴起，食品工业也发生了根本的变化，对食品添加剂也有了新的要求，特别是化学工业的发展，一些人工合成的食品添加剂开始应用于食品工业，使食品添加剂进入了新的发展时期。此外，随着科学技术的不断进步，检测手段的日臻完善，人们开始关注食品添加剂的安全性和卫生性。各国对食品添加剂都采取了严格的管理措施，并从法律和法规上规范了食品添加剂的生产和使用，使它逐渐走上一条健康发展的道路。

纵观食品工业和食品添加剂发展的历史，不难看出：食品工业的需求带动了食品添加剂工业的蓬勃发展，而食品添加剂工业的发展，也推动了食品工业的进步。在人们还没有认识到食品添加剂对于食品工业的重要作用，只是不自觉地使用食品添加剂的时候，食品工业十分落后，那时的人们只是为了获取食物，对食物的口感、质量、营养等没有更多要求。随着经济社会的发展，食品工业也悄然发生了重大的变化。人们不再仅仅满足于解决温饱问题，而且对食品的色、香、味等品质有了新的要求。过去人们吃饼干、月饼总是觉得口感太硬，而且这些产品保存时间一长还容易霉变；很多具有地方风味特点的优质食品，因为没有有效的包装和保鲜防腐措施，也只能是区域性销售。伴随着食品添加剂的推广使用，这些问题都迎刃而解，因而食品种类在不断增多，其品质也有了大幅度的提高。

进入21世纪，食品工业的各领域通过引进设备和技术改造，行业面貌为之一新。味精工业、淀粉糖工业普遍推广了酶法制糖工艺，而如果不使用酶制剂，这一工艺改革是无法实现的，它不仅使生产效率大大地提高，而且产品质量也发生明显的改变。酿酒工业和饮料工业在生产中普遍使用的絮凝剂、澄清剂、助滤剂等，不仅提高了生产效率，实现了机械化，也大大改善了产品的质量。因此，开发新型、安全、高效的食品添加剂是食品添加剂生产行业又一发展方向。

1.1　食品添加剂的概念和作用

1.1.1　食品添加剂的概念

按照《中华人民共和国食品安全法》、《食品安全国家标准　食品添加剂使用标准》（GB 2760—2014），食品添加剂是指为了改善食品品质和色、香、味，以及为防腐和加工工艺的需要而加入食品的化学合成或者天然物质。生产经营的食品中不得添加药品，但是可以添加按照传统既是食品又是中药材的物质。按照传统既是食品又是中药材的物质的目录由国务院卫生行政部门会同国务院食品安全监督管理部门制定、公布。

食品添加剂大多数并不是基本食品原料本身应有的物质，而是在生产、贮存、包装、使用等过程中为达到某一目的有意添加的物质。它们在产品中必须不降低食品营养价值，具有增强食品感官性状、延长食品的保存期限或提高食品质量的作用。例如，加防腐剂可防止食品的腐败变质；在油脂中加入抗氧化剂，可防止油脂氧化变质；为满足食品加工工艺需要、改进食品品质可加入消泡剂、抗结剂；为增强食品色、香、味等感官性能可加入着色剂、甜味剂、香料、膨松剂等。

由于生活习惯的不同，世界各国对食品添加剂的定义也不尽相同，联合国粮食及农业组织（简称“FAO”）和世界卫生组织（简称“WHO”）下的食品添加剂联合专家委员会（简称“JECFA”）对食品添加剂定义为：食品添加剂是指本身不作为食品消费，也不是食品特有成分的任何物质，而不管其有无营养价值。它们在食品的生产、加工、调制、处理、充填、包装、运输、贮存等过程中，由于技术（包括感官）的目的，有意加入食品中或者预期这些物质或其副产物会成为（直接或间接）食品的一部分，或者是改善食品的性质。它不包括污染物或者为保持、提高食品营养价值而加入食品中的物质。按照这一定义，食品添加剂不包括污染物，也不包括食品营养强化剂。而日本、美国规定的食品添加剂则包括食品营养强化剂。

1.1.2　食品添加剂的作用

无论从各国关于食品添加剂的定义出发，还是从食品添加剂在食品工业中所起的实际作用看，食品添加剂在食品生产中有三方面重要的作用。

第一，它能够改善食品的品质，提高食品的质量，满足人们对食品风味、色泽、口感的要求。

第二，它能够使食品加工制造工艺更合理、更安全和卫生、更便捷，有利于食品工业的机械化、自动化和规模化。

第三，它能够使食品工业节约资源，降低成本，在极大地提升食品品质和档次的同时，增加其附加值，产生明显的经济效益和社会效益。

此外，食品添加剂的副作用甚至毒性也不容忽视，因其密切关系到人们的饮食卫生和健康安全，为此各国政府都制定了相应的法律、法规，指定了允许使用的食品添加剂品种、范围和数量，对研制的食品添加剂的新产品要求有严格的毒理学试验和安全性评价，并要求在实际食品生产中要科学、正确地使用食品添加剂。食品添加剂的生产和经营也需有许可证并严格接受卫生、工商及行业部门的管理和监督。

1.2　食品添加剂的分类和要求

食品添加剂的分类可按来源、功能和安全评价的不同进行分类。

1.2.1 食品添加剂的分类

1. 按食品添加剂的来源分类

食品添加剂按来源不同可分为天然和化学合成两大类。天然食品添加剂是指以动植物或微生物的代谢产物为原料加工提纯而获得的天然物质；化学合成的食品添加剂是采用化学手段、通过化学反应合成的食品添加剂。

2. 按食品添加剂的功能分类

食品添加剂按照功能可分为：

（1）防腐保鲜、保障食品的安全卫生的食品添加剂，如防腐剂、抗氧化剂、保鲜剂。

（2）改进食品感官质量的食品添加剂，如着色剂、漂白剂、护色剂、增味剂、增稠剂、乳化剂、膨松剂、抗结剂和品质改良剂。

（3）方便加工操作的食品添加剂，如消泡剂、凝固剂、润湿剂、助滤剂、吸附剂、脱模剂。

（4）食用酶制剂。

（5）其他。

根据 GB 2760—2014，每种食品添加剂在食品中可具有一种或多种功能，本书只介绍各食品添加剂的主要功能，如山梨酸及其钾盐，其可作为防腐剂、抗氧化剂、稳定剂，但本书只以防腐剂作为其主要功能进行阐述。

3. 按食品添加剂的安全评价分类

FAO 和 WHO 下设的食品添加剂联合专家委员会（JECFA）建议把食品添加剂分为如下三类。

第一类为 A 类，又分为 A（1）、A（2）两类。

A（1）类：毒理学资料完整，可以使用并制定了正式的 ADI（每日允许摄入量）的。或者认为毒性有限，可以按正常需要使用，不需建立 ADI 的。

A（2）类：毒理学资料不够完善，已经制定了暂订的 ADI，暂时允许用于食品的。

第二类为 B 类，毒理学资料不足，未建立 ADI 者。或者未进行过安全评价的。其中又可分为 B（1）、B（2）两类。

B（1）类：JECFA 曾进行过评价，因毒理学资料不足，未制定 ADI 的。

B（2）类：JECFA 未进行过评价的。

第三类为 C 类，JECFA 认为在食品中使用不安全或应该严格限制作为某些食品的特殊用途者。其中又可分为 C（1）类和 C（2）类。

C（1）类：JECFA 根据毒理学资料认为是不安全的。

C（2）类：JECFA 认为应该严格限制在某些特殊用途食品的。

1.2.2 食品添加剂的要求

对于食品添加剂的要求，首先其应是对人体无毒、无害的，其次它对食品色、香、味等品质有所改善和提高。因此，对食品添加剂的一般要求有以下几点。

（1）食品添加剂要进行充分的毒理学鉴定，保证在允许使用的范围内长期摄入而对人体无害。食品添加剂进入人体后，应能参与人体正常的新陈代谢或能被正常的解毒过程解毒后完全排出体外，或因不被消化吸收而完全排出体外，而不在人体内分解或与其他物质反应形成对人体有害的物质。

（2）对食品的营养物质不应有破坏作用，也不影响食品的质量及风味。

（3）食品添加剂应有助于食品的生产、加工、制造及贮运过程，具有保持食品营养价值，防止腐败变质，增强感官性能及提高产品质量等作用，并应在较低的使用量下具有显著的效果，而不得用于掩盖食品腐败变质等缺陷。

（4）食品添加剂最好在达到使用效果后的食品加工过程中除去而不进入人体。

（5）食品添加剂添加于食品后应能被分析检测出来。

（6）价格低廉，原料来源丰富，使用方便，易于贮运管理。

理想的食品添加剂应是有益而无害的物质，但有些食品添加剂，特别是化学合成的食品添加剂往往具有一定的毒性。这种毒性不仅由物质本身的结构与性质所决定，而且与浓度、作用时间、接触途径与部位、物质的相互作用与机体机能状态有关。只有达到一定浓度或剂量水平，才显示出毒害作用。因此食品添加剂的使用应在严格控制下进行，即应严格遵守食品添加剂的使用标准，包括允许使用的食品添加剂的种类、使用范围、使用目的（工艺效果）和最大使用量。食品添加剂在食品中的最大使用量是使用标准的主要数据，它是依据充分的毒理学评价和食品添加剂使用情况的实际调查而制定的。

毒理学评价除做必要的分析检验外，通常是通过动物毒性试验取得数据，包括急性毒性试验、亚急性毒试验和慢性毒性试验。在慢性毒性试验中还包括一些特殊试验，如繁殖试验、致癌试验、致畸试验等。

1.3　食品添加剂的卫生管理

1.3.1　国际上食品添加剂的卫生管理

国际上食品添加剂的应用开发由 FAO 和 WHO 加以管理。1962 年 FAO 和 WHO 决定设立联合国食品标准委员会（CAC），以推进“国际食品标准”的规划，下设各种食品的标准委员会，其中食品添加剂联合专家委员会（JECFA）是联合食品标准委员会和食品添加剂标准委员会的重要咨询机构。各个食品标准委员会起草有关食品添加剂的条款时，要依据 JECFA 提出的毒理学评价报告。对食品添加剂的毒理学评价，国际上有比较严密的程序，先由各国政府或生产部门将有关食品添加剂的信息递送给有关食品添加剂的国际组织，然后国际组织将毒理学结论、允许使用量、质量标准等反馈给各国政府征求意见，再成为统一标准。

1.3.2　我国食品添加剂的卫生管理

我国政府自 20 世纪 50 年代开始，逐渐对食品添加剂采取管理措施。至今已颁布的有关法规有《中华人民共和国食品安全法》、《食品安全国家标准 食品添加剂使用标准》（GB 2760—2014）、《食品安全国家标准 食品营养强化剂使用标准》（GB 14880—2012）、《食品营养强化剂卫生管理办法》、《禁止食品加药卫生管理办法》（附有既是食品又是药品的品种名单）、《食品中可能违法添加的非食用物质名单》。这些法规的颁布和执行，为我国食品添加剂的卫生管理奠定了法律基础。

我国对食品添加剂的卫生管理主要通过三个方面来进行。

1. 制定和执行《食品安全国家标准 食品添加剂使用标准》

我国使用的食品添加剂必须经过国家卫生健康委员会（简称“国家卫健委”）批准和列入《食品安全国家标准 食品添加剂使用标准》中。我国 1981 年颁布的《食品添加剂使用卫生标准》（GB 2760—1981）中包括食品添加剂种类、名称、使用范围、最大使用量，以及《食品添加剂卫生管理办法》。1986 年修订后改为 GB 2760—1986，其中共收入食品添加剂 21 类、883 种，其中香料 693 种。1996 年卫生部制定的 GB 2760—1996 收入的食品添加剂的品种已达 1 150 多种，并逐年增加食品添加剂的允许使用品种，逐年根据试验和使用情况淘汰一些食品添加剂品种，截至 1998 年年底我国食品添加剂实际允许使用的品种为 1 524 种。2007 年卫生部制定了 GB 2760—2007，收入的食品添加剂品种有 2 000 多种，其中食用香料有 1 500 多种。2014 年卫生部制定了《食品安全国家标准 食品添加剂使用标准》（GB 2760—2014），收入的食品添加剂品种达 2 500 多种，其中香料有 1 800 多种，加工助剂有 130 余种，并且该标准在不断地完善和增补中。

2. 颁布和执行新食品添加剂审批程序

未列入 GB 2760—2014 的其他食品添加剂如需要生产使用时，要按规定的审批程序经批准后才能生产使用。其审批程序是：

（1）由研制、生产或使用单位向省、自治区、直辖市一级的食品卫生监督机构提出申请报告及提供有关资料，包括食品添加剂品名、理化性质、生产工艺、质量标准、毒理学试验、使用效果、使用范围、使用量、残留量、检验方法及国外批准使用资料，或 FAO/WHO 联合专家委员会评价资料等。

（2）由省、自治区、直辖市食品卫生监督机构进行初审。

（3）国家卫健委定期召开专家评审会，对申报资料进行技术评审，并根据专家评审会技术评审意见做出是否批准的决定。

（4）通过的产品列入 GB 2760—2014，由国家卫健委批准颁发。

对新品种的审核除对工艺、质量标准审查外，重点是按国家卫健委颁布的《食品安全毒理学评价程序》对产品进行安全毒理学评价。

3. 颁布执行生产食品添加剂审批程序

根据《中华人民共和国食品安全法》规定，国家对食品添加剂实行生产许可制度。企业生产食品添加剂(包括食品用香精)，应依法取得《食品添加剂生产许可证》后方能生产、销售和使用。食品添加剂生产许可的申请和审批，应当严格按照《中华人民共和国工业产品生产许可证管理条例》、《食品添加剂生产监督管理规定》和《食品添加剂生产许可审查通则》等规定执行。

1.4 食品添加剂允许使用品种的国际化倾向

1.4.1 我国允许使用的食品添加剂

目前，我国列入GB 2760—2014的品种已有2 500多种，并还在逐年增加。我国将食品添加剂分为22类：酸度调节剂、抗结剂、消泡剂、抗氧化剂、漂白剂、膨松剂、胶基糖果中基础剂物质、着色剂、护色剂、乳化剂、酶制剂、增味剂、面粉处理剂、被膜剂、水分保持剂、防腐剂、稳定剂和凝固剂、甜味剂、增稠剂、食品用香料、食品工业用加工助剂及其他类。食品用香料种类繁多，目前允许使用的食品用香料有1 800多种。但必须注意的是，食品添加剂毕竟不是食品的天然成分，其中绝大多数为化学合成物质，大量长期摄取会呈现毒性作用，只有在允许限量之内合理使有才能保证消费者的健康。

当前，国内外食品添加剂生产总的趋势是向天然型、营养型和多功能型及安全、高效、经济的方向发展，动植物及微生物发酵法是提取天然食品添加剂的主要来源。对一些毒性较大的食品添加剂将逐步予以淘汰，如现在世界各国均转向高效安全的天然甜味剂的研究与开发，糖精等甜味剂的使用量正迅速减少。尽管天然色素的色泽不够理想、成本高，但因其较安全，具有取代合成色素的趋势，如从辣椒、菊花、紫菜、海藻、蔬菜、山楂叶等原料中提取各种天然色素。天然香料开发前景也十分广阔，如肉味、海味香料等。

1.4.2 食品添加剂的国际化倾向

食品添加剂的国际贸易与食品不同。食品在很大程度上，因风味嗜好与饮食习惯所决定的消费者选购趋势的不同，使其在国际贸易中有很大的差别。以往各国食品添加剂允许使用的品种和使用的范围差别很大，成为国际贸易中非关税壁垒的一个重要因素，随着国际贸易范围的越来越大，消除不同国家间法规允许使用的食品添加剂的差别是其贸易国际化的一个重要趋势。

我国的食品添加剂允许使用品种、使用范围和使用量，在制定GB 2760—2014的过程中也经过了较大的修改，在修改中不断贯彻与国际标准一致的精神，如尽管天然色素经济成本较高，我国食品生产中用量很少，但是在1986—2014年前后七次修订方案中，允许使用的天然色素的品种数仍然远远超过了人工合成的色素的品种数，同时增加较多的是以天然原料为主的香料。

由于鉴别分析食品中食品添加剂程序特别繁杂，因而很多国家规定了在食品标签上必须标记食品添加剂所用的种类，但对于标记的内容各国间还存在较大的差异，有的国家只要求标记化工合成食品添加剂，有的国家却规定原料中自带的食品添加剂不必标记。我国在《食品标签通用标准》（GB 7718—1994）中也规定了要标注的食品添加剂的使用情况。

1.5 食品添加剂的安全使用

1.5.1 食品添加剂的使用原则

人们对食品的要求，首先是无毒无害和有营养价值。此外也要满足人们的饮食习惯和爱好，使多种多样的食品各具特色，有美好的色、香、味、形和质地结构。由于食品添加剂通常不是食品原有的成分，而是在食品加工过程中加入的，因此对作为食品添加剂使用的物质首先要研究其使用安全性，然后才是其功效性能。

随着我国食品工业的发展，我国食品添加剂工业也迅速发展，越来越多的食品添加剂产品用于食品工业。需要引起重视的是，尽管食品添加剂在食品中使用量很少，但对食品的品质影响很大，特别是不少食品添加剂有一定毒性，不合格的产品和使用不当，还会加大对人体健康的危害。因而，食品添加剂的使用应在严格控制下进行，即应严格遵守 GB 2760—2014。同时，GB 2760—2014 还规定同一功能的食品添加剂（如相同色泽着色剂、防腐剂、抗氧化剂）在混合使用时，各自用量占其最大使用量的比例之和不应超过 1。

FAO 和 WHO 联合组成的食品添加剂联合专家委员会（JECFA）用了很长时间去研究食品添加剂的安全性，在 1957 年规定了《使用食品添加剂的一般原则》，就食品添加剂的安全性和维护消费者利益方面制定了一系列管理办法。

《使用食品添加剂的一般原则》规定：必须证明或者确认食品添加剂的安全性，应该明确使用食品添加剂对消费者有哪些好处，食品添加剂应该达到与使用目的相一致的效果，用化学分析的方法应能测定所使用的食品添加剂。

世界各国相继采纳了这些原则，并按各自的具体情况都制定了相应的法规和管理办法。

我国对食品添加剂的种类、质量标准、用途、最大使用量等都有明确的法规和标准。《中华人民共和国食品安全法》《食品安全国家标准 食品添加剂使用标准》（GB 2760—2014）对食品添加剂在生产、经营、保管、使用等诸方面的卫生管理都有明确的条款规定。食品制造者应严格地遵守法规，安全使用食品添加剂，不许以掩盖食品变质或作伪的目的而使用食品添加剂。不许出售或使用污染或变质的食品添加剂。任何滥用和误用食品添加剂的情况更应杜绝。

（1）食品添加剂使用时应符合以下基本要求：

① 不应对人体产生任何健康危害。

② 不应掩盖食品腐败变质。

食品添加剂不得用于食品作伪和掩盖食品的缺陷（变质、腐败）。腐败变质的食品在产生异常色泽、味道的同时，微生物的繁殖会产生毒素，对人体健康产生危害。用食品添加剂来掩盖其缺陷不能消除这些毒素对人体的危害。

婴幼儿食品、儿童食品中，不得使用未经卫生部门许可的任何食品添加剂。

③ 不应掩盖食品本身或加工过程中的质量缺陷，或以掺杂、掺假、伪造为目的而使用食品添加剂。

④ 不应降低食品本身的营养价值。

⑤ 在达到预期目的前提下尽可能降低在食品中的使用量。

（2）在下列情况下可使用食品添加剂：

① 保持或提高食品本身的营养价值。

② 作为某些特殊膳食用食品的必要配料或成分。

③ 提高食品的质量和稳定性，改进其感官特性。

④ 便于食品的生产、加工、包装、运输或者贮藏。

（3）食品添加剂质量标准：按照 GB 2760—2014 使用的食品添加剂应当符合相应的质量规格要求。

（4）带入原则：

① 在下列情况下食品添加剂可以通过食品配料（含食品添加剂）带入食品中：

a．根据本标准，食品配料中允许使用该食品添加剂。

b．食品配料中该添加剂的用量不应超过允许的最大使用量。

c．应在正常生产工艺条件下使用这些配料，并且食品中该添加剂的含量不应超过由配料带入的水平。

d．由配料带入食品中的该添加剂的含量应明显低于直接将其添加到该食品中通常所需要的水平。

② 当某食品配料作为特定终产品的原料时，批准用于上述特定终产品的添加剂允许添加到这些食品配料中，同时该添加剂在终产品中的量应符合本标准的要求。在所述特定食品配料的标签上应明确标示该食品配料用于上述特定食品的生产。

1.5.2　食品添加剂的使用标准

安全性是食品添加剂的命脉，理想的食品添加剂应是有益无害的物质。但在日常生活中不适当地过量摄入会对机体造成危害（习惯上称为“毒性”）。国家批准允许生产和使用的食品添加剂，在按规定正常使用的情况下都可认为是安全无害的。它们都已经过充分的毒理学评价，并由此制定了相应的质量标准、使用范围和最大使用量等卫生管理规则。

GB 2760—2014 对食品添加剂的使用范围及用量常以最大使用量来表示的。一些相关资料中还列出了食品添加剂的毒理学评价方面的数据。例如：

半数致死量（LD_{50}）是指经口一次或 24h 内多次给予受试物后，能够引起动物死亡率为 50%的受试物计量，该剂量为经过统计得出的计算值。其单位是每千克体重所摄入受试物质的毫克数或克数。LD_{50} 反映了该化学物质的急性毒性。

每日允许摄入量（acceptable daily intake，ADI）是指人体在一生中每日连续摄入某种食品添加剂而不致影响健康的最高摄入量，它是评价食品添加剂毒性和制定最大使用量的首要和最终标准。其单位是每天每千克体重所摄入物质的毫克数。ADI 反映了该化学物质对人体的综合毒性。

各个国家或地区在制定食品添加剂使用标准时，常按照各自的饮食习惯，取平均摄入量的数倍作为人体可能随食品摄入的食品添加剂的依据。因此，使用卫生标准规定的最大使用量都不会超过 ADI。

在 GB 2760—2014 中还规定食品添加剂的使用只有在具有良好的加工方法的条件下方可按该标准规定使用。

要做到安全使用食品添加剂还有赖于对各种食品添加剂的理化性质的充分了解，并据此在食品生产中正确、合理地使用，这样才能既充分发挥食品添加剂的功效，又保证使用的安全，尽可能做到以最小的使用量达到预定的使用效果。

1.5.3 食品添加剂使用量计算实例

《食品安全国家标准 食品添加剂使用标准》（GB 2760—2014）中，食品添加剂在某种食品中的最大使用量是最重要的内容。最大使用量是在 ADI 确定的最高允许量的基础上制定的。为了安全起见，最大使用量应略低于最高允许量。我们以苯甲酸为例计算如下：

1. 苯甲酸的最大无作用剂量（MNL）

由动物试验得：

每千克体重 MNL 为 500mg。

2. 每日允许摄入量（ADI）

根据 MNL，以安全系数 100 推定于人：

每千克体重 ADI＝MNL×1/100＝500mg×1/100＝5mg。

3. 每日最高允许摄入总量

以平均体重 55kg 的正常成人计算，苯甲酸的每人每日允许摄入总量为 55×5＝275(mg)。

4. 最大使用量

通过膳食调查，平均每人每日各种食品的摄入量为：酱油 50g，汽水 250g，果汁 100g，醋 20g。

再考虑各种食品必要的贮存时间和每日最大摄入量等因素，如酱油、醋等食品要考虑打开包装后不会一次用完，儿童不可能每日食用过多的酱油、醋，因此其中防腐剂的用量应略多些；而汽水、果汁等打开包装后一般都会一次食用，儿童每日食用量也可能较多，因此防腐剂的使用量应该少些。综合各种因素确定防腐剂的最大使用量为：酱油、醋 1.0g/kg，汽水 0.2g/kg，果汁 1.0g/kg。

5. 计算防腐剂的每日平均摄入量

（酱油）50×1.0＋（汽水）250×0.2＋（果汁）100×1.0＋（醋）20×1.0＝220（mg）

低于每日允许摄入量。制定的最大使用量是可行的。

但是在生产中实际使用时，考虑防腐剂的防腐作用只是一种辅助手段，所以用量都大大低于最大使用量。

1.6　食品添加剂的发展与展望

随着改革开放的深入发展和国民经济的不断增长，我国食品工业取得了高速的发展，从而带动了食品添加剂这一新兴工业的迅速发展。

根据 2019 年发布的食品工业发展报告可知，目前我国食品工业规模继续扩大，市场供应较为充足，经济效益持续提高，因此与食品工业相辅相成的食品添加剂行业也必将得到同步发展。现代工业模式追求技术研发、创新、经营有效统一，随着新兴技术的不断产生和各学科领域的融合创新，食品添加剂工业的发展进程将会进一步提速。

食品高新技术与工程化食品的出现为食品添加剂的发展提供了良好的发展机遇。我国食品加工业长期以来存在的低水平、低技术含量现象，严重影响了食品工业的发展。近年来食品工业高新技术研究和应用的比重不断增大，促使食品工业出现了革命性的变化。当今国际性的食品加工高新技术已出现了挤压技术、膜分离技术、微胶囊化技术、超临界萃取技术、辐照技术、超微粉碎技术、微波技术、超高压杀菌技术、冷冻干燥技术、食品生物技术等，通过这些高新技术的推广运用，新型的食品材料已经开发或即将不断开发出来，为新型食品添加剂的开发、生产和推广提供了良好的机遇。

功能性食品、绿色食品、方便食品、速冻食品等的兴起和推广，为食品添加剂开辟了十分广阔的市场前景。现代工业的发展造成空气、水源等污染日益严重，迫使人们日益关注自身的健康。功能性食品、绿色食品则在这种背景下应运而生，功能性食品强调的是其成分对人体有调节生理节律、预防疾病和促进康复等功能。目前功能性食品按其生理功能分为膳食纤维、葡萄多糖、功能性甜味剂、不饱和脂肪酸、复合脂肪、微量活性元素、活性蛋白质、乳酸菌等。绿色食品强调的则是安全、优质、无公害。而随着现代生活节奏的加快与旅游业的兴旺发达，不但副食、小吃食品实现了方便化，主食也日益要求方便化。此外，冷冻食品与微波食品等的发展与推广，都为食品添加剂的开发与发展提供了无限的商机。由于食品添加剂的使用有利于食品资源的开发、食品加工的创新，并可通过增强食品营养成分来吸引消费者的注意力，因而食品添加剂在食品加工、保存过程中已成为一种必不可少的物质。

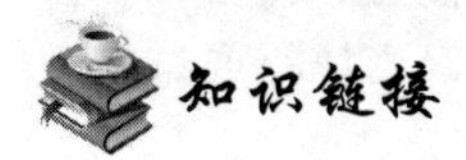

GB 2760—2014
《食品安全国家标准
食品添加剂使用标准》

食品添加剂功能分类

第2章　防　腐　剂

☞学习目标

（1）了解食品中防腐剂的作用及其分类。

（2）熟悉常用防腐剂的特性及其应用。

（3）熟悉常用天然防腐剂的特性及其应用。

防腐剂

2.1　概　述

防腐剂的主要作用是抑制微生物的生长和繁殖，以使食品获得一定的保存时间和货架寿命。它与冷藏、辐照、巴氏消毒等保藏方法相比，有使用方便、效果好且不需特殊仪器设备等优点。《食品安全国家标准 食品添加剂使用标准》（GB 2760—2014）规定使用的防腐剂有苯甲酸、苯甲酸钠、山梨酸、山梨酸钾、丙酸钙等30多种。

食品的防腐问题一直是食品企业和消费者都关心的一个问题，由于食品本身含有丰富的营养成分，是良好的微生物培养基，只要条件适宜，微生物就会大量繁殖，细菌、霉菌、酵母菌等微生物繁殖通常是导致食品腐败的主要因素。导致食品腐败变质的很多微生物会产生毒素，对人们的健康产生威胁。

为了抵御微生物对食品的损害，在一定条件下使用防腐剂作为一种食品保藏的辅助手段，对防止某些容易腐败变质的食品有显著的效果。防腐剂使用方便、经济，可使食品在简便包装条件下短期贮存。近年来，随着食品工业的发展，食品低盐、低糖化和含水量多的生鲜食品需求量不断增多，以及方便食品、盒饭和加工菜肴等市场需要量的激增，对食品防腐剂的需要量也在逐年增加。

作为添加于食品中的防腐剂，除必须符合食品添加剂的一般要求，具有显著的杀菌或抑菌作用外，不应阻碍人体消化道中酶类的作用，也不能影响肠道中有益的正常菌群的活动。我国对防腐剂的使用有严格的规定，明确规定防腐剂应符合以下标准：合理使用对人体健康无害；不影响人体消化道菌群；在人体消化道内可降解为食物的正常成分；不影响药物特别是抗生素的使用；在食品热处理时不产生有害成分。

糖、食盐、醋、酒等自古以来就可用于食品防腐，一般正常情况下，这些物质的安全性很高，目前在我国食品安全法规中不作为化学防腐剂加以控制。

2.1.1　防腐剂的作用机理

防腐剂的作用机理可以归纳为以下三个方面。

（1）其可作用于微生物的细胞壁和细胞膜系统，导致细胞结构受损或削弱，致使胞内物质外泄，或影响与生物膜有关的呼吸链电子传递系统。

（2）其可作用于遗传物质或遗传微粒结构，进而影响到遗传物质的复制、转录、蛋白质的翻译等。

（3）其可作用于酶或功能蛋白，干扰微生物的正常代谢。

2.1.2　防腐剂的分类

防腐剂可分为天然防腐剂和合成防腐剂两大类。对于消费者来说，虽然食品天然防腐剂更易于被接受，但是它们一般都存在效价低、用量大、抗代谢性能差、抗菌时效短等缺点；而合成防腐剂通常效果要佳，但是往往带有一定的毒性。而且，任何一种防腐剂都不可能适应所有条件下的食品防腐需要。从今后防腐剂的发展趋势看，天然防腐剂将成为发展主角。

2.1.3　影响防腐剂防腐效果的因素

为使防腐剂达到最佳使用效果，在实践中，必须注意影响防腐剂防腐效果的各种因素。其主要体现在以下几个方面。

1. pH 值

某些防腐剂在水中是处于电离平衡状态，如酸型防腐剂，其发挥防腐作用的微粒除 H^+外，主要靠未电离的酸的作用，这类防腐剂在 pH 值低时使用效果好。不同的防腐剂使用范围和最适使用 pH 值也各不相同。

2. 水分活度

水分活度高（A_w），有利于细菌和霉菌的生长。一般细菌生存的水分活度在 0.9 以上，一般霉菌生存的水分活度在 0.7 以上。降低水分活度有利于防腐剂防腐效果的发挥。在水中加入电解质，或加入其他可溶性物质，当达到一定的浓度时，可以降低水分活度，对防腐剂起增效的作用。

3. 防腐剂的溶解与分散程度

对水果、薯类、冷藏食品，腐败一般从表面开始，需将防腐剂均匀地撒于这类食品的表面即可起到防腐作用。对于饮料，就需将防腐剂均匀地分散于溶液中，因此需将防腐剂配成溶液后加入。

4. 防腐剂的配合使用

各种防腐剂都有一定的作用范围，没有一种防腐剂能够抑制一切腐败性微生物生长繁殖，而且许多微生物还可能产生抗药性。所以将不同作用范围的防腐剂配合使用，其防腐效果会更佳。

防腐剂配合使用可产生三个效应：增效或协同效应，增加或相加效应，对抗或拮抗效应。一般同类型防腐剂可配合使用。有机酸对防腐剂有增效效应，有些盐类对防腐剂有拮抗作用。将具有长效作用的防腐剂与作用迅速但耐久性差的防腐剂配合使用，也能增强防腐的效果。

5. 食品的染菌程度

食品染菌的种类、有无芽孢等情况对防腐剂使用效果影响很大。在等量防腐剂条件下，食品染菌情况越严重，则防腐效果越差。如果食品已经变质，任何防腐剂都不可逆转这种情况。所以防腐剂使用时应有良好的卫生条件，与食品的热处理等消毒手段、防止二次污染措施和完善的包装等相配合，并尽量减少防腐剂的用量。

6. 防腐剂的使用场合和时间

同种防腐剂因加入场合和时间不同，其效果可能也不同。一定要首先保证食品本身处于良好的卫生条件下，并将防腐剂的加入时间选在细菌的诱导期。如果细菌的增殖进入了对数期，则防腐剂的作用将不能发挥。防腐剂一般要早加入，加入得越早，效果越好，用量也越少。

7. 食品的原料和成分的影响

防腐剂的作用也会受到食品的原料和成分的影响，如食品中的香味剂、调味剂、乳化剂等都具有抗菌作用，食盐、糖类、乙醇可以降低水分活度，也有助于防腐。虽然食盐可以干扰微生物中酶的活性，但会改变防腐剂的分配系数，使其分布不均。食品中的某些成分还会与防腐剂起化学反应，使防腐剂部分或全部失效或产生副作用。防腐剂还会被食品中的微生物分解，如山梨酸能被乳酸菌还原成山梨糖醇，即成为微生物滋生的碳源。

2.2 常用的防腐剂及其应用

2.2.1 苯甲酸和苯甲酸钠（CNS 号 17.001，17.002　INS 号 210，211）

1. 特性

苯甲酸又名安息香酸，微溶于水，可溶于乙醇，在酸性条件下对多种微生物（酵母菌、霉菌、细菌）有明显抑菌作用，但对产酸菌作用较弱。其防腐效果受 pH 值影响大，pH 值为 2.5～4.0 时抑菌效果最好，pH 值大于 5.5 时对多种霉菌和酵母菌没有什么效果，pH 值为 4.5 时对一般微生物完全抑制的最小浓度为 0.05%～0.1%。因为苯甲酸溶解度低，使用不便，实际生产中大多是使用其钠盐，其钠盐的抗菌作用是转化为苯甲酸后起作用的。1g 苯甲酸相当于 1.18g 苯甲酸钠。

2. 应用

苯甲酸和苯甲酸钠对细菌、霉菌等有较强的抑制作用，特别在酸性食品中效果更好，当 pH 值大于 4 时，效果明显下降。苯甲酸及其钠盐最大使用量（以苯甲酸计）：碳酸饮料为 0.2g/kg；配制酒（仅限预调酒）为 0.4g/kg；蜜饯凉果为 0.5g/kg；复合调味料为 0.6g/kg；果酒、除胶基糖果以外的其他糖果为 0.8g/kg；风味冰、冰棍类、果酱（罐头除外）、腌渍的蔬菜、调味糖浆、醋、酱油、酱及酱制品、半固体复合调味料、果蔬汁（肉）饮料（包括发酵型产品等）、蛋白饮料类、风味饮料（包括果味饮料、乳味、茶味、咖啡味及其他味饮料等）、茶、咖啡、植物饮料类等为 1.0g/kg；胶基糖果为 1.5g/kg；浓缩果蔬汁（浆）（仅限食品工业用）为 2.0g/kg。苯甲酸和苯甲酸钠同时使用时，以苯甲酸计不得超过最大使用量。表 2-1 为苯甲酸一般使用量。

表 2-1 苯甲酸在食品中的一般使用量

食品类型	一般使用量/（mg/kg）	食品类型	一般使用量/（mg/kg）
软饮料	100～500	水果制品	500～2 000
含乙醇饮料	200	蔬菜、腌制品、果酱	250～1 000
胶基糖果	1 000～1 500	蔗糖和面粉类甜食	1 000

苯甲酸及其钠盐常用于保藏高酸性水果、浆果、果汁、果酱、饮料糖浆及其他酸性食品，可与低温杀菌法配合使用，起协同作用。在酱油、清凉饮料中可与对羟基苯甲酸酯类一起使用而具有增效作用。在配制酸性饮料糖浆时要避免苯甲酸钠与酸同时加入，以免降低溶解度，影响防腐效果和生成沉淀。

3. 安全性

苯甲酸及其钠盐 ADI 为每千克体重 0.5mg（FAO/WHO，1985）。苯甲酸 LD_{50} 为每千克体重 2.7～4.44g（大鼠，经口），苯甲酸钠 LD_{50} 为每千克体重 4.7g（大鼠，经口）。

在欧洲和澳大利亚，苯甲酸和苯甲酸钠是可以在肉制品中使用的，但并不推荐儿童消费。在加拿大，苯甲酸和苯甲酸钠可以用于带包装的鱼肉和肉制品中。在印度，苯甲酸钠被认为广泛存在于自然界中，接近天然添加剂，所以可以在肉制品中作为防腐剂使用。在其他国家，如日本、美国等，苯甲酸和苯甲酸钠未被允许在肉制品中使用。在日本，已经停止生产苯甲酸和苯甲酸钠，而且对进口食品也有所限制。

2.2.2 山梨酸和山梨酸钾（CNS 号 17.003，17.004 INS 号 200，202）

1. 特性

山梨酸（2,4-己二烯酸），又名花楸酸，微溶于水，易溶于乙醇。对光、对热稳定，长期放置易被氧化着色。山梨酸（钾）能有效地抑制霉菌、酵母菌和好氧性细菌的活性，还能防止肉毒杆菌、葡萄球菌、沙门氏菌等有害微生物的生长和繁殖，但对厌氧性芽孢菌与嗜酸乳杆菌等微生物几乎无效，其抑制微生物生长繁殖的作用比杀菌作用更强，从而达到有效延长食品的保存时间，并保持食品原有风味的效果。其防腐效果是苯甲酸的5～10倍。山梨酸是酸性防腐剂，适用范围在pH值5.5以下，而毒性为苯甲酸的1/4，所以从发展方向来看，有逐步取代苯甲酸及其钠盐的趋势。

2. 应用

山梨酸和山梨酸钾适用于pH值5以下的食品防腐，对于霉菌、酵母菌、需氧菌的抑制均有效，但对厌氧菌与嗜酸乳杆菌几乎无效。山梨酸及其钾盐最大使用量（以山梨酸计）：熟肉制品、预制水产品（半成品）为0.075g/kg；葡萄酒为0.2g/kg；配制酒为0.4g/kg；风味冰、冰棍类、经表面处理的鲜水果、蜜饯凉果、经表面处理的新鲜蔬菜、腌渍蔬菜、加工食用菌和藻类、酱及酱制品、饮料类（包装饮用水类除外）、胶原蛋白肠衣、果冻为0.5g/kg；果酒为0.6g/kg；干酪、氢化植物油、人造黄油及其类似制品（如黄油和人造黄油混合品）、果酱、腌渍的蔬菜（仅限即食笋干）、豆干再制品、新型豆制品（大豆蛋白膨化食品、大豆素肉等）、除胶基糖果以外的其他糖果、面包、糕点、焙烤食品馅料及表面用挂浆、风干、烘干、压干等水产品、即食海蜇、酱油、食醋、调味糖浆、复合调味料、乳酸菌饮料为1.0g/kg；仅限杂粮灌肠制品、方便米面制品（仅限米面灌肠制品）、肉灌肠类、蛋制品（改变其物理性状）为1.5g/kg；蛋制品（改变其物理性状）为2g/kg。

山梨酸、山梨酸钾只适用于具有良好卫生条件和微生物数量较低的食品的防腐，其一般使用量如表2-2所示。配制山梨酸溶液时可先将其溶解在乙醇、碳酸氢钠或碳酸钠的溶液中（山梨酸：碳酸氢钠为10：7），随后再加入食品中。溶解时不要使用铜制、铁制容器。用于需要加热的产品时，为防止山梨酸受热挥发而影响防腐效果，应在加热过程的后期添加。

表2-2　山梨酸、山梨酸钾（以山梨酸计）在食品中的一般使用量

食品类型	一般使用量/（mg/kg）	食品类型	一般使用量/（mg/kg）
软饮料	100～500	焙烤食品	1 000
含乙醇饮料	200	蛋黄酱与乳状调味汁	1 000
鱼制品	500～1 000	非乳状调味品	1 000
水果制品	500～2 000	沙拉	1 000
蔬菜	500～1 000	富含脂肪的糕点	100～1 000
含果汁和牛奶的甜食	500～1 000	芥菜	250～1 000
含蔗糖的甜食	500～1 000		

3. 安全性

山梨酸是不饱和脂肪酸，进入人体后，直接参与脂肪代谢，被氧化成二氧化碳和水，比苯甲酸更为安全。山梨酸及其钾盐ADI为每千克体重0～25mg（FAO/WHO，1994），LD_{50}为每千克体重10.5g（大鼠，经口）。

2.2.3 丙酸、丙酸钠和丙酸钙（CNS 号 17.029，17.006，17.005 INS 号 280，281，282）

1. 特性

丙酸为无色油状澄清液体，具特异臭味，略带辛辣的刺激性油酸败味。

丙酸钠，安全无毒，易溶于水、乙醇，易吸潮，系酸性防腐剂。具有良好的防霉菌效果；对细菌抑制作用较小；对酵母菌无作用。常用于发酵面粉制品中抑制杂菌生长及乳酪制品的防霉等。

丙酸钙，对光和热稳定，易溶于水，不溶于乙醇，易吸潮。其防腐性能及用量与丙酸钠相同。

2. 应用

丙酸、丙酸钠和丙酸钙是酸型防腐剂，对霉菌、好氧芽孢杆菌或革兰氏阴性杆菌有效，特别对枯草芽孢杆菌抑制效果较好。丙酸及其钠盐、钙盐中起防腐作用的主要是未离解的丙酸。丙酸是一元羧酸，是通过抑制微生物合成 -丙氨酸而起到抗菌作用。在焙烤食品中，丙酸及其钠盐、钙盐不仅能够防腐，还能抑制霉菌形成霉菌毒素。由于丙酸及其盐类对酵母菌几乎没有抑制作用，却能有效地阻止使面包产生黏丝状物质的好气性芽孢杆菌和黑曲霉等霉菌的生长。丙酸钙和丙酸钠在焙烤工业中习惯上称为防霉剂或黏液菌抑制剂。丙酸及其钠盐、钙盐一般在和面时添加，添加浓度根据产品的种类和焙烤食品的贮存时间而定。丙酸及其钠盐、钙盐最大使用量（以丙酸计）：生湿面制品（如面条、饺子皮、馄饨皮、烧卖皮）为0.25g/kg；原粮为1.8g/kg；糕点、面包、醋、酱油、豆类制品为2.5g/kg；杨梅罐头为50g/kg。面包中加入0.25%丙酸、丙酸钠和丙酸钙可使其延长2～4d不长霉，在月饼中加入0.25%丙酸、丙酸钠和丙酸钙可使其延长30～40d不长霉。

3. 安全性

丙酸的ADI不做限制性规定（FAO/WHO 1985），丙酸及丙酸盐均很易被人体吸收，并参与人体的正常代谢过程，无危害作用，丙酸 LD_{50} 为每千克体重2.6g（大鼠，经口），丙酸钠 LD_{50} 为每千克体重5.16g（大鼠，经口），丙酸钙 LD_{50} 为每千克体重7.5g（大鼠，经口）。

2.2.4 对羟基苯甲酸酯类及其钠盐（CNS 号 17.032，17.007，17.036 INS 号 219，214，215）

1. 特性

对羟基苯甲酸酯又名尼泊金酯，对霉菌、酵母菌有抗菌作用，且防腐效果正丁酯＞正丙酯＞乙酯。由于在对位上引入烷基，防腐效果优于苯甲酸和苯甲酸钠，其使用量约为苯甲酸钠的1/10。抑菌效力受pH值影响不大，pH值为4～8时具有良好的效果。缺点是其具有特殊的气味，水溶性较差，常需用醇类溶解后才可使用，使其在食品生产中的应用受到局限。现阶段，由于苯甲酸钠大量生产，对羟基苯甲酸酯类的使用量在大幅度地减少。

2. 应用

对羟基苯甲酸酯类及其钠盐最大使用量（以对羟基苯甲酸计）：果蔬保鲜为0.012g/kg；热凝固蛋制品（如蛋黄酪、松花蛋肠）、碳酸饮料为0.2g/kg；果酱（罐头除外）、醋、酱油、酱及酱制品、蚝油、虾油、鱼露等、果蔬汁（肉）饮料（含发酵型产品）、风味饮料（包括果味饮料、乳味、茶味、咖啡味及其他味饮料等）（仅限果味饮料）为0.25g/kg；焙烤食品馅料及表面用挂浆（仅限糕点馅）为0.5g/kg。

对羟基苯甲酸酯类及其钠盐随着烃基的增大，其毒性会降低，抗菌性会增高，水溶性会减小。对羟基苯甲酸甲酯类及其钠盐在脂肪制品、乳制品、鱼肉制品、饮料、糖果中均有应用。由于它在较高温度下可明显地感觉到气味，因此要求其在成品中的含量小于0.05%。

3. 安全性

对羟基苯甲酸酯类及其钠盐在人体内可经胃肠道吸收，并可在体内迅速代谢，无论是对羟基苯甲酸酯类及其钠盐或其代谢产物均不会在体内蓄积。对羟基苯甲酸酯类及其钠盐的ADI不做限制性规定（FAO/WHO 1985），LD_{50}为每千克体重12.5g（小鼠，经口）。

2.2.5 双乙酸钠（CNS号17.013　INS号262ii）

1. 特性

双乙酸钠为乙酸钠和乙酸的分子复合物，易溶于水和油，加入肉、鱼、油制品中有较强的渗透性。对黄曲霉菌、微小根毛菌、伞枝梨头菌、足样根毛菌、假丝酵母菌5种真菌及所属细菌均有抑制作用；对大肠埃希菌、李斯特菌、革兰氏阴性菌也有一定作用；而对乳酸菌、面包酵母无破坏作用，可抑制有害菌，保护有益菌。

2. 应用

双乙酸钠最大使用量：大米为0.2g/kg；基本不含水的脂肪和油、豆干类、豆干再制品、原粮、熟制水产品（可直接食用）、膨化食品为1.0g/kg；调味品为2.5g/kg；预制肉制品、熟肉制品为3g/kg；粉圆、糕点为4g/kg；复合调味料为10.0g/kg。

双乙酸钠用于谷物防霉时要注意控制环境的温度和相对湿度。双乙酸钠与山梨酸等合用时有协同作用。

3. 安全性

双乙酸钠的ADI为每千克体重0～15mg，LD_{50}为每千克体重3.31g（小鼠，经口）。双乙酸钠在生物体内的最终代谢产物为水和二氧化碳，不会残留在人体内，对人、畜、生态环境没有破坏作用。由于它安全、无毒、无残留、无致癌、无致畸变，被WHO公认为零毒性物质，FAO和WHO批准为食品、谷物、饲料的防霉、防腐保鲜剂。

2.2.6 纳他霉素（CNS 号 17.030 INS 号 235）

1. 特性

纳他霉素别名：游霉素、匹马菌素、匹马利星。商品试剂：霉克。

纳他霉素为白色粉末，含 3 份以上的结晶水，熔点为 280℃。不溶于水，微溶于甲醇，溶于稀盐酸、稀碱液、冰乙酸及二甲替甲酰胺，难溶于大部分有机溶剂，但在 pH 值小于 3 或大于 9 时，其溶解度增大。

纳他霉素在干燥的条件下极为稳定，具有较广的 pH 值使用范围，pH 值为 5～7 时活性最高，pH 值为 3～6 活性可降低 8%～10%，pH 值小于 3 或大于 9 抑菌活性可降低 30%。在室温下活性最高，100℃下亦能稳定 1～3h。紫外线照射会引起品质渐变，并导致失活，应避光保存。因氧化反应会使纳他霉素活性降低，应避免其与氧化剂接触。铅和汞之类的重金属也会影响纳他霉素的稳定性。

2. 应用

纳他霉素对大部分真菌都有高度抑制能力，但对细菌、病毒和其他微生物（如原虫等）则无抑制作用，抑制食品中腐败霉菌和酵母菌的作用比山梨酸强，有效量为 1～20mg/kg。

纳他霉素的防霉作用：先将纳他霉素配制成 300～600mg/kg 的悬浮液，然后用于乳酪、肉制品（肉汤、西式火腿）表面，浸泡或喷洒；用于糕点、月饼表面，喷洒；用于蚝油表面；可防霉；用于水果表面，浸泡（如将苹果浸在含 500mg/kg 纳他霉素的悬浮液中 1～2min 后包装，可保存 8 个月）；用于浓缩果汁的液面，喷洒。

纳他霉素的直接加入：在富含酵母菌的酒中加入纳他霉素 10mg/kg，即可清除酵母菌；在苹果汁中加入纳他霉素 30mg/kg，6 周之内可防止果汁发酵，并保持果汁的原有风味不变；还可用于沙拉酱中防止质变。

3. 安全性

纳他霉素 ADI 为每千克体重 0～0.3mg（FAO/WHO，1994）；纳他霉素不能由动物或人的胃肠道吸收，无任何过敏潜在性。

2.2.7 乳酸链球菌素（CNS 号 17.019 INS 号 234）

乳酸链球菌素是由乳酸链球菌经培养发酵而获得的一种多肽物质，是一种高效、无毒、性质优良的天然食品防腐保鲜剂。

1. 特性

乳酸链球菌素在室温下或酸性加热条件下均很稳定，如在 pH 值 2.0、121℃加热 30min，仍很稳定。乳酸链球菌素加入食品后受到牛奶、肉汤等成分中大分子化合物的保护，稳定性可大大提高。

乳酸链球菌素的抗菌谱表明，它能杀死或抑制引起食品腐败的革兰氏阳性菌。特别是对耐受巴氏消毒的细菌芽孢、嗜热性芽孢杆菌，如肉毒梭菌、蜡样芽孢杆菌、李斯特氏菌和嗜酸脂肪芽孢杆菌等均有很强的抑制作用，一般10～50mg/kg即有效。

2. 应用

乳酸链球菌素广泛用于罐装食品、肉制品、乳制品、植物蛋白食品及经高温灭菌处理密封包装食品的防腐保鲜。

用于乳制品，如干酪、消毒牛奶和风味牛奶等，用量为1～5mg/kg。

用于熟食品，如布丁罐头、鸡炒面、通心粉、玉米油、菜汤、肉汤等，用量为1～2.5mg/kg。

用于高蛋白食品，如牛舌、火腿、鱼子酱、肉类及鱼类三明治等，用量为1～5mg/kg。

用于乙醇饮料，可直接加入啤酒发酵液中，以控制乳酸杆菌、片球菌等杂菌的生长。用于葡萄酒中以抑制不需要的乳酸菌，也可用于发酵设备的清洗。

乳酸链球菌素与纳他霉素的抗菌性可以互补，两者同时使用，效果更好。

3. 安全性

乳酸链球菌素是多肽，食用后在消化道中会很快被蛋白水解酶分解成氨基酸，不会改变肠道内正常的菌群，以及引起常用其他抗生素所出现的抗药性，更不会与其他抗生素出现交叉抗性。对乳酸链球菌素的微生物毒性研究表明，其无微生物毒性或致病作用，安全性很高。

2.2.8 稳定态二氧化氯（CNS号17.028 INS号926）

1. 特性

二氧化氯常温常压下为黄绿色或黄红色气体，有刺激性、爆炸性、腐蚀性，冷却压缩后可成为液体，与水互溶。稳定态二氧化氯是将二氧化氯稳定在水溶液或浆状物中，常温下可保持数年不失效。使用时加酸活化，可立即释放出二氧化氯，活化后的二氧化氯可在暗处或棕色瓶中保持2周左右。二氧化氯是果蔬、水产品常用的防腐剂。

2. 应用

二氧化氯可杀灭各种细菌、真菌、病毒、细菌芽孢、病毒等微生物及病原体。对传染性病菌，大肠埃希菌、伤寒杆菌、脊髓灰质炎病毒，水、空气、环境中的各种致病菌的杀灭率可达100%，杀菌、灭菌效果好，无二次污染，无有害物质残留，也不会残留任何异味，还能有效降解有机污染物，并有良好的去污、除腥、除臭、保鲜等特点。其可用于经表面处理的鲜水果、经表面处理的新鲜蔬菜，最大使用量为0.01g/kg；用于水产品及其制品（包括鱼类、甲壳类、贝类、软体类、棘皮类等水产品及其加工制品）（仅限鱼类加工）最大使用量为0.05g/kg。

3. 安全性

稳定态二氧化氯的 ADI 为每千克体重 0～15mg（FAO/WHO，1994），LD_{50}为每千克体重大于 2.5g（大鼠，经口）。

2.2.9 单辛酸甘油酯（CNS 号 17.031 INS 号 233）

1. 特性

单辛酸甘油酯是一种新型无毒高效广谱防腐剂。它对革兰氏菌、霉菌、酵母菌均有抑制作用。单辛酸甘油酯分子量为 218，溶点为 40℃，易溶于乙醇等有机溶剂。

2. 应用

GB 2760—2014 规定单辛酸甘油酯最大使用量：生湿面制品（如面条、饺子皮、馄饨皮、烧卖皮）、焙烤食品馅料及表面用挂浆、糕点，为 1.0g/kg；肉灌肠类为 0.5g/kg。

3. 安全性

单辛酸甘油酯的 ADI 不做限量（FAO/WHO/JECFA），LD_{50}为每千克体重 15g（大鼠，经口）。单辛酸甘油酯在体内和脂肪一样，能分解代谢，最终成为二氧化碳和水，无任何积蓄和不良反应。

2.2.10 脱氢乙酸和脱氢乙酸钠［CNS 号 17.009（i），17.009（ii） INS 号 265，266］

1. 特性

脱氢乙酸和脱氢乙酸钠均为白色或浅黄色结晶状粉末，对光和热稳定，在水溶液中可降解为醋酸。是一种广谱型防腐剂，对食品中的细菌、霉菌、酵母菌有着较强的抑制作用，广泛用于肉类、鱼类、蔬菜、水果、饮料类、糕点类等的防腐保鲜。

2. 应用

GB 2760—2014 规定脱氢乙酸和脱氢乙酸钠最大使用量：黄油和浓缩黄油、腌渍的蔬菜、腌渍的食用菌和藻类、发酵豆制品、果蔬汁（浆）为 0.3g/kg；面包、糕点、焙烤食品馅料及表面用挂浆、预制肉制品、熟肉制品、复合调味料为 0.5g/kg；淀粉制品为 1.0g/kg。

3. 安全性

脱氢乙酸和脱氢乙酸钠的 ADI 为每千克体重 0～15mg（FAO/WHO，1994），LD_{50}为每千克体重 500mg（大鼠，经口）。脱氢乙酸钠在人体内可降解为乙酸，对人体无毒。

2.3　天然防腐剂及其应用

一些天然食品防腐剂，其本身就是食品中的正常成分，又有抑制微生物生长的作用，是很有发展前途的食品防腐剂。

2.3.1　溶菌酶（CNS 号 17.035　INS 号 1105）

1. 特性

溶菌酶又称胞壁质酶或*N*-乙酰胞壁质聚糖水解酶，广泛存在于鸟类、家禽的蛋白中，和哺乳动物的泪液、唾液、血浆、尿、乳汁、胎盘及体液、组织细胞内，其中在蛋白中含量最丰富（约 3.5%）。目前溶菌酶可以用鸡蛋白和蛋壳膜为材料提取制得。此外，在一些植物和微生物体内也存在溶菌酶。溶菌酶是一种糖苷水解酶，化学性质稳定，在干燥条件下可在室温下长期保存，其纯品为白色或微黄色结晶体或无定型粉末，无臭，味甜，易溶于水，不溶于丙酮、乙醚。

2. 应用

溶菌酶对革兰氏阳性细菌、枯草芽孢杆菌、芽孢杆菌、好气性孢子形成菌等有较强的溶菌作用。溶菌酶能杀死肠道腐败球菌，增加抗感染力，同时还能促进婴儿肠道双歧杆菌、乳酸杆菌的增殖，促进乳酪蛋白凝乳，有利于消化，所以是婴儿食品、饮料的优质添加剂。

由于食品中的羟基和酸会影响溶菌酶的活性，因此，它一般与酒、植酸、甘氨酸等物质配合使用。在食品工业上，溶菌酶是优良的天然防腐剂，广泛用于清酒、干酪、香肠、奶油、糕点、生面条、水产品、熟食及冰淇淋等食品的防腐保鲜。

3. 安全性

溶菌酶的 ADI 不做限制性规定（FAO/WHO，1994），LD_{50} 为每千克体重 20g（大鼠，经口）。

2.3.2　脱乙酰甲壳素（壳聚糖）（CNS 号 20.026）

1. 特性

脱乙酰甲壳素是以虾、蟹壳为原料，经稀酸浸泡脱钙，稀碱脱除蛋白质和浓碱脱乙酰化后得到一种天然高分子化合物。它具有无毒、价廉、高效的优点，是一种极好的天然食品保鲜剂。它是由葡萄糖胺单体及*N*-乙酰基葡萄糖胺单体按不同比例（这一比例取决于脱乙酰度）组成的直链分子。由于葡萄糖胺单体上有游离的氨基，故带正电荷，它可以干扰细胞表面的负电荷，导致细胞物质外泄，使微生物死亡；分子较短的壳聚糖可以进入细胞内，并与 DNA 结合，抑制 mRNA 的合成，以起到抑制微生物细胞生命活动的作用。

2. 应用

脱乙酰甲壳素对细菌、真菌都有效，具有广泛的抗菌作用，在浓度为 0.4%时，对大肠埃希菌、普通变形杆菌、枯草芽孢杆菌、金黄色葡萄球菌均有较强的抑制作用。脱乙酰甲壳素与醋酸铜、己二酸配成的防腐剂抗菌作用更明显，且不影响食品风味，对大肠埃希菌、腐败菌有很好的抑制作用。脱乙酰甲壳素不溶于水，而溶于醋酸、乳酸中，在应用时，通常将其溶解于食醋中，主要用于腌腊食品。用 0.6%的醋酸水溶液溶解壳聚糖，可得含壳聚糖为 1%的溶液，试验证明，将草莓放在此液中浸泡 1min，然后取出通风晾干，再放入冰箱于 4～15℃贮藏，草莓能明显抑制果实的软化和霉菌生长，且使维生素 C 损失下降，并能延长其保存期。同样，用脱乙酰甲壳素处理的中华猕猴桃，在常温下，可将中华猕猴桃的保藏期由原来的 10～13d 延长至 80d，同时保持了果实较好的品质与风味。

3. 安全性

脱乙酰甲壳素来自天然，安全、无毒，具有生物降解性，ADI 不做限制性规定。

2.3.3 果胶分解物

1. 特性

果胶分解物主要成分为半乳糖醛酸和低聚半乳糖醛酸，一般为淡褐色至褐色液状或糊状物，有柔和的无刺激性酸味，是一种水溶性天然聚合物，一般从水果、蔬菜中提取。

2. 应用

研究中发现，以酶分解果胶而得到的果胶分解物对食品有很强的抗菌作用，特别是对大肠埃希菌有显著的抑制作用。在 pH 值 5.5 以下，果胶分解物对大肠埃希菌、革兰氏阳性菌和阴性菌，尤其是乳酸菌有很强的抑制作用。

20 世纪 90 年代中期，日本一家公司将果胶分解物作为天然防腐剂开发成功。目前，国外以果胶分解物为主要成分，配合其他天然防腐剂，已广泛应用于酸菜、咸鱼、牛肉饼等食品的防腐。

3. 安全性

果胶分解物安全、无毒。

2.3.4 蜂胶

1. 特性

蜂胶为工蜂采集的植物树脂与其分泌物混合形成的具有黏性的固体胶状物，一般为团块状或不规则碎块，呈青绿色、棕黄色、棕红色、棕褐色或深褐色，表面或断面有光泽，气芳香，味微苦、略涩、有微麻感和辛辣感。

2. 应用

研究表明，蜂胶多酚类化合物具有抑制和杀灭细菌的作用，经过降解其最终产物是苯甲酸，是一种天然防腐剂。蜂胶经过特殊工艺加工处理后，可制成天然口香糖，其中的有效成分具有洁齿、护牙的作用，既可以防止龋齿的形成，又可以逐渐消除牙垢。将蜂胶提取物直接加入饮料、乳制品及流质食品中，均具有很好的防腐保鲜作用。

3. 安全性

蜂胶来自天然，安全、无毒，LD_{50}为每千克体重大于10g（小鼠，经口）。

2.3.5 茶多酚（CNS号04.005 INS号—）

1. 特性

茶多酚是从茶叶中提取出来的多羟基酚类有机物。虽然GB 2760—2014中将其功能定为抗氧化剂，但因茶多酚对自然界的近百种细菌均有抑制活性作用，显示出广谱抗菌性，因此也是食品中常用的一种天然防腐剂。

2. 应用

茶多酚对枯草芽孢杆菌、金黄色葡萄球菌、大肠埃希菌、龋齿链球菌及毛霉菌、青霉菌、赤霉菌、炭疽病菌、啤酒酵母菌等都有抑制作用。茶多酚对各种细菌，如金黄色葡萄球菌、普通变形杆菌、伤寒沙门氏杆菌、枯草芽孢杆菌、志贺氏痢疾杆菌、铜绿色假单胞杆菌、大肠埃希菌的最低抑制浓度为0.01%～0.1%（质量分数），是一种良好的天然抗菌剂，可添加于食品和药物中。但是，茶多酚作为防腐剂使用时，浓度过高会使人感到苦涩味，还会由于氧化而使食品变色。

3. 安全性

茶多酚来自天然，安全、无毒，LD_{50}为每千克体重大于10g（小鼠，经口）。

2.3.6 微生物防腐剂

1. 乳酸菌细胞及其代谢物

1）特性

乳酸菌在食品中能产生许多抗菌活性物质，包括有机酸（乳酸、乙酸和丙酸）、乙醇、双乙酸、过氧化氢和细菌素等。乳酸菌细胞代谢产生的有机酸能使食品的pH值降低，致使食品中的致病菌和腐败菌在低pH值下难以成活，这是乳酸菌抗菌能力的决定因素。此外，乳酸菌对其他菌类的竞争性也起一定的抑制作用。

2）应用

乳酸菌的代谢产物双乙酰是奶油和干酪等乳制品特有的风味物质，对很多腐败菌和致病菌都有抑制作用。据报道，双乙酰可通过与革兰氏阴性菌精氨酸的结合蛋白反应，从而干扰精氨酸的利用，抑制革兰氏阴性菌的生长。

3）安全性

乳酸菌安全、无毒。

2. 酵母菌的代谢产物

酵母菌的抗菌活性一般认为是通过代谢产物乙醇和亚硝酸盐所产生的。酵母菌在生长繁殖过程中有很强的淬灭毒素的作用，使其在发酵食品和饮料生产中的防腐极具发展潜力。

2.3.7 香精油

1. 特性

香精油是指一般生长在热带的芳香植物的根、树皮、种子或果实的提取物。早在史前时期，香精油已作为调味品及食品添加剂。

2. 应用

近几十年，香精油抑制微生物的作用及作为食品保存剂有不少报道。香精油主要的抑菌作用如表 2-3 所示。

表 2-3 香精油主要的抑菌作用

菌种	香精油								
	月桂	南桂	大蒜	胡椒	洋葱	阿魏胶	众香子	白菖蒲	高良姜
枯草芽孢杆菌	+	+	++		+			+	
金黄色葡萄球菌	+++	+	++	+		+			+
大肠埃希菌	+	+	+++	+	+		+	+	
白色念珠菌	+++				+			+	
霍乱杆菌						+		+	+
短杆菌		+							
伤寒沙门氏菌		+			+				
青霉菌		+	+	+	+	++	+		
曲霉菌		+	+	+	+	++	+		
绿脓杆菌	+							++	
格链孢菌									
酵母菌		+	+		+		++		

注：+表示有抑菌作用，++表示抑菌作用较强，+++表示抑菌作用最强，空格表示试验结果显示抑菌作用不明显。

除表 2-3 中植物的香精油可以用作天然防腐剂外，也有报道说茴芹的挥发油中的茴芹脑可抑制霍乱弧菌、大肠埃希菌及葡萄球菌等病菌；采用乙醇提取的辛香料提取物，对多种细菌均有强烈的抑制作用，其可和酒并用作为防腐剂。

3. 安全性

香精油来自天然，安全、无毒。

2.3.8 其他天然防腐剂

醋酸钠等有机酸的是通过其自身所特有的抗菌性，和在低 pH 值条件下的作用使微生物的生长发育受到抑制。经常使用的有机酸有醋酸、乳酸和柠檬酸等。醋酸的抗菌能力较强，但有酸臭味，为了消除其添加在食品中时对风味的影响，最佳方法是与其他成分联用来抑制醋酸钠和各种有机酸的酸味和酸臭。例如，由醋酸钠、甘油脂肪酸、柠檬酸和磷酸钠等组成，以及由醋酸钠、己二酸、甘氨酸等组成的复配剂都有良好的防腐效果。

甘氨酸作为延长食品保质期的添加剂经常同醋酸钠一起配合利用。甘氨酸除了用作酱菜、咸菜的调味料以外，还可用作食品防腐剂。甘氨酸复配制剂对耐热性菌的抗菌力极强，适合添加应用在调理家常菜等加热食品中，是既具有调味功能，又具有延长食品保质期功能的新型防腐剂，也是对风味无任何影响的适用于清淡口味加工家常菜的多功能防腐制剂。

植酸是肌醇的六磷酸酯，可从米糠、麦麸等谷类和油料种子的饼粕中分离得到，它是一种安全性高的天然食品防腐剂。1 份 50%的植酸和 3 份山梨醇脂肪酸酯混合后，以 0.2%的量添加于豆油中，即可大大延缓豆油的变质。经植酸处理的碎鸡胸肉贮存 28d 后仍无异味，而未经植酸处理的鸡胸肉贮存 4d 后即有明显的异味产生。添加 0.1%～0.5%的植酸于水产品罐头中，可防止黑变发生和鸟粪石的形成。

2.3.9 合理使用天然防腐剂

从天然植物和微生物中提取的防腐剂越来越受到重视，其添加量少，效果显著。利用一些天然植物和微生物提取天然食品防腐剂是国内外都提倡和关注的，它不仅对人体健康无害，有的还具有一定的营养价值。许多食品添加剂企业竞相进行复配防腐剂和天然防腐剂的研究和开发，许多新型防腐剂不仅可直接添加在食品中，而且还可用于盒饭、家常菜中，以达到延长食品保质期的目的。

目前，虽已知道许多植物的提取物具有抗菌防腐作用，且有不少已作为天然防腐剂开发利用并投放市场，但目前使用的大部分产品都是粗制品，其有效成分含量常随季节和地理环境而改变。有些天然防腐剂中到底是何种成分起作用还不甚清楚，更不用说分离出纯品进行毒理学评价。此外，对各种防腐剂的作用机理、抗菌谱和应用的范围等研究得也不够深入。同时，天然防腐剂在实际应用中也存在很多问题，某些天然防腐剂用量少时起不到防腐的作用，用量大时又有可能影响食品的风味和品质，甚至产生毒副作用。部分现已开发的天然防腐剂普遍存在抗菌谱较窄的缺点，仅使用某一种不能完全抑制所有细菌的生长，同时使用多种防腐剂，又可能对人体产生毒害。以上这些都是制约天然防腐剂开发利用进程的主要因素。

知识链接

GB 1886.183—2016《食品安全国家标准 食品添加剂 苯甲酸》

GB 1886.184—2016《食品安全国家标准 食品添加剂 苯甲酸钠》

GB 1886.39—2015《食品安全国家标准 食品添加剂 山梨酸钾》

GB 1886.186—2016《食品安全国家标准 食品添加剂 山梨酸》

第3章　抗 氧 化 剂

学习目标

（1）了解食品中抗氧化剂的作用及其分类。
（2）熟悉常用人工合成抗氧化剂的特性及其应用。
（3）熟悉常用天然抗氧化剂的特性及其应用。

抗氧化剂

3.1　概　　述

能够阻止或延缓食品氧化，以提高食品的稳定性和延长贮存期的食品添加剂称为抗氧化剂。

食品变质除了微生物的作用之外，另一重要原因就是氧化反应。氧化反应可导致食品中的油脂酸败，还会导致食品褪色、褐变，维生素受破坏等。抗氧化剂主要用于含油脂的食品，可阻止和延迟食品氧化过程，提高食品的稳定性和延长贮存期，但抗氧化剂不能改变已经酸败的食品，应在食品尚未发生氧化之前加入。

我国允许使用的抗氧化剂有丁基羟基茴香醚（BHA）、二丁基羟基甲苯（BHT）、没食子酸丙酯（PG）、D-抗坏血酸钠、茶多酚、茶多酚棕榈酸酯、植酸、迷迭香提取物、维生素E等29种。

3.1.1　抗氧化剂的作用机理

脂肪和油几乎存在于所有的食品中，是重要的营养物质，其化学结构是甘油和长链脂肪酸的酯。脂肪及油的变质主要由于水解及氧化两个化学过程。水解不但会产生苦味或类似肥皂的口感，还会产生水解性酸败。

在许多食物制成品中，油脂类常因氧化导致酸败而影响食品的货架期。不饱和脂肪和油的氧化是由于暴露于光、热和金属离子的激发下和氧反应而形成游离基，游离基和氧反应生成过氧化物游离基，过氧化物游离基从另一个脂肪分子中吸取一个氢原子形成另一个脂肪游离基，这种游离基氧化反应的传播形成链状反应，脂肪的过氧化合物分解成醛、酮或酸，这些分解产物具有酸味的气味和口感，这正是脂肪及油酸败的特征。

抗氧化剂可抑制引发氧化作用的游离基，如抗氧化剂可以迅速地和脂肪游离或过氧化合物游离基反应，形成稳定、低能量的抗氧化剂游离基产物，使脂肪的氧化链式反应不再进行，因此在应用中抗氧化剂的添加越早越好。总结抗氧化剂的作用机理有以下四种：①抗氧化剂发生化学反应，可降低食物体系的氧含量；②阻止、减弱氧化酶的活力；③使氧化过程中的链式反应中断，破坏氧化过程；④将能催化、引起氧化反应的物质封闭。

3.1.2 抗氧化剂的分类

抗氧化剂一般分为人工合成抗氧化剂、天然抗氧化剂及复配型抗氧化剂。

人工合成抗氧化剂一般为脂溶性抗氧化剂。食用油脂分子结构中存在不饱和键，在氧气、水、金属离子、光照、受热的情况下，油脂中不饱和键会变成酮、醛及醛酮酸。这些产物发出特殊的臭味、酸味和苦味，通常把这种现象称为酸败。酸败后的食品不能食用。脂溶性抗氧化剂能在油脂和含油脂的食品中产生抗氧化作用，以防止其氧化酸败。食品工业常用的人工合成抗氧化剂有丁基羟基茴香醚（BHA）、二丁基对甲苯酚（BHT）、没食子酸丙酯（PG）、特丁基对苯二酚（TBHQ）等。

天然抗氧化剂种类可分成维生素、天然酚类、黄酮衍生物和氨基酸及其衍生物。维生素、黄酮衍生物、天然酚类、黄酮衍生物等一般存在于植物和植物油中，如植物油中普遍存在的天然维生素 E、豆油中的磷脂，植物果实中存在的天然维生素 C、茶叶中的茶多酚、迷迭香花和叶子中的提取物等都有不同程度的抗氧化作用。天然抗氧化剂成分的毒性远远低于人工合成的抗氧化剂。因此，近年来从自然界寻求天然抗氧化剂的研究已引起各国科学家的高度重视。目前，世界各国开发的大量天然抗氧化剂产品，普遍受到人们的欢迎。

复配型抗氧化剂是指一般含有一个或几个主要抗氧化剂，复配以酸性增效剂，溶解于食品级溶剂中，以达到增加抗氧化性目的的抗氧化剂。复配型抗氧化剂可以是人工合成抗氧化剂的复配，也可为天然抗氧化剂的复配。复配型抗氧化剂有下列优点：①复配的几个抗氧化剂主剂可以产生协同作用；②便于使用，增强抗氧化剂的溶解度及分散性；③改善应用的效果；④抗氧化剂和增效剂复合于一个成品中以发挥协同作用；⑤减少抗氧化剂的失效倾向。

复配型抗氧化剂中的酸性增效剂能提供一个酸性介质以增进抗氧化剂稳定性，使抗氧化剂活性再生，促使氧化反应发生的铜及铁等金属离子失去活性来增进抗氧化功能。某些酸性增效剂就列于抗氧化剂种类之中。复配型抗氧化剂中常见的酸性增效剂有柠檬酸及其酯类（如柠檬酸单甘油酯）、抗坏血酸及其酯类（如抗血酸棕榈酸酯）。

3.1.3 脱氧剂

在食品包装密封过程中，同时封入能除去氧气的物质，可除去密封体系中的游离氧和溶存氧或使食品与氧气隔绝，防止食品由于氧化而变质、发霉等，这类物质叫脱氧剂或氧气隔绝剂，也可算是一种特殊的抗氧化剂。

脱氧剂常按作用机理分为铁粉氧化（铁系脱氧剂）、酶氧化（酶系脱氧剂）、抗坏血酸氧化、光敏感性染料氧化等。

铁系脱氧剂一般做成袋状，放入包装内，使氧的浓度降到 0.01%。一般要求 1g 铁粉能和 300mL 的氧反应，使用时可根据包装后残存的氧气量和包装膜的透氧性选择合适的用量，应用的产品包括糖果、干制的海产品小吃、熟肉制品、米糕、面食、干酪、干制蔬菜等。除袋装脱氧剂外，还可将含有活性铁粉的塑料标签或各种卡片插入包装内。

酶系脱氧剂对 pH 值、水分活度（A_w）、食盐含量、温度和其他因素的变化都很敏感，在反应时还需水的参与，因此，在低水分含量的食品中应用效果不明显。

脱氧剂的除氧是以化学反应为基础的，因此其除氧能力随反应级数、时间、温度等条件不同而异。速效脱氧剂在密封的包装容器内适量存在时，大约在 1h 内能使游离氧降至 1%以下，最终降到 0.2%。缓效脱氧剂所需时间为 12～24h，但最终除氧能力是相同的，游离氧同时能降至 0.2%以下。

目前，脱氧剂形式除袋装外，还有帽装。袋装可用于袋装食品，帽装则用于瓶、罐等容器。近年来，随着食品工业的发展和包装材料的改进，脱氧剂在国内越来越受到重视，应用也越来越广泛。

3.2　常用人工合成抗氧化剂及其应用

3.2.1　丁基羟基茴香醚（BHA）（CNS 号 04.001　INS 号 320）

1. 特性

丁基羟基茴香醚为白色或黄色蜡样片状结晶或粉末，可溶于多种溶剂和油脂，在弱碱性条件下不易破坏。

2. 应用

丁基羟基茴香醚作为脂溶性抗氧化剂，适宜油脂食品和富脂食品，是目前国际上广泛使用的抗氧化剂之一，也是我国常用的抗氧化剂之一。由于其热稳定性好，因此可以在油煎或焙烤条件下使用。丁基羟基茴香醚对动物性脂肪的抗氧化作用较强，而对不饱和植物脂肪的抗氧化作用较差。丁基羟基茴香醚广泛应用于早餐谷物、面包、速煮饼等油炸用油和配方用油。丁基羟基茴香醚可单独使用，但和其他抗氧化剂有协同作用。例如，丁基羟基茴香醚（BHA）与二丁基羟基甲苯（BHT）、特丁基对苯二酚（TBHQ）及增效剂柠檬酸等合用，其抗氧化效果更为显著。

GB 2760—2014 规定，丁基羟基茴香醚可用于脂肪，油和乳化脂肪制品，基本不含水的脂肪和油，油炸坚果与籽类，坚果与籽类罐头，油炸面制品、杂粮粉，即食谷物［包括碾轧燕麦（片）］，方便米面制品，饼干，腌腊肉制品类（如咸肉、腊肉、板鸭、中式火腿、腊肠），风干、烘干、压干等水产品，膨化食品等，最大使用量为 0.2g/kg（以油脂中的含量计）；胶基糖果最大使用量为 0.4g/kg。

BHA 实际参考用量为 0.001%～0.01%，可溶于热油中使用，具体用量见表 3-1。

表 3-1　BHA 实际参考用量

食品品种	用量/%	食品品种	用量/%
动物油	0.001～0.01	精炼油	0.01～0.1
植物油	0.002～0.02	口香糖基质	可达 0.04
焙烤食品	0.01～0.02（按脂肪计）	糖果	可达 0.02（按脂肪计）
谷物食品	0.005～0.02	乳制品	0.01
豆浆粉	0.001	食品包装材料	0.02～0.1

注：一般是 BHA 与 PG、柠檬酸联合使用。

3. 安全性

一般认为丁基羟基茴香醚毒性很小，较为安全。丁基羟基茴香醚 ADI 为每千克体重 0～0.5mg（FAO/WHO，1994）。LD_{50}为：小鼠，经口每千克体重 1 100mg（雄性），小鼠，经口每千克体重 1 300mg（雌性）；大鼠，经口每千克体重 2 000mg；兔，经口每千克体重 2 100mg。

3.2.2 二丁基羟基甲苯（BHT）（CNS 号 04.002　INS 号 321）

1. 特性

二丁基羟基甲苯为白色结晶，能溶于多种有机溶剂和油脂，不溶于水和甘油，与其他抗氧化剂相比，稳定性较高，耐热性好，受普通烹调温度的影响不大，抗氧化效果好。

2. 应用

二丁基羟基甲苯与其他抗氧化剂相比，稳定性较高，耐热性好，受普通烹调温度的影响不大，抗氧化效果也好，可用于食品与焙烤食品的长期贮存，是目前国际上，特别是在水产品加工方面广泛应用的廉价抗氧化剂。二丁基羟基甲苯（BHT）抗氧化能力不如丁基羟基茴香醚（BHA），与 BHT 或丁基羟基茴香醚（BHA）混合使用其效果超过单独使用，并以柠檬酸或其他有机酸为增效剂。

BHT 可用于脂肪，油和乳化脂肪制品，基本不含水的脂肪和油，干制蔬菜（仅限脱水马铃薯粉），油炸坚果与籽类，坚果与籽类罐头，油炸面制品，即食谷物［包括碾轧燕麦（片）］，方便米面制品，饼干，腌腊肉制品类（如咸肉、腊肉、板鸭、中式火腿、腊肠），风干、烘干、压干等水产品，膨化食品等，最大使用量为 0.2g/kg（以油脂中的含量计）；胶基糖果最大使用量为 0.4g/kg。BHT 实际参考用量见表 3-2。

表 3-2　BHT 实际参考用量

食品品种	用量/%	食品品种	用量/%
动物油	0.001～0.01	脱水豆浆	0.001
植物油	0.002～0.02	香精油	0.01～0.1
焙烤食品	0.01～0.02	口香糖基质	0.04
谷物食品	0.005～0.02	食品包装材料	0.02～0.1

注：一般是与 BHA、PG 和柠檬酸联合使用。

3. 安全性

BHT 相对 BHA 来说，毒性略高一些。有抑制人体呼吸酶活性等嫌疑。美国 FDA 曾一度禁用，希腊、土耳其等国也禁用。后因证明其安全性还是能得到保证，ADI 降为每千克体重 0～0.3mg。

3.2.3 没食子酸丙酯（PG）（CNS 号 04.003 INS 号 310）

1. 特性

没食子酸丙酯是一种白色或褐黄色晶状粉末，或乳白色针状结晶，无臭，略有苦味，易溶于热水、乙醇、乙醚和丙酮，难溶于氯仿、脂肪和水。对热较稳定，光促进其分解，遇铜、铁离子呈紫色或暗绿色，有吸湿性。

2. 应用

使用没食子酸丙酯可以延长食品的贮存期、货架期。加入微量的没食子酸丙酯能抑制油脂的酸败褪色、褐变、维生素的破坏和有害物质的产生，预防食物中毒。作为一种优良的天然抗氧化剂，它具有如下显著特点：①用途广泛；②无毒安全；③高效性；④价格低廉；⑤使用方便。

GB 2760—2014 中规定，没食子酸丙酯可用于脂肪，油和乳化脂肪制品，基本不含水的脂肪和油，油炸坚果与籽类，坚果与籽类罐头，油炸面制品，方便米面制品，饼干，腌腊肉制品类（如咸肉、腊肉、板鸭、中式火腿、腊肠），风干、烘干、压干等水产品，膨化食品等，最大使用量为 0.1g/kg（以油脂中的含量计）；胶基糖果最大使用量为 0.4g/kg。

BHA、BHT 和 PG 是目前食品工业中最常用的抗氧化剂，三者常混合使用，各自用量占其最大使用量的比例之和不应超过 1。最大使用量以油脂中的含量计。PG 的实际使用参考量见表 3-3。常使用的还有没食子酸辛酯和十二酯。

表 3-3 PG 的实际使用参考量

食品品种	用量/%	食品品种	用量/%
动物油	0.001～0.01	面包	0.001～0.01
植物油	0.001～0.01	谷类食物	0.003
全脂奶粉	0.005～0.01	口香糖基质	0.04
人造奶油	0.001～0.01	香精油	0.005～0.01

3. 安全性

没食子酸丙酯使用至今，人们未对它的安全性提出异议，是一种安全性较高的抗氧化剂。没食子酸丙酯 LD_{50} 为每千克体重 3 000mg（大鼠，经口）和每千克体重 380mg（大鼠，腹膜内）。

3.2.4 特丁基对苯二酚（TBHQ）（CNS 号 04.007 INS 号 319）

1. 特性

特丁基对苯二酚为白色或微红褐色结晶粉末，有一种极淡的特殊香味，微溶于水（约为 5‰），易溶于乙醇、丙二醇和脂肪。

2. 应用

特丁基对苯二酚因其低毒，对富含多不饱和脂肪酸的植物油脂抗氧化性能好，能抑制多种细菌、霉菌生长，高温煎炸不易挥发，可保持食品风味，因而得到广泛的应用。

GB 2760—2014中规定，TBHQ可用于脂肪，油和乳化脂肪制品，基本不含水的脂肪和油，熟制坚果与籽类，坚果与籽类罐头，油炸面制品，方便米面制品，饼干，腌腊肉制品类（如咸肉、腊肉、板鸭、中式火腿、腊肠），风干、烘干、压干等水产品，膨化食品、糕点等，最大使用量以油脂中的含量计，为0.2g/kg。实际使用量为0.01%～0.02%，可溶于热油中使用。

3. 安全性

特丁基对苯二酚的ADI为每千克体重0～0.2mg（FAO/WHO，1994），LD_{50}为每千克体重0.7～1.0g（大鼠，经口）。

3.3 常用天然抗氧化剂及其应用

3.3.1 维生素E（DL-α-生育酚，D-α-生育酚，混合生育酚浓缩物）（CNS号04.016 INS号307）

1. 特性

维生素E属于酚类化合物，是一种脂溶性维生素，广泛存在于动植物性食品中，具有抗氧化作用。脂肪和含脂肪的食品中，维生素E的含量差别很大。例如，棉籽油、玉米油、花生油和芝麻油等植物油中维生素E含量为10～60mg/100g，而谷物胚油中维生素E含量更为丰富，为150～500mg/100g。粗制的植物油中含有较多的维生素E，因此具有足够的氧化稳定性。而精炼植物油由于在精炼过程中会造成维生素E的大量损失，因此在精炼植物油中需加入抗氧化物质。而动物性食品中维生素E含量较少，一般为0.5～1.5mg/100g。

2. 应用

维生素E具有防止细胞脂质及细胞膜脂质被氧化的功能，因此经口维生素E药丸或富含维生素E的膳食，会起到延缓衰老的作用，GB 2760—2014中规定：维生素E可用于基本不含水的脂肪和油、复合调味料，按生产需要适量使用；可用于油炸坚果与籽类（以油脂计）、油炸面制品、膨化食品，最大使用量为0.2g/kg（以油脂中的含量计）；可用于果蔬汁（肉）饮料（包括发酵型产品等）、蛋白饮料类、其他型碳酸饮料，非碳酸饮料（包括特殊用途饮料、风味饮料）、茶、咖啡、植物饮料类、蛋白型固体饮料，最大使用量为0.2g/kg（固体饮料按稀释倍数增加使用量）；即食谷物［包括碾轧燕麦（片）］，最大使用量为0.085g/kg。

3. 安全性

维生素 E 为天然食品，安全、无毒，其 ADI 为每千克体重 0.15～2g（FAO/WHO，2001），但其为脂溶性维生素，当大量摄食时不易排出体外而造成在体内聚积，反而有害于健康，因此必须加以注意。

3.3.2 抗坏血酸（Vc）、异抗坏血酸、异抗坏血酸、钠和抗坏血酸棕榈酸酯（CNS 号 04.014　INS 号 300；CNS 号 04.009　INS 号 302；CNS 号 04.011　INS 号 304；CNS 号 04.004，04.018　INS 号 315，316）

1. 特性

抗坏血酸又名 L-抗坏血酸、维生素 C，为白色或浅黄色结晶性粉末，有酸味，具有还原性，易被氧化为脱氢抗坏血酸。异抗坏血酸又名 D-抗坏血酸、异维生素 C，异抗坏血酸的生物活性只有维生素 C 的 1/20，价格低廉，但抗氧化性与抗坏血酸相似。抗坏血酸棕榈酸酯（及硬脂酸酯）为不溶于水而微溶于油脂的抗坏血酸衍生物。

抗坏血酸、异抗坏血酸可清除氧、抑制对氧敏感的食品成分的氧化，将系统的氧化还原电位移向还原的范围，产生酚类或脂溶性的抗氧化剂，维持（—SH）的还原态，对螯合剂和其他抗氧化剂起增效作用，还原不受欢迎的氧化产物。

2. 应用

抗坏血酸及其盐类属水溶性的氧清除剂型抗氧化剂，在不同产品中起着不同的作用。

（1）葡萄酒。单用抗坏血酸或与亚硫酸盐合用可以除去氧，以免制品出现氧化味和氧化浑浊。

（2）乳制品。用于牛奶、奶油、炼乳和乳粉，可除氧以护色。

（3）油脂。配合合成抗氧化剂，如 BHA 和 BHT，以促进抗氧化作用。

（4）瓶装和罐装饮料。抗坏血酸被用作氧清除剂，防止饮料变色和变味。

异抗坏血酸及异抗坏血酸钠主要用于两个方面：一是作为各种食品中需控制氧化变色和风味恶化的抗氧化剂，包括水果、蔬菜等各种加工制品（常与增效剂柠檬酸一起使用），啤酒、葡萄酒、碳酸饮料、冷冻水产品及马铃薯制品等；二是用于香肠、火腿等肉类腌制品，以促进亚硝酸盐在腌制过程中的显色作用和延长货架期。

抗坏血酸棕榈酸酯（及硬脂酸酯）能延缓植物油的酸败，如 0.01%抗坏血酸棕榈酸酯比 BHA 和 BHT 有更好的抗氧化能力。

GB 2760—2014 规定异抗坏血酸和异抗坏血酸钠最大使用量：用于八宝粥罐头为 1.0g/kg（以抗坏血酸计）；用于葡萄酒为 0.15g/kg。抗坏血酸最大使用量：用于小麦粉为 0.2g/kg；用于浓缩果蔬汁（浆）按生产需要适量添加；用于去皮或预切的鲜水果、去皮、切块或切丝的蔬菜，最大使用量为 5g/kg。抗坏血酸棕榈酸酯可广泛用于乳粉（包括加糖乳粉）和奶油粉及其调制产品、脂肪、油和乳化脂肪制品、基本不含水的脂肪和油、即食谷物［包括碾轧燕麦（片）］、方便米面制品、面包，最大使用量为 0.2g/kg；用于婴幼儿配方食品、婴幼儿辅助食品最大使用量为0.05g/kg（以脂肪中抗坏血酸计）。

3. 安全性

抗坏血酸、异抗坏血酸、异抗坏血酸钠和抗坏血酸棕榈酸酯的 ADI 不做特殊规定（FAO/WHO，2001），其中抗坏血酸 LD_{50} 为每千克体重 11.9g（大鼠，经口），异抗坏血酸钠 LD_{50} 为每千克体重 15.3g（小鼠，经口）。

3.3.3 茶多酚（CNS 号 04.005 INS 号—）

1. 特性

茶多酚是茶叶中多酚类物质的总称，为白色不定型粉末，易溶于水，可溶于乙醇、甲醇、丙酮、乙酸乙酯，不溶于氯仿。绿茶中茶多酚含量较高，占其质量的15%～30%，茶多酚的主要成分为黄烷酮类、花色素类、黄酮醇类、花白素类、酚酸及缩酚酸类六类化合物。其中以黄烷酮类（主要是儿茶素类化合物）最为重要，占茶多酚总量的60%～80%，其次是黄酮类，其他酚类物质含量比较少。

茶多酚的酸性羟基具有供氢体的活性，能中断自动氧化的链式反应，起到抗氧化作用。茶多酚还具有对热、酸稳定，水溶性好，安全性佳等特点。

2. 应用

茶多酚已被广泛应用于食用动植物油脂、油炸食品、水产品、肉制品、乳制品、焙烤食品、糖果食品、饮料、调味品、功能性食品等产品中，是油脂和含油食品的理想天然抗氧化剂。茶多酚实际参考用量为0.02%～0.2%。其在油脂、精炼油中添加量为0.04%～0.2%，在面包、含油糕点、糖果、方便面中添加量为面粉质量的0.03%，在肉制品中的添加量为肉品质量的0.02%～0.2%。若肉料需腌制、发色，茶多酚在加工过程最后加入。若肉料本身要加料酒，可将茶多酚溶于酒中加入。火腿、腊肉要先用0.06%的茶多酚溶液腌制1h，再在制成品的表面再涂一层 0.1%的茶多酚抗氧化剂。在腌制鱼类产品时，茶多酚可加在盐渍液中。茶多酚在调味品中添加量为 0.002%～0.2%，酱油、豆豉等产品，要在发酵工艺之后再加入。茶多酚还可以用于乳制品、豆制品及饮料，都有很好的抗氧化效果。

GB 2760—2014 规定茶多酚的最大使用量：用于复合调味料、植物蛋白饮料为0.1g/kg（以儿茶素计）；油炸坚果与籽类、油炸面制品、即食谷物包括碾轧燕麦（片）、方便米面制品、膨化食品为 0.2g/kg（以油脂中儿茶素计）；酱卤肉制品类、熏、烧、烤肉类、油炸肉类、西式火腿（熏烤、烟熏、蒸煮火腿）类、肉灌肠类、发酵肉制品类、预制水产品（半成品）、熟制水产品（可直接食用）、水产品罐头为0.3g/kg（以油脂中儿茶素计）；基本不含水的脂肪和油、糕点、焙烤食品馅料及表面用挂浆（仅限含油脂馅料）、腌腊肉制品类（如咸肉、腊肉、板鸭、中式火腿、腊肠）为 0.4g/kg（以油脂中儿茶素计）；蛋白固体饮料为0.8g/kg（以儿茶素计）。

茶多酚抗氧化效果优于 BHT 和维生素 E，与维生素 E、维生素 C、磷脂和琥珀酸等添加剂共同使用具有显著的协同增效作用。

3. 安全性

茶多酚来自天然，安全、无毒。

3.3.4 迷迭香提取物（CNS 号 04.017 INS 号—）

1. 特性

迷迭香提取物为黄褐色粉末或褐色膏状、液体，有特殊香气，其有效成分为鼠尾草酸、鼠尾草酚、迷迭香酚和其他二萜类化合物等高活性抗氧化成分。迷迭香提取物耐热性（200℃稳定）、耐紫外线性良好，能有效防止油脂的氧化。

2. 应用

迷迭香提取物是油脂和富油食品的高效天然抗氧化剂，能阻止或延缓食品氧化变质，可提高食品稳定性和延长贮存期。迷迭香提取物抗氧化性能力高于 BHA、BHT 等人工合成抗氧化剂，以及茶多酚等天然抗氧化剂。在不同的油脂中比 BHT 和 BHA 效果好 2～4 倍，优于维生素 C，是茶多酚的 1～2 倍。其抗氧化能力随加入量的增加而增大，但高浓度时可使油脂产生沉淀，使含水食品变色。在氧化过程开始之前添加迷迭香提取物抗氧化效果最明显，最佳添加浓度为 200～1 000mg/kg，可直接添加到油脂中进行搅拌。

GB 2760—2014 中规定，迷迭香提取物允许用于动物油脂（包括猪油、牛油、鱼油和其他动物脂肪等），限油炸坚果与籽类，油炸面制品，预制肉制品，酱、卤肉制品，熏、烧、烤肉类，油炸肉类，西式火腿（熏烤、烟熏、蒸煮、火腿）类，肉灌肠类，发酵肉制品类，膨化食品，最大使用量为 0.3g/kg；用于植物油脂，最大使用量为 0.7g/kg。

3. 安全性

迷迭香提取物 ADI 不做特殊规定。

3.3.5 磷脂（CNS 号 04.010 INS 号 322）

1. 特性

磷脂是以大豆、葵花籽等植物油籽料或其加工副产物为主要原料，经脱水、脱杂、脱色或脱脂等工序制得的一种抗氧化剂，一般为黄色至棕色黏稠液体或颗粒。

2. 应用

磷脂的抗氧化性已在油脂生产中得到应用。试验表明，磷脂在油中含量≥0.2%，可显著地提高菜籽油、葵花籽油及大豆油的抗氧化性，如在 60℃贮存条件下，可以保存 8 周。卵磷脂在 Cu^{2+}、Fe^{3+}、Mn^{2+}等离子存在的条件下，可以提高油脂中的过氧化物及过氧化氢的分解活性，具有强抗氧化性。

GB 2760—2014 中规定：磷脂允许用于稀奶油、氢化植物油、婴幼儿配方食品、婴幼儿辅助食品，可按生产需要适量使用。

3. 安全性

磷脂来自天然，安全、无毒。

3.3.6 植酸（CNS号04.006 INS号—）

1. 特性

植酸又名肌醇六磷酸，是一种天然植物化合物，植酸常以游离酸、植酸钠、植酸（植酸钙/镁）等形式广泛存在于谷类、豆类、油料作物、花粉、孢子和有机土壤中等。植酸主要存在于植物中，近年来在哺乳动物细胞和原核细胞中也发现了植酸的存在。在几乎所有的种子中，植酸是磷酸盐和肌醇的主要贮存形式。在谷类和豆类植物中，植酸形式的磷占总磷的18%～88%；在谷粒、油料种子和豆类中，植酸盐态的磷占总磷的60%～97%。

《食品安全国家标准 食品添加剂 植酸》（GB 1886.237—2016）和《食品安全国家标准 食品添加剂 植酸钠》（GB 1886.250—2016）均已于2017年1月1日起开始实施，这为食品添加剂植酸和植酸钠的生产和使用提供了依据。

2. 应用

在食品工业中，植酸作为抗氧化剂被广泛使用。植酸能使许多可促进氧化作用的金属离子被螯合而失去活性，同时还释放出氢，分解油脂在自动氧化过程中产生的过氧化物，使之不能继续形成醛酮等产物。

在植物油中加入少量的植酸即可抑制其氧化和水解酸败。例如，在大豆油中添加0.01%～0.2%的植酸，可使大豆油的抗氧化能力提高4倍，1份50%的植酸和3份山梨醇脂肪酸酯混合后，以0.2%的量添加于豆油中，即可大大延缓豆油的变质；在花生油中加入少量的植酸，不仅可使其抗氧化能力提高40倍，而且还可抑制具有强致癌作用的黄曲霉毒素的生成；将少量的植酸加入面包、色拉油等食品中，可以增强食品中天然色素和合成色素的稳定性，提高食品保存功能和改善食品质量，防止油脂氧化，使其色、香、味保持较长时间而营养不变；用植酸处理鲜果和蔬菜，可使其保鲜期明显延长。在食用菌的保鲜上，采用植酸处理后，可以防止蘑菇变色，解决了二氧化硫的残留问题，使蘑菇等食用菌的保鲜从2～3d延长至5～7d。植酸用于极不耐贮的鲜樱桃的保藏，也取得了较好的效果。

在食品加工过程中，用植酸代替硝酸盐加入酱制品中，不仅可保持色泽；而且可避免硝酸盐对人体的危害；加入鱼、虾罐头中可防止磷酸铵镁（鸟粪石）的形成，也可防止贝类罐头加工过程中生成的H_2S与肉中的铁离子等形成黑色物质。作为发酵添加剂，植酸可促进微生物的生长。另外，利用植酸的螯合性，可去除酒类、软饮料中的金属离子，增加爽口感。

GB 2760—2014中规定：植酸和植酸钠允许用于基本不含水的脂肪和油，加工水果，加工蔬菜，装饰糖果（如工艺造型，或用于蛋糕装饰）、顶饰（非水果材料）和甜汁，腌腊肉制品类（如咸肉、腊肉、板鸭、中式火腿、腊肠），酱卤肉制品类，熏、烧、烤肉类，油炸肉类，西式火腿（熏烤、烟熏、蒸煮火腿）类、肉灌肠类，发酵肉制品类，调味糖浆，果蔬汁（肉）饮料（包括发酵型产品等），最大使用量为 0.2g/kg；鲜水产品（仅限虾类）按生产需要量使用，残留量≤20mg/kg。

3. 安全性

植酸毒性比食盐更低，LD_{50}为每千克体重 4 192mg（小鼠，经口）。在美国，植酸被认为是 GRAS（generally recognized as safe，公认安全）的。

3.3.7 甘草抗氧化物（CNS 号 04.008　INS 号—）

1. 特性

甘草抗氧化物是从提取甘草浸膏或甘草酸之后的甘草渣中提取的一组脂溶性混合物，是黄酮类和类黄酮物质的混合物，是一种有效的抗氧化剂。甘草抗氧物为棕色或棕褐色粉末，略有甘草的特殊气味，不溶于水，可溶于乙酸乙酯，在乙醇中的溶解度为 11.7%。

2. 应用

甘草抗氧化物有较强的抗氧化、清除自由基作用。GB 2760—2014 中规定，甘草抗氧物可用于基本不含水的脂肪和油，油炸坚果与籽类，油炸面制品，方便米面制品，饼干，腌腊肉制品类（如咸肉、腊肉、板鸭、中式火腿、腊肠），酱卤肉制品类，熏、烧、烤肉类，油炸肉类，西式火腿（熏烤、烟熏、蒸煮火腿）类，肉灌肠类，发酵肉制品类，腌制水产品，膨化食品，最大使用量为 0.2g/kg（以甘草酸计）。日本批准将甘草抗氧物用于油脂、人造奶油、含油食品（如火腿、咸牛肉、汉堡包、油炸食品、油酥饼、点心、巧克力、饼干、方便面等）。

3. 安全性

甘草抗氧化物的 ADI 为每千克体重 0.1mg，LD_{50}为每千克体重 21.5g（大鼠，经口）。

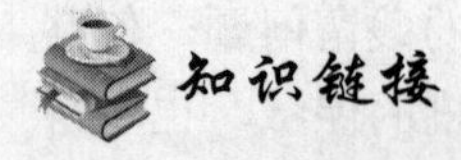

GB 29942—2013《食品安全国家标准 食品添加剂 维生素 E（DL-α-生育酚）》

GB 1886.12—2015《食品安全国家标准 食品添加剂 丁基羟基茴香醚（BHA）》

GB 1900—2010《食品安全国家标准 食品添加剂 二丁基羟基甲苯（BHT）》

第4章 着 色 剂

学习目标

（1）了解食品中着色剂的作用及其分类。

（2）熟悉常用人工合成着色剂的特性及其应用。

（3）熟悉常用天然着色剂的特性及其应用。

着色剂

4.1 概 述

着色剂又称食品色素，是以食品着色为主要目的，赋予食品色泽和改善食品色泽的物质，可增加对食品的嗜好及刺激食欲。《食品安全国家标准 食品添加剂使用标准》（GB 2760—2014）允许使用的着色剂有68种。食品用着色剂是食品添加剂的重要组成部分，它不仅广泛应用于饮料、酒类、糕点、糖果等饮料食品，以改善其外观品质，而且也应用于医药和化妆品的生产。

4.1.1 色彩与食品

1. 食品色泽对感官的作用

食品的色泽是人们对食品食用前的第一个感性接触，是人们辨别食品优劣、产生喜厌的先导，也是食品质量的一个重要指标，食品的色感好，对增进食欲也有很大作用。常见的颜色对感官起的作用如下所述。

1）红色

红色可以给人以味浓成熟、好吃的感觉，色泽鲜艳，引人注目，是人们所喜欢的一种色彩，能刺激人的购买欲，许多糖果、糕点、饮料都采用它。

2）黄色

黄色给人以芳香成熟、可口、食欲大增的感觉。黄色不像红色那么显眼。焙烤食品、水果罐头、人造奶油等食品常采用它。黄色还可给人以味道清淡的感觉，有人曾做过这样一个试验，把一杯黄色的西瓜汁一分为二。其中一份中加入红着色剂，后将2份西瓜汁给试验者品尝，结果均认为是红色的甜。这个试验说明了颜色对于味道感觉的作用，也说明了红、黄两色的区别。另外黄色有时会使食品缺乏新鲜感。

3）橙色

橙色是黄色和红色的混合色，兼有红、黄两色的优点，可以给人以强烈的甘甜成熟、醇美的感觉，饮料、罐头等许多食品都采用它。

4）绿色和蓝色

绿色和蓝色可以给人以新鲜、清爽的感觉，多用于酒类、方便菜、饮料等食品中。它们都给人以生、凉、酸的感觉，所以点心、糕饼、非蔬菜类罐头中一般不用，其他食品采用时也需注意，否则会叫人倒胃口。

5）褐色

褐色可以给人以风味独特、质地浓郁的感觉，咖啡、茶叶、啤酒、巧克力、饮料、糕点常采用它。

2. 食品色调的选择

食品色调选择的依据是消费者心理或习惯上对食品颜色的要求，以及色与风味、营养的关系。要选择与该食品应有的色泽基本相似的着色剂，或根据拼色原理调制出相应的颜色，如樱桃罐头、杨梅果酱应选用樱桃红及杨梅红，红葡萄酒应用紫红色，奶油应用奶黄色，通心粉应用蛋黄色，糖果的色调可以随意些，如薄荷糖可用绿色，橘子糖可用橘红色等。

有些产品，尤其是带壳、带皮的，在不蒙骗消费者的条件下，可以使用艳丽的色彩，如彩豆、彩蛋等。在一些民间传统活动和宗教仪式中所用的食品，色彩都有特殊规定，可根据实际情况，合理地使用着色剂。然而色调的选择也不应墨守成规，当今一些引人注目的“异彩食品”，如白色咖啡、绿色面包、黑色豆腐等，都是着色剂在食品中新颖别致的用法。

3. 着色剂的调配

由于食品着色工艺对于色调的要求是千变万化的，为丰富着色剂的色彩品种，满足生产中着色的需要，可将着色剂按不同比例进行调配。理论上由红、黄、蓝三种基本色即可拼出各种不同色调来，其基本的原则如下所示：

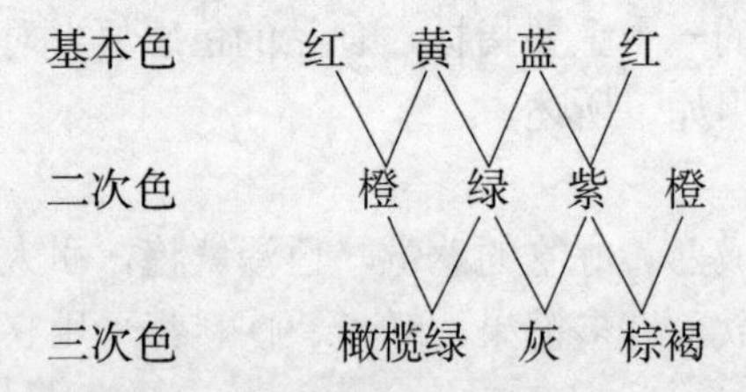

着色剂的调配使用：若需其他色调的颜色，可用三个单色任意调配。拼色原理采用减色法，即用红、黄、蓝为三原色混配出黑色。三原色可以是柠檬黄、亮蓝、苋菜红。不同的颜色可通过两拼、三拼甚至四拼得到。色彩的调配还涉及许多颜料学和美学的知识，在使用着色剂时应多加考虑，以生产出更好的具有美感的食品。

各种着色剂溶解于不同的溶剂中，可能会产生不同的色调和强度，其中以油溶性着色剂更为明显，在使用两种或两种以上着色剂调色时更为突出。例如，有时黄色与红色可配成的橙色，在水中色调较黄，在乙醇中色调较红。在酒类中，乙醇含量的不同，同样的着色剂会变成不同的色调，因此，在调配酒色时，一定要根据产品中乙醇的含量来确定调色标准。

在调色、拼色工艺中，各种着色剂坚牢度不同，产品褪色快慢也不同。例如，水溶性靛蓝比柠檬黄褪色快，两者配成绿色用于青梅酒的着色，往往出现靛蓝先褪色而使酒的色泽变黄。

在混合着色剂中，某种着色剂的存在会加速另一种色的褪色，如靛蓝会促使樱桃红更快地褪色。所以，使用中要根据实际情况进行合理调配。

4. 影响着色剂的因素

1）溶解性

溶解性包括两方面的含义：一方面，着色剂是油溶性还是水溶性；另一方面是着色剂的溶解度，溶解度大于 1%者视为可溶，在 1%～0.25%者视为微溶，小于 0.25%的着色剂视为微溶。溶解度还受温度、pH 值、含盐量、水硬度等因素的影响。

2）染着性

用着色剂对食品着色时，要注意着色剂对上色部分的染着性状，即易不易染色，易不易脱色。

3）坚牢度

坚牢度是衡量着色剂在其所染着的物质上，对周围环境适应程度的一种量度。着色剂的坚牢度主要决定于其化学性状、所染着的物质及在应用时的操作。坚牢度是一个综合性评定，包括以下几个指标：耐热性、耐酸性、耐碱性、耐氧化性、耐还原性和耐光性。

5. 食品的着色法

基料着色法：将着色剂溶解后，加入所需着色的软态或液态食品中，搅拌均匀。

表面着色法：将着色剂溶解后，用涂刷方法使食品着色。

浸渍着色法（染色）：着色剂溶解后，将食品浸渍到该溶液中进行着色，有时需加热，并应特别注意染色温度和 pH 值。

6. 食品着色的原则

食品的着色应该遵循“真实、自然”的原则，特别是天然原料的食品和模拟天然原料的食品，在着色和调色中应避免追求鲜艳的颜色而违背“真实、自然”的颜色。过于鲜艳的色彩往往给消费者以“食品中着色剂超标，不真实，不自然”的印象。

4.1.2　着色剂的分类

着色剂按来源可分为人工合成着色剂和天然着色剂。

1. 人工合成着色剂

自 1856 年英国人 W.H.Perkins 合成出第一个人工染料苯胺紫以后，人工合成染料如雨后春笋，迅速遍及世界各地。人工合成着色剂以其色泽鲜艳、稳定性好、着色力强、适于调色、易于溶解、品质均一、无臭无味、价格便宜等优点而被广泛应用。20 世纪初，由于毒理学的发展，当时许多用于食品、饮料的人工合成着色剂被证明均有程度不同的毒性，甚至有致癌性，因而人工合成着色剂作为食品添加剂的安全性问题受到广泛关注。

按照化学结构来分，人工合成着色剂可分为偶氮类和非偶氮类着色剂。偶氮类着色剂是具有一个或多个—N=N—基团的芳香族化合物。在食品工业中，偶氮类着色剂约占普通着色剂市场的65%。食品中常见的偶氮类合成着色剂有柠檬黄、日落黄、新红、胭脂红、诱惑红等。

我国目前允许使用的人工合成着色剂有13种，即赤藓红及其铝色淀、靛蓝及其铝色淀、番茄红素（合成）、蓝锭果红、亮蓝及其铝色淀、柠檬黄及其铝色淀、日落黄及其铝色淀、酸性红（又名偶氮玉红）、苋菜红及其铝色淀、新红及其铝色淀、胭脂红及其铝色淀、诱惑红及其铝色淀、喹啉黄。

人工合成着色剂都是水溶性的。在使用时应先溶解、配制成1%～10%的溶液，称量应准确，随配随用。使用人工合成着色剂时，即使不超过使用标准，也不要将食品染得过于鲜艳，而要掌握住分寸，尤其要注意符合色泽自然和均匀统一的原则。使用混合着色剂时，要用溶解性、浸透性、染着性等性状相近的着色剂，并防止褪色与变色情况的发生。肉类制品（包括内脏加工品）、鱼类及其加工品、水果（包括果汁、果脯、果酱、果冻及酿造果酒）、调味品（醋、咖喱粉、酱油、豆腐乳）、饼干及糕点、婴儿食品（包括乳粉、代乳粉）不允许添加人工合成着色剂。

2. 天然着色剂

食品用天然着色剂主要是从动、植物组织和微生物培养物中提取的着色剂，以植物性着色剂占多数。现在已有多种红、黄、绿、蓝、棕、橙等系列油溶性和水溶性天然着色剂，被广泛应用于糖果、调味品、面制品、冰淇淋、饮料、乳制品等产品。

天然着色剂可分成吡咯类着色剂、色烯类着色剂、多酚类着色剂、酮类着色剂和醌类着色剂。我国允许使用的天然着色剂有叶绿素铜钠、胡萝卜素、叶黄素、辣椒红、玉米黄、葡萄皮红、红曲红、紫胶红、胭脂虫红、紫草红等55种。

天然着色剂的优点有以下几个方面：多来自动、植物组织，安全性较高；部分天然着色剂具有多种生理活性；能更好地模仿天然产物的颜色，着色时的色调比较自然。

天然食品着色剂的缺点有以下几个方面：

（1）较难溶解，不易染着均匀。

（2）染着性较差，某些天然着色剂可与食品原料反应而变色。

（3）坚牢度较差，使用时局限性大，受pH值、氧化、光照、温度等因素影响较大，在加工及流通过程中易受外界影响而劣化。

（4）因从天然物中提取，故有时受其共存成分的异味的影响，或自身就有异味。

（5）难于调色。不同的着色剂相溶性差，很难调配出任意的色调。

（6）易受金属离子和水质影响。天然着色剂易在金属离子催化作用下发生分解、变色或形成不溶的盐。

（7）成分复杂，使用不当易产生沉淀、浑浊，而且纯品成本较高。

（8）产品差异较大，天然着色剂基本上都是多种成分的混合物，而且同一着色剂由于来源不同，加工方法不同，所含成分也有差别。例如，从蔬菜中提取和从蚕沙中提取的叶绿素，用分光光度计进行比色测定，会发现两者的最大吸收峰不同，这样就造成了配色时色调的差异。

（9）天然着色剂性状不如合成着色剂稳定，使用中要加入保护剂，如磷酸盐、柠檬酸等，这会对着色剂的使用产生一些不良的影响。

天然着色剂使用中的问题是比较复杂的，由于添加工艺不完善，着色剂的效果和应用范围不如人工合成着色剂，应针对着色剂的特性进行使用。

4.2 人工合成着色剂及其应用

4.2.1 苋菜红和苋菜红铝色淀（CNS 号 08.001 INS 号 123）

1. 特性

苋菜红和苋菜红铝色淀为红棕色至暗红色粉末或颗粒，遇碱变为暗红色，对柠檬酸、酒石酸稳定，遇铜、铁易褪色，染着力较弱，易溶于水及甘油，微溶于乙醇，耐光、耐热。

2. 应用

苋菜红和苋菜红铝色淀为食品用红色着色剂。GB 2760—2014 规定，苋菜红、苋菜红铝色淀可用于冷冻饮品（食品用冰除外），最大使用量为 0.025g/kg；用于蜜饯凉果、腌渍的蔬菜、可可制品、巧克力和巧克力制品（包括代可可脂巧克力及制品）、糕点上彩妆、焙烤食品馅料及表面用挂浆（仅限饼干夹心）、果蔬汁（浆）类饮料、碳酸饮料、风味饮料（仅限果味饮料）、固体饮料类、配制酒、果冻，最大使用量为 0.05g/kg；用于装饰性果蔬，最大使用量为 0.1g/kg；用于固体汤料，最大使用量为 0.2g/kg；用于水果调味糖浆、果酱，最大使用量为 0.3g/kg。

3. 安全性

苋菜红和苋菜红铝色淀的 ADI 为每千克体重 0～0.5mg（FAO/WHO，1994），LD_{50} 为每千克体重大于 10g（小鼠，经口）。

4.2.2 胭脂红和胭脂红铝色淀（CNS 号 08.002 INS 号 124）

1. 特性

胭脂红和胭脂红铝色淀为红色至暗红色颗粒或粉末，遇碱变为褐色，对柠檬酸、酒石酸稳定，耐光、耐热，易溶于水，水溶液呈红色，难溶于乙醇，溶于甘油，不溶于油脂。

2. 应用

胭脂红和胭脂红铝色淀为食品用红色着色剂，用途广泛。GB 2760—2014 中规定，可用于蛋卷，最大使用量为 0.01g/kg；食品用动物肠衣类、植物蛋白饮料、胶原蛋白肠衣，最大使用量为0.025g/kg；调制乳、风味发酵乳、调制炼乳（包括加糖炼乳及使用了非乳原料的调制炼乳）、冷冻饮品（食品用冰除外）、蜜饯凉果、腌渍的蔬菜、可可制品、巧克力和巧克力制品（包括代可可脂巧克力及制品）及糖果（装饰糖果、顶饰和甜汁除外）、虾味片、糕点上彩妆、焙烤食品馅料及表面用挂浆（仅限饼干夹心和蛋糕夹心）、果蔬汁（浆）类饮料、含乳饮料、碳酸饮料、风味饮料（仅限果味饮料）、配制酒、果冻、膨化食品，最大使用量为 0.05g/kg；水果罐头、装饰性果蔬、糖果和巧克力制品包衣，最大使用量为0.1g/kg；调制乳粉和调制奶油粉，最大使用量为0.15g/kg；调味糖浆、蛋黄酱、沙拉酱，最大使用量为0.2g/kg；果酱、水果调味糖浆、半固体复合调味料（蛋黄酱、沙拉酱除外），最大使用量为0.5g/kg。

3. 安全性

胭脂红和胭脂红铝色淀的 ADI 为每千克体重 0～4mg（FAO/WHO，1998），LD_{50}为每千克体重 19.3g（小鼠，经口）。

4.2.3 赤藓红（樱桃红）和赤藓红铝色淀（CNS 号 08.003　INS 号 127）

1. 特性

赤藓红和赤藓红铝色淀为红至红褐色粉末，无臭，溶于水，中性、碱性时稳定，在高酸性 pH 值为 3 时产生沉淀，耐热、耐还原性好，对蛋白质染着性好，不溶于油脂。

2. 应用

赤藓红和赤藓红铝色淀为食品用红色着色剂，GB 2760—2014 规定（以赤藓红计）：可用于肉灌肠类、肉罐头类，最大使用量为0.015g/kg；油炸坚果与籽类、膨化食品，最大使用量为0.025g/kg；凉果类、可可制品、巧克力和巧克力制品（包括代可可脂巧克力及制品）及糖果（可可制品除外）、糕点上彩妆、酱及酱制品、复合调味料、果蔬汁（浆）类饮料、碳酸饮料、风味饮料（仅限果味饮料）、配制酒，最大使用量为0.05g/kg；装饰性果蔬，最大使用量为0.1g/kg。

3. 安全性

赤藓红和赤藓红铝色淀的 ADI 为每千克体重 0～0.1mg（FAO/WHO，1994），LD_{50}为每千克体重 6.8g（小鼠，经口）。

4.2.4 新红和新红铝色淀（CNS 号 08.004　INS 号—）

1. 特性

新红和新红铝色淀为红色粉末，易溶于水，微溶于乙醇，不溶于油脂。

2. 应用

新红和新红铝色淀是只有我国批准使用的食品用红色着色剂。GB 2760—2014 规定

（以新红计）：可用于凉果类、可可制品、巧克力和巧克力制品（包括代可可脂巧克力及制品）及糖果（可可制品除外）、糕点上彩妆、果蔬汁（浆）类饮料、碳酸饮料、风味饮料（包括果味饮料、乳味、茶味、咖啡味及其他味饮料等）（仅限果味饮料）、配制酒，最大使用量为0.05g/kg；装饰性果蔬，最大使用量为0.1g/kg。

3. 安全性

新红和新红铝色淀LD_{50}为每千克体重10g（小鼠，经口），无急性中毒症状及死亡，无胚胎毒性。

4.2.5 诱惑红和诱惑红铝色淀（CNS号08.012 INS号129）

1. 特性

诱惑红和诱惑红铝色淀为深红色粉末，易溶于水，微溶于乙醇，不溶于油脂。

2. 应用

诱惑红和诱惑红铝色淀为食品用红色着色剂，GB 2760—2014规定（以诱惑红计）：可用于肉灌肠类，最大使用量为0.015g/kg；西式火腿（熏烤、烟熏、蒸煮火腿）类、果冻，最大使用量为0.025g/kg；固体复合调味料最大使用量为0.04g/kg；装饰性果蔬、糕点上彩妆、肉制品的可食品用动物肠衣类、配制酒、胶原蛋白肠衣，最大使用量为0.05g/kg；冷冻饮品（食品用冰除外）、水果干类（仅限苹果干）、即食谷物，包括碾轧燕麦（片）（仅限可可玉米片），最大使用量为0.07g/kg；熟制豆类、加工坚果与籽类、焙烤食品馅料及表面用挂浆（仅限饼干夹心）、饮料类（包装饮用水类除外）、膨化食品，最大使用量为0.1g/kg；粉圆最大使用量为0.2g/kg；可可制品、巧克力和巧克力制品（包括代可可脂巧克力及制品）及糖果、调味糖浆，最大使用量为0.3g/kg；半固体复合调味料（蛋黄酱、沙拉酱除外）最大使用量为0.5g/kg。

3. 安全性

诱惑红铝色淀的ADI为每千克体重0～7mg（FAO/WHO，1994），LD_{50}为每千克体重10g（小鼠，经口）。

4.2.6 柠檬黄和柠檬黄铝色淀（CNS号08.005 INS号102）

1. 特性

柠檬黄和柠檬黄铝色淀为黄至橙黄色粉末，无臭，溶于水，遇碱略微变红，耐氧化性差，还原时褐色。

2. 应用

柠檬黄和柠檬黄铝色淀为食品用黄色着色剂，适用范围广泛，GB 2760—2014规定（以柠檬黄计），可用于蛋卷最大使用量为0.04g/kg；用于风味发酵乳、调制炼乳（包括甜炼乳、调味甜炼乳及其他使用了非乳原料的调制炼乳）、冷冻饮品（食品用冰除外）、风味派馅料、饼干夹心和蛋糕夹心、果冻，最大使用量为0.05g/kg；用于谷类和淀粉类甜品（如米布丁、木薯布丁）最大使用量为0.06g/kg；即食谷物，包括碾轧燕麦（片）最大使用量为0.08g/kg；用于蜜饯凉果、装饰性果蔬、腌渍的蔬菜、熟制豆类、加工坚果与籽类、可可制品、巧克力和巧克力制品（包括代可可脂巧克力及制品）及糖果（可可制品除外）、虾味片、糕点上彩妆、香辛料酱（如芥末酱、青芥酱）、饮料类（包装饮用水类除外）、配制酒、膨化食品、腌渍的食品用菌和藻类，最大使用量为0.1g/kg；用于粉圆和固体复合调味料最大使用量为0.2g/kg；用于除胶基糖果以外的其他糖果、面糊（如用于鱼和禽肉的拖面糊）、裹粉、煎炸粉、焙烤食品馅料及表面用挂浆（仅限布丁、糕点）、其他调味糖浆，最大使用量为0.3g/kg；用于水果调味糖浆、半固体复合调味料、果酱最大使用量为0.5g/kg。

3．安全性

柠檬黄和柠檬黄铝色淀的 ADI 为每千克体重 0～7.5mg（FAO/WHO，1985），LD_{50} 为每千克体重 12.75g 体重（小鼠，经口）。

4.2.7 日落黄和日落黄铝色淀（CNS 号 08.006 INS 号 110）

1．特性

日落黄和日落黄铝色淀为橙红色粉末或颗粒，吸湿性强，耐光耐热，在柠檬酸、酒石酸中稳定，遇碱变为带褐的红色。日落黄和日落黄铝色淀易溶于水、甘油、丙二醇，微溶于乙醇，水溶液为橙色。

2．应用

日落黄和日落黄铝色淀为食品用橙色着色剂。GB 2760—2014 规定（以日落黄计），可用于谷类和粉类甜品（如米布丁、木薯布丁）调制乳最大使用量为 0.02g/kg；果冻最大使用量为0.025g/kg；风味发酵乳、调制乳、调制炼乳（包括甜炼乳、调味甜炼乳及其他使用了非乳原料的调制炼乳）、含乳饮料，最大使用量为0.05g/kg；冷冻饮品（食品用冰除外）最大使用量为0.09g/kg；西瓜酱罐头、蜜饯凉果、熟制豆类、加工坚果与籽类、可可制品、巧克力和巧克力制品（包括代可可脂巧克力及制品）及糖果、虾味片、糕点上彩妆、饼干夹心、果蔬汁（浆）类饮料、乳酸菌饮料、植物蛋白饮料、碳酸饮料、特殊用途饮料、配制酒、膨化食品，最大使用量为0.1g/kg；装饰性果蔬、粉圆、复合调味料，最大使用量为0.2g/kg；部分巧克力和巧克力制品、除胶基糖果以外的其他糖果，糖果和巧克力制品包衣、面糊（如用于鱼和禽肉的拖面糊）、裹粉、煎炸粉（仅限布丁、糕点、其他调味糖浆），最大使用量为0.3g/kg；水果调味糖浆、半固体复合调味料、果酱，最大使用量为0.5g/kg；固体饮料类最大使用量为0.6g/kg。

3．安全性

日落黄和日落黄铝色淀的 ADI 为每千克体重 4mg（FAO/WHO，1994），LD_{50} 为每千克体重大于 2g（大鼠，经口）。

4.2.8 靛蓝和靛蓝铝色淀（CNS 号 08.008 INS 号 132）

1. 特性

靛蓝和靛蓝铝色淀为蓝色粉末，可溶于水，难溶于乙醇，在水中溶解度也很小，21℃时仅为 1.1%，呈青紫色，适宜于调深色（如巧克力色、绿色、赤豆色、茶色、咖啡色）。

2. 应用

靛蓝和靛蓝铝色淀为食品用蓝色着色剂。GB 2760—2014 规定（以靛蓝计），可用于腌渍的蔬菜最大使用量为 0.01g/kg；油炸坚果与籽类、膨化食品，最大使用量为 0.05g/kg；蜜饯类、凉果类、可可制品、巧克力和巧克力制品（包括代可可脂巧克力及制品）及糖果、糕点上彩妆、饼干夹心、果蔬汁（浆）类饮料、碳酸饮料、风味饮料（仅限果味饮料）、配制酒最大使用量为 0.1g/kg；装饰性果蔬最大使用量为 0.2g/kg；除胶基糖果以外的其他糖果最大使用量为 0.3g/kg。

3. 安全性

靛蓝和靛蓝铝色淀的 ADI 为每千克体重 0～5mg（FAO/WHO，1994），LD_{50} 为每千克体重大于 2.5g（小鼠，经口）。

4.2.9 亮蓝（酸性蓝）和亮蓝铝色淀（CNS 号 08.007 INS 号 133）

1. 特性

亮蓝（酸性蓝）和亮蓝铝色淀为有金属光泽的紫色粉末或颗粒，可溶于水、甘油、乙醇，在水中溶解度 21℃时为 18.7g/100mL，水溶液呈绿光蓝色。亮蓝（酸性蓝）和亮蓝铝色淀耐光、耐热，对酸、碱稳定。

2. 应用

亮蓝（酸性蓝）和亮蓝铝色淀为食品用蓝色着色剂，适用范围较靛蓝广。GB 2760—2014 规定（以亮蓝计），可用于香辛料及粉、香辛料酱（如芥末酱、青芥酱）最大使用量为 0.01g/kg；可可玉米片最大使用量为 0.015g/kg；风味发酵乳、调制炼乳（包括甜炼乳、调味甜炼乳及其他使用了非乳原料的调制炼乳）、冷冻饮品（食品用冰除外）、凉果类、腌渍的蔬菜、熟制豆类、加工坚果与籽类、虾味片、饼干夹心、调味糖浆、果蔬汁（浆）类饮料、含乳饮料、碳酸饮料、果味饮料、配制酒、果冻、糕点上彩妆，最大使用量为 0.025g/kg；油炸坚果与籽类、风味派馅料、膨化食品最大使用量为 0.05g/kg；装饰性果蔬、粉圆最大使用量为 0.1g/kg；固体饮料最大使用量为 0.2g/kg；可可制品、巧克力和巧克力制品（包括代可可脂巧克力及制品）及糖果最大使用量为 0.3g/kg；果酱、水果调味糖浆、半固体复合调味料，最大使用量为 0.5g/kg。

3. 安全性

亮蓝（酸性蓝）和亮蓝铝色淀 ADI 为每千克体重 0～12.5mg（FAO/WHO，1994），LD_{50}为每千克体重大于 2g（大鼠，经口）。

4.2.10 常用人工合成着色剂编号及特性对照

不同的国家对着色剂都有该国自己的编排体系，同一种着色剂在不同国家的编号不一定相同。《染料索引》(Colour Index，CI）是世界公认的染料编号体系，各种染料都有固定的编号，可在《染料索引》中查到。表 4-1 列出了我国允许使用的部分人工合成着色剂的 CI 编号和其相应在一些国家和地区的编号，表 4-2 列出了常用人工合成着色剂的特性对照。

表 4-1 人工合成着色剂的 CI 编号和其相应在一些国家和地区的编号

CI（1975）	美国	日本	英国	欧盟
苋菜红 16185	红色 2 号	赤色 2 号	红色 4 号	E123
胭脂红 16255	—	赤色 102 号	红色 2 号	E124
柠檬黄 19140	黄色 5 号	黄色 4 号	黄色 17 号	E102
日落黄 15985	黄色 6 号	黄色 5 号	黄色 22 号	E110
赤藓红 45430	红色 3 号	赤色 3 号	红色 6 号	E127
亮蓝 42090	蓝色 1 号	蓝色 1 号	蓝色 2 号	
靛蓝 73015	蓝色 2 号	蓝色 2 号	蓝色 26 号	E132

表 4-2 常用人工合成着色剂的特性对照

着色剂名称	0.1%水溶液色调	溶解度 20℃（50%）	热	光	氧化	还原	酸	碱	食盐	微生物
苋菜红	带紫红色	11（17）	—	○	△		○	—	△	△
新红	带绿红色	7.5（15）	☆	△	△	○	—	○	△	☆
柠檬黄	红色	41（51）	○	○	△		○	△	☆	△
日落黄	黄色	12（60）	☆	○	△		☆	○	—	—
赤藓红	橙色	26（38）	☆	○	△		☆	○	—	—
亮蓝	蓝色	0（15）	☆	☆	△	○	☆	○	☆	—
靛蓝	紫蓝色	1.1（3.2）	△	△	△		—	○	△	—

注：☆很稳定；○稳定；— 一般；△不稳定； 很不稳定。

4.3 天然着色剂及其应用

4.3.1 叶绿素铜钠盐和叶绿素铜钾盐（CNS 号 08.009 INS 号 141ii）

1. 特性

叶绿素铜钠盐和叶绿素铜钾盐均属于吡咯类着色剂，一般为墨绿色、有金属光泽的粉末，有胺样的臭气，易溶于水，微溶于乙醇和氯仿，几乎不溶于乙醚和石油醚。其水溶液为蓝绿色，透明、无沉淀，1%的水溶液 pH 值为 9.5～10.2。叶绿素铜钠的耐光性比叶绿素强得多。

2. 应用

叶绿素铜钠盐和叶绿素铜钾盐均为食品用绿色着色剂。GB 2760—2014 中规定，叶绿素铜钠盐和叶绿素铜钾盐可用于冷冻饮品（食品用冰除外）、蔬菜罐头、熟制豆类、加工坚果与籽类、糖果、焙烤食品、饮料类（包装饮用水类除外）、配制酒、果冻中，最大使用量为 0.5g/kg；用于果蔬汁（浆）类饮料则按生产需要适量使用。

3. 安全性

叶绿素铜钠盐和叶绿素铜钾盐的 ADI 为每千克体重 0～15mg，LD_{50} 为每千克体重大于 7g（小鼠，经口）。

4.3.2 -胡萝卜素（CNS 号 08.010 INS 号 160a）

1. 特性

-胡萝卜素为碳氢化合物，属于色烯类着色剂，呈红色、橙色，易溶于石油醚而难溶于乙醇。 -胡萝卜素存在于植物叶子中，在人体中均能表现出维生素的生理作用，可由酶的作用使分子中间裂解，生成维生素 A，所以也称为维生素 A 原。

2. 应用

-胡萝卜素为食品用橙色着色剂。GB 2760—2014 中规定， -胡萝卜素可用于乳制品、油脂或油脂制品、罐头、糖果、面制品、肉制品、蛋制品等多类食品中，最大使用量为 0.02～5.0g/kg。

3. 安全性

-胡萝卜素的 ADI 为每千克体重 0～5mg（FAO/WHO，2001），LD_{50} 为每千克体重大于 8g（油溶液，狗，经口）。

4.3.3 叶黄素（CNS 号 08.146 INS 号 161b）

1. 特性

叶黄素为胡萝卜素含氧衍生物，属于色烯类着色剂，呈黄色、浅黄色和橙色。其纯品为黄色晶体，有金属光泽，对光和氢不稳定，不溶于水，易溶于油脂和脂肪性溶剂。叶黄素广泛存在于蔬菜（如菠菜、甘蓝菜、绿花椰菜等）、花卉、水果等植物中，具有多种生物活性。

2. 应用

叶黄素为食品用黄色着色剂。GB 2760—2014 中规定，叶黄素可用于以乳为主要配料的即食风味食品或其预制产品（不包括冰淇淋和风味发酵乳）、果酱、杂粮罐头、谷类甜品罐头、饮料类（包装饮用水除外）、果冻，最大使用量为0.05g/kg；用于冷冻饮品（食品用冰除外）、冷冻米面制品，最大使用量为 0.1g/kg；用于糖果、方便米面制品、焙烤食品，最大使用量为0.15g/kg。

3. 安全性

叶黄素安全、无毒，ADI 尚未规定（FAO/WHO，2001）。

4.3.4　辣椒红和辣椒橙（CNS 号 08.106　CNS 号 08.107）

1. 特性

辣椒红和辣椒橙是从辣椒中提取的天然着色剂，属于色烯类着色剂，是维生素 A 原之一。辣椒红为深红色黏稠状液体、膏状或粉末，无毒、无味，不溶于水，溶于油脂和乙醇。其乳化分散性及耐热性、耐酸性均好，耐光性略差，应避光保存。辣椒橙为红色油状或膏状液体，无辣味、异味，易溶于植物油、乙醚、乙酸乙酯，不溶于水，热稳定性好，在 270℃时色泽仍稳定。耐光性、耐热性均好。

2. 应用

辣椒红和辣椒橙为食品用红色、黄色着色剂，其溶液因浓度不同可呈现出淡黄、深黄、橘红、深红等颜色梯度。GB 2760—2014 规定，辣椒红可用于人造黄油及其类似制品（如黄油和人造黄油混合品）、冷冻饮品（食品用冰除外）、腌渍的蔬菜、熟制坚果与籽类（仅限油炸坚果与籽类）、可可制品、巧克力和巧克力制品，包括代可可脂巧克力及制品、糖果、面糊（如用于鱼和禽肉的拖面糊）、裹粉、煎炸粉、方便米面制品、粮食制品馅料、糕点上彩妆、饼干、腌腊肉制品类（如咸肉、腊肉、板鸭、中式火腿、腊肠）、熟肉制品、冷冻鱼糜制品（包括鱼丸等）、调味品（盐及代盐制品除外）、果蔬汁（肉）饮料（包括发酵型产品等）、蛋白饮料类、果冻、膨化食品、腌渍的食品用菌和藻类、豆干类、经烹调或油炸的水产品、新型豆制品（大豆蛋白及其膨化食品、大豆素肉等）、香辛料油、豆干再制品、熟制水产品（可直接食品用）中，按生产需要量适量使用；用于调理肉制品（生肉添加调理料），最大使用量为 0.1g/kg；糕点最大使用量为 0.9g/kg；焙烤食品馅料及表面用挂浆最大使用量为 1.0g/kg；冷冻米面制品最大使用量为 2.0g/kg。辣椒橙可用于冷冻饮品（食品用冰除外）、糖果、糕点上彩妆、饼干、熟肉制品、冷冻鱼糜制品（包括鱼丸等）、酱及酱制品、半固体复合调味料中，按生产需要量适量使用；用于糕点最大使用量为 0.9g/kg；用于焙烤食品馅料及表面用挂浆，最大使用量为 1.0g/kg。

3. 安全性

辣椒橙的 ADI 尚未规定，LD_{50} 为每千克体重大于 17g（小鼠，经口）。

4.3.5 玉米黄（CNS 号 08.116 INS 号—）

1. 特性

玉米黄属于色烯类着色剂，为橙红色的固体粉末。玉米黄不溶于冷水和热水，可溶于有机溶剂。玉米黄在 100℃条件下加热 4h，吸光值基本不变，在室内存放 50d 后，吸光值下降 6%左右，但在日光直射下 10d，着色剂吸光度下降 90%。氧化剂、还原剂、pH 值对其都有影响，但比其他类型的天然着色剂稳定性好。

2. 应用

玉米黄为食品用黄色着色剂，在不同的有机溶剂中色调有差别，苯中呈亮黄，甲醇中呈浅黄，氯仿中呈橙黄。GB 2760—2014 规定，玉米黄可用于氢化植物油、糖果的着色，最大允许用量为 5.0g/kg。

3. 安全性

玉米黄安全、无毒，ADI 尚未规定。

4.3.6 葡萄皮红（CNS 号 08.135 INS 号 163ii）

1. 特性

葡萄皮红为多酚类衍生物花青素类着色剂，为红至暗紫色液状、块状、粉末状或糊状物质，略带异臭，溶于水、乙醇、丙二醇，不溶于油脂。葡萄皮红染色性、耐热性不太强，维生素 C 可提高其耐光性，聚磷酸盐能使其色调稳定。

2. 应用

葡萄皮红为食品用红色、紫色着色剂，色调可随 pH 值而变化，酸性时呈红色至紫红色，碱性时呈暗蓝色，铁离子存在下呈暗紫色。GB 2760—2014 规定，葡萄皮红用于冷冻饮品（食品用冰除外）和配制酒的最大使用量是 1g/kg，用于果酱的最大使用量是 1.5g/kg，用于糖果和焙烤食品的最大使用量是 2g/kg，用于饮料类（包装饮用水除外）的最大使用量是 2.5g/kg。

3. 安全性

葡萄皮红 ADI 为每千克体重 0～25mg（FAO/WHO，1994），LD_{50} 为每千克体重大于 15g（小鼠，经口）。

4.3.7 红曲米和红曲红（CNS 号 08.119，08.120 INS 号—）

1. 特性

红曲米和红曲红来源于微生物，是红曲霉的菌丝所分泌的天然着色剂。红曲红是深紫红色液体或粉末或糊状物，略带异臭，不溶于水、甘油，易溶于中性及偏碱性水溶液，在 pH 值 4.0 以下介质中，溶解度降低，极易溶于乙醇、丙二醇、丙三醇及其水溶液。红曲米和红曲红具有对 pH 值稳定、耐热性强、耐光性、不受食品中常见的金属离子、氧化剂和还原剂的影响、对蛋白质的着色性好等特点。

2. 应用

红曲是我国传统发酵产品，自古以来，我国就用红曲米着色各种食品。例如，用红曲米酿造红曲黄酒，用红曲红进行香肠、腐乳、酱肉着色等。GB 2760—2014 规定，红曲米、红曲红可用于各种调制乳、调制炼乳（包括甜炼乳、调味甜炼乳及其他使用了非乳原料的调制炼乳）、冷冻饮品（食品用冰除外）、果酱、腌渍的蔬菜、蔬菜泥（酱）（番茄沙司除外）、腐乳类、油炸坚果与籽类、装饰糖果（如工艺造型，或用于蛋糕装饰）、顶饰（非水果材料）和甜汁、方便米面制品、粮食制品馅料、饼干、腌腊肉制品类（如咸肉、腊肉、板鸭、中式火腿、腊肠）、熟肉制品、调味糖浆、调味品（盐及代盐制品除外）、果蔬汁（肉）饮料（包括发酵型产品等）、蛋白饮料类、碳酸饮料、果蔬汁（浆）类饮料、固体饮料、果味饮料、配制酒、果冻、膨化食品，按生产需要适量使用；焙烤食品馅料及表面用挂浆最大使用量为 1.0g/kg；糕点最大使用量为 0.9g/kg；风味发酵乳最大使用量为 0.8g/kg。

红曲着色剂在使用中会逐渐变成红棕色，溶解度、色价也会降低，在 pH 值 4 以下或盐溶液中可能产生沉淀，所以其着色产品应尽快食用。现在不少食品厂将红曲米粉碎后直接作为着色剂使用，虽然制品不能长时间存放，色调也比较粗糙，但对短期存放的、时令性的一般档次食品完全可行。

3. 安全性

红曲米和红曲红安全、无毒，LD_{50} 为每千克体重 20g（小鼠，经口）。

4.3.8　紫胶红（又名虫胶红，CNS 号 08.104　INS 号—）

1. 特性

紫胶红属于动物着色剂。它是寄生在植物上的紫胶虫分泌的紫胶原胶（紫梗）中的一种着色剂成分，主要产于云南、四川、台湾等省。紫胶红分水溶性和非水溶性两大类，均为蒽醌衍生物。

2. 应用

紫胶红为食品用红色着色剂。GB 2760—2014 规定，紫胶红可用于果酱、可可制品、巧克力和巧克力制品（包括代可可脂巧克力及制品）及糖果、风味派馅料、复合调味料、果蔬汁（浆）类饮料、碳酸饮料、果味饮料、配制酒，最大使用量为 0.5g/kg。

用于饮料时，应在浆料配制的最后工序中加入。对水晶糖、硬糖等着色时，应先将紫胶红着色剂配成一定浓度的溶液，而后再加到糖膏或糖浆中。紫胶着色剂应密闭保存，不宜接触铜制、铁制容器。

3. 安全性

紫胶红安全性高，LD_{50}为每千克体重大于 1.8g（大鼠，经口），但高浓度的紫胶红粉可染红消化道黏膜。

4.3.9 胭脂虫红（CNS 号 08.145 INS 号 120）

1. 特性

胭脂虫红属于动物着色剂。胭脂虫是一种寄生于仙人掌上的昆虫，胭脂虫红是从雌虫干粉用水提取出来的红色着色剂。胭脂虫红主要成分为胭脂红酸，属于蒽醌衍生物。胭脂虫红为红色梭状结晶或红棕色粉末，易溶于热水、乙醇、碱水与稀酸中，不溶于乙醚、氯仿、苯，对热和光均稳定，在酸性条件下稳定性好。

2. 应用

胭脂虫红为食品用红色着色剂，其色调随溶液的 pH 值而变化，酸性时呈橙黄色，中性时呈红色，碱性时呈紫红色。GB 2760—2014 规定，胭脂虫红可用于风味发酵乳、半固体复合调味料、果冻，最大使用量为 0.05g/kg，用于油炸坚果与籽类、干酪和再制干酪及其类似品、膨化食品，最大使用量为 0.1g/kg；用于调制炼乳（包括加糖炼乳及使用了非乳原料的调制炼乳等）、冷冻饮品（食品用冰除外），最大使用量为 0.15g/kg；用于即食谷物，包括碾轧燕麦（片），最大使用量为 0.2g/kg；用于配制酒，最大使用量为 0.25g/kg；用于代可可脂巧克力及使用可可脂代用品的巧克力类似产品、糖果、方便米面制品，最大使用量为 0.3g/kg；用于面糊、裹粉、煎炸粉、熟肉制品，最大使用量为 0.5g/kg；用于调制乳粉和调制奶油粉、果酱、焙烤食品、饮料类（包装饮用水除外），最大使用量为 0.6g/kg。

3. 安全性

胭脂虫红安全性高，LD_{50}为每千克体重大于 21.5g（小鼠，经口）。

4.3.10 紫草红（CNS 号 08.140 INS 号—）

1. 特性

紫草红来源于植物，为暗紫红色结晶品或紫红色黏稠膏状或紫红色粉末，易溶于有机溶剂和油脂，不溶于水。

2. 应用

紫草红为食品用紫色着色剂。GB 2760—2014 规定，紫草红常用于冷冻饮品（食品用冰除外）、饼干、果蔬汁（浆）类饮料、风味饮料（仅限果味饮料）、果酒，最大使用量为 0.1g/kg；用于糕点，最大使用量为 0.9g/kg；用于焙烤食品馅料及表面用挂浆，最大使用量为 1.0g/kg。

3. 安全性

紫草红的 LD_{50} 为每千克体重 4.64g（小鼠，经口）。

4.3.11　常用天然着色剂特性对照

食品中常用的天然着色剂特性各有不同，其特性对照见表 4-3。

表 4-3　食品中常用天然着色剂的特性对照

名称	色调	溶解性			耐热性	耐盐性	耐微生物性	耐光性	耐金属性	耐酸碱性	染着性
		水	乙醇	油							
胭脂树橙	黄-橙	△	○	○	△	△	○	△	○	○	☆
栀子黄	黄	☆	○		△	○	○	△	○	○	☆
辣椒红	橙-红		△	☆	○	○	○	△	○	○	
胡萝卜素	黄-橙		△	☆	○	○	○	△	○	○	
胭脂虫胶	橙-红紫	☆			☆	☆	○	☆			○
紫胶（虫胶）	橙-红紫	△	☆		☆	☆	○	☆			○
紫甘蓝	紫红	☆	○		○	○	○	○			△
葡萄皮红	紫红	☆	○		○	○	○	○			△
红米着色剂	红紫	☆	○		○	○	○	○			△
红花黄	黄	☆	○		△	○	○	○	△	○	△
可可着色剂	褐	☆	☆		☆	☆	○	☆	○	○	☆
高粱着色剂	褐-红	☆	☆		☆	☆	○	☆	○	○	☆
叶绿素铜钠盐	绿		○		○	○	○		○	○	○
甜茶红	红	☆	○	☆		○	○	△		○	
红曲	红	○	☆		○	○	○	△	○	○	☆
姜黄	黄	△	☆	○	△	△	○	△	△	○	
藻蓝	蓝	☆				△	○	△		○	
焦糖	褐	☆	△		☆	☆	○	☆	○	○	

注：☆很好；○良好；△不太好；　不好。

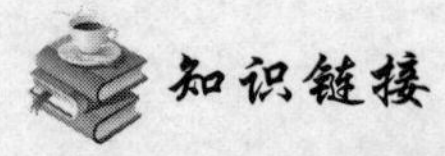

GB 1886.220—2016
《食品安全国家标准 食品添加剂 胭脂红》

GB 1886.217—2016
《食品安全国家标准 食品添加剂 亮蓝》

GB 1886.34—2015
《食品安全国家标准 食品添加剂 辣椒红》

第5章　护色剂与漂白剂

学习目标

（1）了解食品中护色剂与漂白剂的作用。
（2）熟悉常用护色剂的特性及其应用。
（3）熟悉常用漂白剂的特性及其应用。

护色剂与漂白剂

5.1　护色剂及其应用

5.1.1　概述

护色剂，也称发色剂或呈色剂，是指能与肉及肉制品中呈色物质作用，使之在食品加工、保藏等过程中不致分解、破坏，呈现良好色泽的物质。护色剂本身不具有颜色，但能使食品产生颜色或使食品的色泽得到改善。在食品加工中，添加适量的护色剂，可以使制品具有良好的感官质量。

1. 护色剂的作用机理

肉类色素的主要成分血红素是四吡咯衍生物，血红素在动物体内以复合蛋白质的形式存在，并分别形成肌红蛋白（Mb，分子量为17 000）和血红蛋白（Hb，分子量为68 000），肉的颜色以肌红蛋白为主。

在肉类贮存、加工过程中，肌红蛋白中的2价铁离子被氧化，变成高铁肌红蛋白，肉的颜色变褐色，若进一步氧化则卟啉结构变为氧化卟啉，肉的颜色呈绿色或黄色。

如果在肉制品中加入硝酸盐，其与肌红蛋白反应，可生成鲜艳的亮红色亚硝基肌红蛋白（MbNO），从而使肉制品呈鲜红色。这是因为硝酸盐在细菌的作用下还原成亚硝酸盐，因肉中的乳酸作用，亚硝酸盐再生成亚硝酸，亚硝酸在常温下不稳定，分解出的一氧化氮 （NO）与肌红蛋白反应，即生成亚硝基肌红蛋白，其主要反应为

$$NaNO_2+CH_3CHOHCOOH\longrightarrow HNO_3+CH_3CHOHCOONa$$

$$NHO_2\longrightarrow H^++NO_3^-+NO+H_2O$$

$$Mb+NO\longrightarrow MbNO$$

亚硝基肌红蛋白受热后变性，可生成鲜红色的亚硝基血色原，其不易变色。

2. 护色剂的分类

《食品安全国家标准 食品添加剂使用标准》（GB 2760—2014）允许使用的护色剂可

分为亚硝酸盐和硝酸盐两类，其中亚硝酸盐类护色剂主要有亚硝酸钠和亚硝酸钾，硝酸盐类护色剂主要有硝酸钠和硝酸钾。

3. 护色助剂

在护色剂的使用中，为了加强其护色效果，常加入一些抗氧化剂作为护色助剂。肉制品中常用的护色助剂一般有抗坏血酸、D-异抗坏血酸钠、茶多酚等。

亚硝酸在分解成 NO 时，也生成少量硝酸。而且 NO 生成后遇到氧气也会变成 NO_2，进而与水反应生成硝酸。产生的硝酸有三个不利的作用：一是与亚硝基反应，二是抑制亚硝基肌红蛋白的形成，三是将部分肌红蛋白氧化成高铁肌红蛋白。因此在使用硝酸盐与亚硝酸盐的同时，常加入抗坏血酸盐等还原性物质，来防止肌红蛋白的氧化，同时它们还可以把褐色高铁肌红蛋白还原为红色的肌红蛋白，以助护色。抗坏血酸不仅能改善护色，并且能使产品的切面不易褪色。在一般的肉制品中，抗坏血酸一般添加量为 0.2g/kg。

5.1.2 常用护色剂及其应用

1. 亚硝酸钠和亚硝酸钾（CNS 号 09.002，09.004　INS 号 250，249）

1）特性

亚硝酸钠为无色或黄色晶体，易溶于水，其水溶液因亚硝酸根水解呈碱性。亚硝酸钠既具有氧化性又具有还原性，通常以氧化性为主。亚硝酸钾为细小的白色或略带黄色的颗粒或圆柱体，易吸潮，在潮湿空气中可缓慢转变成硝酸钾，易溶于水和热乙醇，氧化还原性与亚硝酸钠相似。

2）应用

《食品安全国家标准　食品添加剂使用标准》（GB 2760—2014）中对食品中的护色剂最大使用量及残留量都做了明确规定。亚硝酸钠、亚硝酸钾在腌腊肉制品类（如咸肉、腊肉、板鸭、中式火腿、腊肠）等肉类食品中最大使用量为 0.15g/kg，成品中残留量（以亚硝酸钠计）除西式火腿类不超过 70mg/kg 外，均需控制在 30mg/kg 以内。硝酸钠、硝酸钾在腌腊肉制品类（如咸肉、腊肉、板鸭、中式火腿、腊肠）等肉类制品中最大使用量为 0.5g/kg，成品中残留量［以亚硝酸钠（钾）计］不超过 30mg/kg。

对于一般肉制品的加工，亚硝酸盐的有效护色作用量为 0.024g/kg，在此基础上护色程度随亚硝酸盐用量的增加而提高，效果较佳的亚硝酸盐用量为 0.32g/kg，这时，成品中亚硝酸盐残留量不超过 30mg/kg。

3）安全性

亚硝酸钠的 LD_{50} 为每千克体重 220mg（小鼠，经口），亚硝酸钾的 LD_{50} 为每千克体重 200mg（兔，经口）。亚硝酸盐的 ADI 为每千克体重 0～0.1mg。亚硝酸盐是食品添加剂中毒性较强的物质之一，人体摄入过量亚硝酸钠，其进入血液后，可使正常的血红蛋白变成正铁血红蛋白而失去携带氧的功能，从而导致组织细胞缺氧。亚硝酸钠能形成强致癌物亚硝胺，故用量应严格控制，通常食品生产中宜用抗坏血酸等发色助剂代替以减少亚硝酸盐的用量。

2. 硝酸钠和硝酸钾（CNS 号 09.001，09.003　INS 号 251，252）

1）特性

硝酸钠为无色透明或白微带黄色菱形晶体，其味苦咸，易溶于水和液氨，微溶于甘油和乙醇中，易潮解。硝酸钾为无色透明斜方晶体，或菱形晶体，或白色粉末，有咸味和清凉感，在空气中吸湿性略小，不易结块，潮解性比硝酸钠小。硝酸盐易溶于水，不溶于无水乙醇和乙醚。

2）应用

GB 2760—2014 规定，硝酸钠、硝酸钾在腌腊肉制品类（如咸肉、腊肉、板鸭、中式火腿、腊肠）、酱卤肉制品类、油炸肉类等肉制品中最大使用量为 0.5g/kg，成品中残留量［以亚硝酸钠（钾）计］不超过 30mg/kg。

3）安全性

硝酸钠的 LD_{50} 为每千克体重 1 267mg（大鼠，经口），硝酸钾的 LD_{50} 为每千克体重 3 750mg（大鼠，经口）。硝酸盐的 ADI 为每千克体重 0～3.7mg。

5.2　漂白剂及其应用

5.2.1　概述

漂白剂是指能够破坏、抑制食品的发色因素，使其褪色或使食品免于褐变的物质。

由于食品在加工中有时会产生不受欢迎的颜色，或有些食品原料因为品种、运输、贮存的方法、采摘期的成熟度的不同，而颜色也不同，均可能导致最终食品颜色不一致而影响质量。为了除去不受欢迎的颜色或使食品有均一整齐的色彩，就要使用漂白剂。

1. 漂白剂的作用机理

漂白剂是通过氧化、还原等化学作用同色素物质发生化合，使其发色基团变化或抑制某些褐变因素来达到漂白的目的。

2. 漂白剂分类

漂白剂一般分为还原型漂白剂和氧化型漂白剂两个类型。

1）还原型漂白剂

还原型漂白剂在果蔬加工中应用较多，主要是通过其中的二氧化硫成分的还原作用，使果蔬中的色素成分分解或褪色。其作用比较缓和，但被其漂白的色素物质一旦再被氧化，可能重新显色。还原型漂白剂全部是以亚硫酸制剂为主，如二氧化硫、焦亚硫酸钠盐或钾盐、亚硫酸钠、亚硫酸氢钠、低亚硫酸钠和硫磺等。

2）氧化型漂白剂

氧化型漂白剂是通过本身的氧化作用破坏着色物质或发色基团，从而达到漂白的目的。氧化型漂白剂作用比较强，漂白效果时效性长，但是会破坏食品中的营养成分，残留量也较大。氧化型漂白剂除了作为面粉处理剂的偶氮甲酰胺等少数品种外，实际应用很少。

5.2.2 常用漂白剂及其应用

1. 二氧化硫、焦亚硫酸钾、焦亚硫酸钠、亚硫酸钠、亚硫酸氢钠、低亚硫酸钠（CNS 号 05.001，05.002，05.003，05.004，05.005，05.006　INS 号 220，224，223，221，222，—）

1）特性

二氧化硫为无色透明气体，有刺激性臭味，溶于水、乙醇和乙醚。亚硫酸及其盐类一般为无色单斜片晶体或白色结晶性颗粒，有二氧化硫气味，溶于水，遇酸分解生成二氧化硫。

2）应用

亚硫酸盐类漂白剂主要用于水果干类、蜜饯凉果、食用菌等食品的漂白。常用的漂白方法有气熏法（SO_2）、直接加入法（亚硫酸盐）、浸渍法（亚硫酸）。使用亚硫酸盐要注意以下几点。

（1）亚硫酸盐可破坏硫胺素，所以不宜用于水产品。

（2）亚硫酸盐易与醛、酮、蛋白质等反应。

（3）食用亚硫酸盐漂白处理的食品，若条件许可，应采用加热、通风等方法将残留的亚硫酸盐除去，因某些人对它有过敏反应。

（4）金属离子可将亚硫酸氧化，也会显著促使已被漂白的着色剂氧化显色，所以在生产中要除去食物中、水中原有的这些金属离子，也可以同时使用金属离子螯合剂来避免它们的影响。

（5）亚硫酸盐的溶液不稳定，最好是现用现配。用亚硫酸漂白后的物质，由于二氧化硫的消失而容易显色，所以，通常使漂白物中残留二氧化硫，但残留量对于不同种类食品有着不同的规定，必须严格执行，而且残留量高的制品略有异味。二氧化硫对于香料等其他添加剂也有影响，使用时必须考虑这些因素。

（6）亚硫酸对果胶的凝胶特性有损害。另外，亚硫酸渗入水果组织后，若不把水果破碎，只用简单的加热方法是不能除净二氧化硫的，所以，用亚硫酸处理过的水果，只限于制作果酱、果干、果脯、果汁饮料、果酒等，不能作为需保持完整果形的罐头原料。而且如用二氧化硫残留量大的原料做罐头，罐壁腐蚀情况严重，还会产生有害的硫化氢。

亚硫酸及其盐类常作为食品漂白剂、抗氧化剂和防腐剂，GB 2760—2014 规定亚硫酸及其盐类的最大使用量是以二氧化硫在食品中的残留量来计，详见表 5-1。

表5-1　二氧化硫、焦亚硫酸钾、焦亚硫酸钠、亚硫酸钠、亚硫酸氢钠、低亚硫酸钠的最大使用量（以二氧化硫残留量计）

序号	允许使用的食品种类	最大使用量（以 SO_2 残留量计）/（g/kg）	序号	允许使用的食品种类	最大使用量（以 SO_2 残留量计）/（g/kg）
1	经表面处理的鲜水果	0.05	13	果蔬汁肉饮料（包括发酵型产品等）	0.05
2	水果干类	0.1	14	食用淀粉	0.03
3	蜜饯凉果	0.35	15	饼干	0.1
4	干制蔬菜（仅限脱水马铃薯）	0.4	16	白糖及白糖制品（如白砂糖、绵白糖、冰糖、方糖等）	0.1
5	干制蔬菜	0.2	17	淀粉糖（果糖，葡萄糖、饴糖；部分转化糖等）	0.04
6	腌渍的蔬菜	0.1	18	半固体复合调味料	0.05
7	蔬菜罐头（仅限竹笋、酸菜）	0.05	19	葡萄酒	0.25g/L 甜型葡萄酒及果酒系列产品最大使用量为 0.4g/L
8	食用菌和藻类罐头（仅限蘑菇罐头）	0.05	20	果酒	0.25g/L 甜型葡萄酒及果酒系列产品最大使用量为 0.4g/L
9	腐竹类（包括腐竹、油皮）	0.2	21	啤酒和麦芽饮料	0.01
10	可可制品、巧克力和巧克力制品（包括类巧克力和代巧克力）及糖果	0.1	22	果蔬汁（浆）	0.05（浓缩果蔬汁按浓缩倍数折算）
11	坚果与籽类罐头	0.05	23	果蔬汁（浆）类饮料	0.05（浓缩果蔬汁按浓缩倍数折算）
12	冷冻米面制品（仅限风味派）	0.05	24	调味糖浆	0.05

3）安全性

二氧化硫、亚硫酸及其盐类的 ADI 均为每千克体重 0～0.7mg（以 SO_2 计，包括 SO_2 和亚硫酸盐的总 ADI 值；FAO/WHO，2001），LD_{50} 为每千克体重 600～700mg（兔，经口）。

2. 硫磺（CNS 号 05.007　INS 号—）

1）特性

硫磺为淡黄色脆性结晶或粉末，有特殊臭味，不溶于水，微溶于乙醇、醚，易溶于二硫化碳。

2）应用

硫磺作为食品用漂白剂，在 GB 2760—2014 中规定只限用于熏蒸，最大使用量（以 SO_2 残留量计）在水果干类、食糖中为 0.1g/kg，在蜜饯凉果中为 0.35g/kg，在干制蔬菜中为 0.2g/kg，经表面处理鲜食用菌和藻类为 0.4g/kg，其他（仅限魔芋粉）为 0.9g/kg。

3）安全性

硫磺的 ADI 为每千克体重 0.7mg，因其能在人体肠内部分转化为硫化氢而被吸收，故大量口服可致硫化氢中毒。

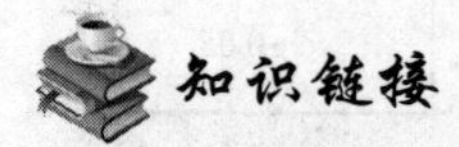

GB 1886.11—2016《食品安全国家标准 食品添加剂 亚硝酸钠》

GB 1886.94—2016《食品安全国家标准 食品添加剂 亚硝酸钾》

GB 25570—2010《食品安全国家标准 食品添加剂 焦亚硫酸钾》

GB 25590—2010《食品安全国家标准 食品添加剂亚 硫酸氢钠》

第6章　食品用增香剂

学习目标

（1）了解食品用增香剂的功效及其分类。
（2）熟悉常用食品用香料的特性及其应用。
（3）熟悉常用食品用香精的特性及其应用。

食品用增香剂

6.1　概　　述

食品用增香剂是食品添加剂中品种最多的一类，食品用香料多用于配制各种食品用香精，并可按生产需要适量使用。此外，食品工业多使用食品用香精。因此，本章对食品用香料、食品用香精一并阐述其特性和应用。

食品的香是很重要的感官性质，在食品加工过程中，有时需要添加少量香料或香精，用以改善或增强食品的香气和味道，这些香料或香精可称为食品用增香剂或增香剂。

1897年发掘埃及皇帝晏乃斯等墓的时候发现，存于公元前3500年的美丽的油膏缸内的膏质仍有香气，现在可在美国和开罗的博物馆中看到这一珍贵的文物。我国的香料历史可追溯到5000年前的神农时代，当时已有采集植物作为医药用品来驱疫避秽。中世纪后，亚欧有贸易往来，香料是重要物品之一，我国香料也随丝绸之路运往西方。

公元前370年，希腊著作中记载了至今仍在使用的香料植物，还提出了“吸附”“浸提”等方法。1370年最古老的香水即“匈牙利水”问世，这是用乙醇提取芳香物质的最早的尝试。1420年，出现蛇形冷凝器蒸馏后，精油发展迅速，法国格拉斯开始用其生产花油和香水，从而成为世界著名的天然香料生产基地。1670年，马里谢尔都蒙创造出含香的粉，这也被视为一种新的香精配方的典范。1710年，古龙香水的问世，代表了一种很成功的调香技术。到了18世纪，由于有机化学的发展，人们开始探索天然香料的成分与结构，用化学方法合成香料。19世纪，合成香料在单离香料之后陆续问世。这样，在动植物香料外，增加了以煤焦油等为起始原料的合成香料，从而进入了合成香料的新时期。由于原料来源广、成本低，使得香精业得以蓬勃发展。

时至今日，国内外的香料产业均有长足发展。中国地域广袤，拥有丰富的天然资源，广东、广西、云南、福建、四川等地都有天然香料植物园，其中包含的芳香植物涉及95科335属800余种，用它们分离合成的香料和香精品种众多。而国外的香料工业发展更为迅速。智研咨询发布的《2018—2024年中国香精香料行业分析与发展方向研究报告》指出，全球香精香料产品种类已超过6 000余种，销售收入从2008年的203亿美元增长到2017年的263亿美元。

6.1.1 食品用增香剂的功效

食品用增香剂的使用功效主要有以下几个方面。

（1）赋香作用，使食品产生香味，如某些原料（人造肉、饮料）本身没有香味，要靠食品用增香剂使产品带有香味，以满足人们对食品香味的需要。

（2）增香作用，使食品增加或恢复香味。食品加工中的某些工艺，如加热、脱臭、抽真空等，会使香味成分挥发，造成食品香味减弱，添加食品用增香剂可以恢复食品原有的香味，甚至可以根据需要将某些特征味道强化。

（3）矫味作用，改变食物原有的风味，消杀食品中的不良味道。食品生产中，有许多食品原料的风味都需要改变，某些食品有腥味，如羊肉、鱼类等，或者是某些气味太浓而不受人们喜欢，此时，添加适当的食品用增香剂可将这些味道矫正、去除或抑制。

（4）赋予产品特征。许多地方性、风味性食品，其特征都由使用的食品用增香剂显示出来，否则就没有风味的差异。许多香料已成为各国、各民族、各地区饮食文化的一部分。

（5）杀菌、防腐。目前人们已发现近 300 种天然香料有杀菌、防腐、治疗的作用。例如，天竺葵叶中提取的精油，除了有玫瑰香气外，还有镇静作用；迷迭香精油有扩张气管的作用；紫薇、茉莉的香味可以杀灭白喉菌和痢疾杆菌；菊花的香味可治感冒；八角、花椒对粮油产品有杀菌、防虫作用；肉豆蔻、胡椒等香料对肉毒杆菌、大肠埃希菌、金色葡萄球菌等有抑制作用等。

6.1.2 食品用增香剂的分类

食品用增香剂包括食品用香料和食品用香精。

1. 食品用香料及其分类

1）食品用香料的概念

《食品安全国家标准 食品添加剂使用标准》（GB 2760—2014）中对食品用香料的定义为，指能够用于调配食品香精，并使食品增香的物质。

食品用香料由一种或多种有机物组成。有机物具有气味者甚多，其气味与分子结构密切相关，凡是有气味物质的分子均有一定的原子团，这些发香的原子团又称为发香基团（发香基），不同物质的发香基团见表 6-1。

表 6-1 不同物质的发香基团

发香基团	结构式	发香基团	结构式
羟基	—OH	硝基	$—NO_2$
羰基	$-\overset{O}{\overset{\Vert}{C}}-$	亚硝酸基	—NO
醛基	—CHO	酰胺基	$-\overset{O}{\overset{\Vert}{C}}-NH_2$

续表

发香基团	结构式	发香基团	结构式
羧基	—COOH	氰基	—CN
醚基	R—O—R′	内酯	$R-\overset{\overset{O}{\|}}{C}-O$（环状）
酯基	—COOR		
苯基	$-C_6H_5$		

食品用香料之所以发香，是因为其分子内含有一个或数个发香基团，这些发香基团在分子内以不同的方式结合，使食品用香料具有不同类型的香气和香味。

2）食品用香料的分类

按照食品用香料的来源，联合国食品添加剂法规委员会（CCFA）将食品用香料分为天然香料和合成香料。

天然香料是通过蒸馏、萃取和压榨等物理方法从植物和动物体中提取的具有一定香气的物质。

合成香料既包括天然等同香料，也包括人工合成香料。天然等同香料是通过人工合成的方法制取得到的存在于自然界中的香料，如香兰素、丁酸乙酯等。合成香料一般不直接用于食品加香，多用以配制食品用香精。食品中直接添加的合成香料只有香兰素、苯甲醛和薄荷脑等少数几种。

按照食品用香料的组成可分为单体香料与调和香料两类。单体香料是使用物理方法或化学方法从天然香料中分离出来的单体香料化合物，其成分单一，具有明确的分子结构。单体香料只在某些特殊情况下才直接作为香料使用，通常主要是作为调和香料的原料。调和香料是指将各种原料经巧妙配合后，配置出符合一定要求的香料。

2. 食品用香精及其分类

1）食品用香精的概念

食品用香精是指用各种安全性高的食品用香料和稀释剂等调和而成的，并用于食品的食品添加剂。因此，香料是香精生产的原料。

食品用香精大多是由合成香料兑制而成，一般以现成的商品出售，可按需购买。仅个别有条件的和有传统工艺的食品企业才自配自用，但要在食品安全监督管理部门的管理之下进行。食品用香精配制时，首先将一种或几种天然香料和人工香料调配成所需香味的主体，然后在主香体中加入合香剂（以调和各种成分的香气为目的的成分）、修饰剂（使香型变化格调的成分）来补充香味和掩蔽某些气味。适宜的合香剂可使香味在幅度和深度上得到扩充，修饰剂可将香味调制整理。为了使香味得到一定的保留性和挥发性，还要加入定香剂（维持数日后香调不变，并能调节调香成分的挥发度的成分）和溶剂等，经过一定时间的圆熟，就能制成食品用香精的基态类型，其称为香基。最后，再进一步熟化后，将香基稀释、加工成各种类型的商品。但是，调香中要完全模拟出一种完美的香气或要彻底除掉某种不需要的气味，是很难实现的。

2）食品用香精的分类

食品用香精用途广泛，种类繁多，依据不同的目的有不同的分类方法。

（1）食品用香精按剂型可分为：液体香精、粉末香精和膏（浆）状香精。液体香精又可分为水溶性香精、油溶性香精和乳化香精。

（2）食品用香精按香型可分为：水果类、肉类、海鲜类、蔬菜类、坚果类、奶香类、香辛料类、花香类、草药类、酒类、烟草类等香精。其中每一类又可细分为很多具体香型，如花香型食品用香精可分为玫瑰、茉莉、玉兰、丁香、水仙、葵花、橙子、栀子、风信子、金合欢、薰衣草、刺槐花、香竹石、桂花、紫罗兰和菊花等。

（3）食品用香精按用途可分为：糖果香精、饮料香精、乳制品香精、调味料香精、肉制品香精和焙烤食品香精等。其中每一类还可以细分，如肉制品香精可分为牛肉香精、猪肉香精和鸡肉香精等。

（4）食品用香精按香味物质来源可分为：热反应型（如美拉德反应）、调和型、氧化型（如脂肪氧化）、发酵型（如酸奶、葡萄酒、酱油等发酵的香味）和酶解型等食品用香精。

（5）食品用香精按主体风味可分为：咸味香精和甜味香精。咸味香精主要应用于方便面、调味品、膨化食品和肉制品等生产；而甜味香精则主要用于饮料、雪糕和果冻等生产。

6.1.3 影响食品用增香剂效果的因素

使用食品用增香剂时，要注意其使用的温度、时间和香料成分的化学稳定性必须按符合工艺要求的方法使用，否则可能造成效果不佳或产生相反的效果。

（1）食品用增香剂与其他原料混合时，一定要搅拌均匀使香味充分均匀地渗透到食品中去。食品用增香剂一般应在配料的最后阶段加入，并注意温度，以防香气挥发。加入食品用增香剂时，一次不能加入太多，最好是一点一点慢慢加入。食品用增香剂在开放系统中的损失比在封闭系统中大，所以在加工中要尽量减少香料在环境中的暴露。

（2）合成香料一般与天然香料混合使用，这样其效果更接近天然，但不必要的香料不要加入，以免产生不良效果。少量的有机酸对各种食品用增香剂的香味有协调作用，可使香味柔和协调，特别是几种人造单体香料同时使用时，有机酸的协调作用尤为重要。

（3）由于食品用增香剂的配方、食品的制作条件千变万化，食品用香料、食品用香精在使用前必须做预备试验。因为食品用增香剂加入食品中后，其效果是不同的，有时其香味会改变。其原因主要是：受其他原料的影响；受其他食品添加剂的影响；受食品加工过程的影响；受人的感官影响。所以要找出食品用增香剂最佳使用条件后才能批量用于食品生产。如果在预备试验中食品用增香剂效果始终不佳，则要更换食品用增香剂或改变工艺条件，直到形成适宜的风味为止。

（4）食品用增香剂使用中要注意其稳定性。食品用增香剂中的各种香料、稀释剂等，除了容易挥发外，一般都易受碱性条件、抗氧剂及金属离子等影响，因而要防止这类物质与食品用增香剂直接接触。有些食品用香精、食品用香料会因氧化、聚合、水解等作用而变质。在一定的温度、光照、酸碱性、金属离子污染等因素下会加速变质。所以食品用增香剂多采用深褐色的玻璃瓶密封包装。因为橡胶制品会影响食品用增香剂的品质，所以不能使用橡皮塞密封。食品用增香剂要贮存于阴凉干燥处，但贮存室温度不宜过低，因为水溶性香精在低温下会析出结晶和分层，油溶性香精在低温下会冻凝。贮存温度一般以 10～30℃为宜。食品用香料、食品用香精中许多成分容易燃烧，要严禁烟火。食品用增香剂启封后不宜继续贮存，要尽快用完。

（5）对于含气的饮料、食品和真空包装的食品，体系内部的压力及包装过程，都会引起香味的改变，对这类食品都要增减其中食品用增香剂的某些成分。

（6）食品用增香剂使用前要考虑到消费者的接受程度、产品的形式、档次等。

（7）生产冰棍和冰淇淋使用食品用增香剂时，要考虑产品的食用温度比较低，人的味觉不如常温敏感，调味时应比常温下食用的食品略浓厚一些。

6.1.4　食品用香料、食品用香精的使用原则

（1）在食品中使用食品用香料、食品用香精的目的是使食品产生、改变或提高食品的风味。食品用香料一般配制成食品用香精后用于食品加香，部分也可直接用于食品加香。食品用香料、食品用香精不包括只产生甜味、酸味或咸味的物质，也不包括增味剂。

（2）食品用香料、食品用香精在各类食品中按生产需要适量使用，表 6-2 中所列食品没有加香的必要，不得添加食品用香料、食品用香精，法律、法规或国家食品安全标准另有明确规定者除外。除表 6-2 所列食品外，其他食品是否可以加香应按相关食品产品标准规定执行。

（3）用于配制食品用香精的食品用香料品种应符合 GB 2760—2014 的规定。用物理方法、酶法或微生物法（所用酶制剂应符合 GB 2760—2014 的有关规定）从食品（可以是未加工过的，也可以是经过了适合人类消费的传统的食品制备工艺的加工过程）制得的具有香味特性的物质或天然香味复合物可用于配制食品用香精。注：天然香味复合物是一类含有食用香味物质的制剂。

（4）具有其他食品添加剂功能的食品用香料，在食品中发挥其他食品添加剂功能时，应符合 GB 2760—2014 的规定，如苯甲酸、肉桂醛、瓜拉纳提取物、双乙酸钠（又名二醋酸钠）、琥珀酸二钠、磷酸三钙、氨基酸等。

（5）食品用香精可以含有其生产、贮存和应用等所必需的食品用香精辅料（包括食品添加剂和食品）。食品用香精辅料应符合以下要求：①食品用香精中允许使用的辅料应符合相关标准的规定。在达到预期目的的前提下尽可能减少使用品种；②作为辅料添加到食品用香精中的食品添加剂不应在最终食品中发挥功能作用，在达到预期目的的前提下尽可能降低在食品中的使用量。

（6）食品用香精的标签应符合相关标准的规定。

（7）凡添加了食品用香料、香精的食品应按照国家相关标准进行标示。

表 6-2　不得添加食品用香料、香精的食品名单

食品分类号	食品名称
01.01.01	巴氏消毒乳
01.01.02	灭菌乳
01.02.01	发酵乳
01.05.01	稀奶油
02.01.01	植物油脂
02.01.02	动物油脂（包括猪油、牛油、鱼油和其他动物脂肪等）
02.01.03	无水黄油，无水乳脂
04.01.01	新鲜水果
04.02.01	新鲜蔬菜
04.02.02.01	冷冻蔬菜
04.03.01	新鲜食用菌和藻类
04.03.02.01	冷冻食用菌和藻类
06.01	原粮
06.02.01	大米
06.03.01	小麦粉
06.04.01	杂粮粉
06.05.01	食用淀粉
08.01	生、鲜肉
09.01	鲜水产品
10.01	鲜蛋
11.01	食糖
11.03.01	蜂蜜
12.01	盐及代盐制品
13.01	婴幼儿配方食品
14.01.01	饮用天然矿泉水
14.01.02	饮用纯净水
14.01.03	其他类饮用水
16.02.01	茶叶、咖啡

注：较大婴儿和幼儿配方食品中可以使用香兰素、乙基香兰素和香荚兰豆浸膏，最大使用量分别为 5mg/kg、5g/100mL 和按照生产需要适量使用，其中 100mL 以即食食品计，生产企业应按照冲调比例折算成配方食品中的使用量；婴幼儿谷类辅助食品中可以使用香兰素，最大使用量为 7g/100g，其中 100g 以即食食品计，生产企业应按照冲调比例折算成谷类食品中的使用量；凡使用范围涵盖 0～6 个月婴幼儿配方食品不得添加任何食品用香料。

6.2　食品用香料及其应用

6.2.1　常见食品用天然香料

1. 甜橙油

法定编号：甜橙油（冷榨品）为 CAS［8028-48-6］；FEMA2825。

甜橙油（蒸馏品）为 CAS［68606-94-0］；FEMA2821。

1）特性

甜橙油为黄色、橙色或深橙黄色的油状液体，有清甜的橙子果香香气和温和的芳香滋味，溶于乙醇，其主要成分为柠檬烯，含量达 90%以上，此外还含有癸醛、辛醇、芳樟醇、十一醛、甜橙醛等成分。

2）应用

甜橙油广泛用于配置各种食品用香精，是橘子、甜橙等果香型香精的主要原料，也可直接将该品添加到糖果、糕点、饼干、冷饮等食品中，尤其是在高档的橘子汁、柠檬汁等果汁中，增香效果很好，橘子汁中用量约 0.05g/kg。

3）安全性

甜橙油（冷榨品）LD_{50} 为每千克体重大于 5g（小鼠，经口）。

2. 橘子油

法定编号：橘子油（冷榨品）为 CAS［8008-21-9］；FEMA2657。

1）特性

橘子油的主要成分是柠檬烯及邻 *N*-甲基-邻氨基苯甲酸甲酯，还有少量癸醛等。橘子油为黄色的油状液体，有清甜的橘子香气，能溶于 7～10 倍容积的 90%乙醇中。

2）应用

该品是橘子香精的主要原料，亦可直接添加到食品中，常用于浓缩橘子汁、柑橘酱等柑橘类产品，柑橘酱中用量为 0.5～0.66g/kg，什锦罐头中用量为 0.02g/kg。

3）安全性

在各类食品中按生产需要适量使用。

3. 柠檬油

法定编号：柠檬油（冷榨品）为 CAS［84929-31-7］；FEMA2625，2626（除萜柠檬油）。柠檬油（蒸馏品）为 CAS［8008-25-8］；FEMA2625。

1）特性

柠檬油的主要成分是柠檬烯与柠檬醛等，为鲜黄色透明的油状液体，有清甜的柠檬香气，味辛辣微苦，易溶于乙醇。

2）应用

柠檬油是柠檬型香精的主要原料，在有的柠檬型香精配方中用量为 25%，亦可直接将本品添加到糖果、糕点、饼干、冷饮等食品中，是高档的柠檬汁等果汁类常用的食品用增香剂。柠檬油质量标准可参照《食品安全国家标准 食品添加剂 柠檬油》（GB 1886.22—2016）。

3）安全性

柠檬油（蒸馏品）LD_{50}为每千克体重 2 840mg（大鼠，经口）。

4. 留兰香油

法定编号：CAS［8008-79-5］；FEMA3032。

1）特性

留兰香油的主要成分是左旋香芹酮，为无色或略带黄色的液体，有留兰香叶的特殊香气，有甜味。溶于 80%以上乙醇。

2）应用

该品用于配置各种食品用香精，亦可直接添加到糖果等食品中，是胶姆糖的主要赋香剂之一，硬糖中也经常使用。常压熬制的留兰香硬糖中的最大使用量约 0.8g/kg。留兰香油质量标准可参照《食品安全国家标准 食品添加剂 留兰香油》（GB 1886.36—2015）。

3）安全性

留兰香油的 LD_{50}为每千克体重 5g（大鼠，经口）。

5. 薄荷素油

法定编号：CAS［8006-90-4］；FEMA4219。

1）特性

薄荷素油又称脱脑油，主要成分是薄荷脑（约占 50%）、乙酸薄荷酯和薄荷酮（24%～50%）等。薄荷素油为无色、淡黄色或黄绿色的透明液体，有薄荷香气，味初辛后凉，在水中溶解很小，能溶于乙醇及各种油脂中，遇热易挥发，易燃。

2）应用

薄荷素油是配置薄荷型香精的主要原料之一，在油溶性薄荷香精中薄荷素油的用量为 38%左右，亦可将该品直接添加到食品中。清凉型糖果、饮料等经常使用薄荷素油、薄荷脑或薄荷香精。

胶姆糖和泡泡糖的赋香剂中，最常用的是留兰香、薄荷或两种的混合香料。在一种泡泡糖配方中，配合其他香料而使用的薄荷素油约 0.6g/kg。薄荷素油质量标准可参照《食品安全国家标准 食品添加剂 亚洲薄荷素油》（GB 1886.204—2016）。

3）安全性

在各类食品中按生产需要适量使用。

6.2.2 常见食品用合成香料

1. 香兰素

法定编号：CAS［2121-33-5］；FEMA3107；JECFA889。

1）特性

香兰素俗称香草粉，为白色至微黄色的结晶，有香荚兰豆特有的香气。易溶于乙醇、冰乙酸及挥发油，在冷植物油中溶解度不高，略溶于冷水，可溶于热水。

2）应用

香兰素是使用最多的食品赋香剂之一。它可用于配制各种食用香精，是配制香草型香精的主要原料。在香草型香精中，香兰素的用量约5%，也可多达25%～30%。本品也可单独使用，广泛用于饼干、糕点、冷饮、糖果等食品的增香，尤其适用于以乳制品为主要原料的食品。香兰素在糕点、饼干中的用量为0.1～0.4g/kg，糖果中的用量为0.2～0.3g/kg，冷饮食品中用量为0.15～0.3g/kg，在生产糕点、饼干的和面过程中加入，通常以温水溶解后添加，以防止赋香不均或结块而影响风味。香兰素遇碱或碱性物质会发生变色现象，使用时应注意。香兰素质量标准可参照《食品安全国家标准 食品添加剂 香兰素》（GB 1886.16—2015）。

3）安全性

香兰素的ADI为每千克体重0～10mg。

2. 乙基香兰素

法定编号：CAS［2121-32-4］；FEMA2464；JECFA393。

1）特性

乙基香兰素为白色至微黄色结晶或结晶型粉末，有类似香荚兰豆的香气，香气较香兰素浓郁。

2）应用

乙基香兰素的香型与香兰素相同，纯品的香气较香兰素强3～4倍，特别适于乳制品的赋香，除在较大婴儿和幼儿配方食品中最大使用量为5mg/100mL，其余各类食品中按生产需要适量添加。该品既可以单独使用，也可以与香兰素、甘油等混合使用。乙基香兰素质量标准可参照《食品安全国家标准 食品添加剂 乙基香兰素》（GB 1886.283—2016）。

3）安全性

乙基香兰素的ADI为每千克体重0～10mg。

3. 苯甲醛

法定编号：CAS［2100-52-7］；FEMA2127；JECFA22。

1）特性

苯甲醛又名人造苦杏仁油，纯品为无色液体，普通品为无色至淡黄色液体，有苦杏仁的特殊芳香气味。遇空气逐渐氧化为苯甲酸，还原可变成苯甲醇。微溶于水，与乙醇混溶。

2）应用

该品广泛用于配制杏仁、樱桃等食品用香精、油溶性杏仁香精的配方，一般用量为30%～40%。糖水樱桃罐头的赋香水中可酌加本品，每10kg糖水（浓度45%～50%）可加苯甲醛30mL及樱桃香精10mL。在罐头排气后加入赋香的糖水，添加时勤搅动。苯甲醛质量标准可参照《食品安全国家标准 食品添加剂 苯甲醛》（GB 28320—2012）。

3）安全性

苯甲醛的 ADI 为每千克体重 0～5mg。

4. 柠檬醛

法定编号：GB/T 14156—2009（81190）；CAS［5392-40-5］；FEMA2303。

1）特性

柠檬醛有 α、　、顺、反四种异构体，纯品为无色或淡黄色液体，有新鲜柠檬的香气。

2）应用

该品作为单离香料用于配制柠檬油、白柠檬油、橘子油等各种果香型香精，广泛用于清凉饮料、糖果、冰淇淋、焙烤食品的赋香。柠檬醛质量标准可参照《食品安全国家标准 食品添加剂 柠檬醛》（GB 1886.191—2016）。

3）安全性

柠檬醛 ADI 为每千克体重 0～0.5mg。

5. 洋茉莉醛

法定编号：CAS［2120-57-0］；FEMA 2911；JECFA 896。

1）特性

洋茉莉醛又名胡椒醛，为白色片状有光泽的晶体，有甜而温和的类似香水草花的香气（俗称葵花的花香香气）。洋茉莉醛可以与香兰素充分配合，有保持甜味的效果。

2）应用

本品用于配制香草、奶油、樱桃、草莓等类型的香精，亦可直接用于冰淇淋、糖果、酒精饮料、焙烤食品，最大使用量为 0.036g/kg。洋茉莉醛质量标准可参照《食品安全国家标准 食品添加剂 洋茉莉醛（又名胡椒醛）》（GB 1886.279—2016）。

3）安全性

洋茉莉醛的 ADI 为每千克体重 0～2.5mg。

6. 丁酸乙酯

法定编号：CAS［105-54-4］；FEMA 2427；JECFA 29。

1）特性

丁酸乙酯又名酪酸乙酯，为无色或微黄色透明液体，有类似菠萝的香气。丁酸乙酯的乙醇溶液，称为菠萝油，很久以来就作为人造香料使用。

2）应用

该品广泛应用于食用香精配方中，如香蕉、菠萝等，可调配多种果香型香精和其他香型香精。丁酸乙酯质量标准可参照《食品安全国家标准 食品添加剂 丁酸乙酯》（GB 1886.194—2016）。

3）安全性

丁酸乙酯的 ADI 为每千克体重 0～15mg。

7. 丁酸异戊酯

法定编号：CAS［106-27-4］；FEMA 2060；JECFA 45。

1）特性

丁酸异戊酯为无色透明液体，有类似生梨的香气，易溶于乙醇，几乎不溶于水。

2）应用

该品广泛用于生梨、香蕉等果香型香精的调制及朗姆酒的调香。一般用量为冰淇淋 0.01～0.02g/kg，糖果 0.005～0.015g/kg。丁酸异戊酯质量标准可参照《食品安全国家标准 食品添加剂 丁酸异戊酯》（GB 1886.195—2016）。

3）安全性

丁酸异戊酯的 ADI 为每千克体重 0～3mg。

8. DL-薄荷脑

法定编号：CAS［89-78-1］；FEMA 2665。

1）特性

DL-薄荷脑为白色熔块或无色透明液体，有类似天然薄荷油的清凉气息。微溶于水，易溶于乙醇。

2）应用

DL-薄荷脑是配制薄荷型香精的主要原料，在有些薄荷型香精的配方中薄荷脑占 10%～18%。亦可与其他香料配合使用或单独用于糖果、胶姆糖、饮料、冰淇淋的赋香。DL-薄荷脑质量标准可参照《DL-合成薄荷脑》（QB/T 1792—2011）。

3）安全性

DL-薄荷脑的 ADI 为每千克体重 0～0.2mg。

9. 麦芽酚

法定编号：GB/T 14156-2009（I1108）；CAS［118-71-8］；FEMA 2656；JECFA 636。

1）特性

麦芽酚又称 2-甲基焦袂康酸，商品名叫味酚，学名 2-甲基-3-羟基-4-4-吡喃酮。该品为白色或微黄色针状结晶或结晶粉末，有焦甜香气，易溶于热水，室温下冷水溶解度为 1.5%，在 90℃热油脂中溶解度为 2%，有升华性。

2）应用

麦芽酚有缓和其他香料的香气和抑制酸味、苦味、涩味的作用，也可作为香味改良剂和定香剂使用。麦芽酚可用于各种食品，如巧克力、糖果、果酒、果汁、冰淇淋、糕点、饼干、面包、罐头、咖啡、汽水和冰棍等，一般用量为 0.05～0.3g/kg，对改善和增强食品的香味有明显效果，对甜食品还能起增甜作用，可相应减少糖的用量。麦芽酚质量标准可参照《食品安全国家标准 食品添加剂 麦芽酚》（GB 1886.282—2016）。

3）安全性

麦芽酚的 ADI 为每千克体重 0～0.5mg。

10. 乙基麦芽酚

法定编号：GB A 3005；INS 637；FEMA 3487F。

1）特性

乙基麦芽酚学名为 2-乙基-3-羟基-4-吡喃酮，是一种有芬芳香气的白色结晶性粉末或针状结晶，具有持久的焦糖和水果香气，味甚甜。稀释溶液呈甜的果味，溶液较为稳定。

2）应用

乙基麦芽酚作为香甜鲜味的增效剂，其作用与麦芽酚是一致的，但比麦芽酚用量少，效果更好，一般的添加量在 0.01%～0.05%，有时每千克仅添加几毫克就有效。根据 GB 2760—2014，乙基麦芽酚不能添加到新鲜菜肴中。乙基麦芽酚容易和铁生成络合物，与铁接触后，会逐渐由白变红。因此，贮存中避免使用铁容器，其溶液也不宜长时间与铁器接触，适宜放在玻璃或塑料容器中贮存。乙基麦芽酚质量标准可参照《食品安全国家标准 食品添加剂 乙基麦芽酚》（GB 1886.208—2016）。

3）安全性

在各类食品中按生产需要适量使用。

6.3 食品用香精及其应用

6.3.1 水溶性香精

1. 特性

水溶性香精一般为透明的液体，具有挥发性，其商品的色泽、香气、香味、澄清度应符合其标样。这类香精在蒸馏水中的溶解度为 0.1%～0.15%（15℃），在 20%乙醇中的溶解度为 0.2%～0.3%（15℃）。水溶性香精是将香基（各种香料和辅助剂调制混合物）与蒸馏水、乙醇、丙二醇、甘油等水溶性稀释剂按一定比例和适当的顺序互相混溶、搅拌、过滤、着色而成。

2. 应用

水溶性香精主要用于饮料、乳制品、糖果。香精的使用量要适当控制，它的作用非常灵敏，加少影响效果，加多则适得其反。香精虽多为液体，但为了控制用量，无论是水溶性还是油溶性的，计量时一般要使用重量法，这样可排除相对密度和温度的误差，而且一定要使香精对食品赋香均匀。汽水、冰棒中的用量为 0.02%～0.1%，酒中为 0.1%～0.2%，在果味露中一般为 0.3%～0.6%。用天然香料配制的香精，香气比较清淡，用量可以略高，而全部用合成香料配制的香精，则其使用量要低一些。针对香味的挥发性，对工艺中需加热的食品，应尽可能在加热冷却后或在加工后期加入。对要进行脱臭、脱水处理的食品，食品用增香剂应在处理之后加入。在饮料生产中，香精一般在配料时最后加入，并用滤纸过滤，然后倒入配料容器中，搅拌均匀后灌装。

在冰棒、冰淇淋生产中，可在液料冷却时加入香精，对于前者，在液料为10℃时为宜，对于后者，在液料将凝冻时加入。但要注意，香精虽不宜在高温条件下使用，但是也不是使用温度越低越好。因为低温下，香精溶解性受影响，不易赋香均匀，甚至发生香精分层，析出结晶等现象，所以在低温条件下生产食品时也要正确使用。果汁粉生产中若使用水溶性香精时，可在调粉时添加，由于产品在食用时还要稀释许多倍，所以香精用量为0.1%～0.6%。

3. 常用配方

苹果香精配方：苹果香基10%，乙醇55%，苹果回收食用香味料30%，丙二醇5%。
菠萝香精配方：菠萝香基7%，乙醇48%，柑橘香精10%，水25%，柠檬香精10%。
草莓香精配方：麦芽酚1%，乙醇55%，草莓香基20%，水24%。

6.3.2 油溶性香精

1. 特性

油溶性香精一般为透明的油状液体，其色泽、香气、香味与澄清度应符合其标样。食用油溶性香精中有植物油等高沸点稀释剂，其耐热性比水溶性香精好。油溶性香精是在香基中加入精炼植物油、丙二醇、甘油等稀释剂配制而成的可溶于油类的香精。

2. 应用

油溶性香精主要用于糖果和焙烤食品，糖果中用量为0.05%～0.1%，面包中为0.04%～0.1%，饼干、糕点中为0.05%～0.15%。在焙烤食品中，必须使用耐热的油溶性香精，但它仍有一定的挥发损失，尤其是薄坯的食品，加工中香精挥发得更多，所以，饼干类食品比面包类食品中的油溶性香精使用量要略高一些。油溶性香精同样不耐碱，在焙烤食品中使用时要防止与化学膨松剂直接接触。生产硬糖，食品用香精、食品用香料可在糖膏冷却到105℃左右时加入，过早加入，食品用香精挥发太快，太晚加入，糖膏温度低，黏稠性增大，食品用香精难以调拌均匀。生产蛋白糖，食品用香精要在糖坯搅拌适度时加入，混合后立即进行冷却。

3. 常用配方

配方1：柠檬油6.3g，橙油24.8g，肉桂油10.6g，其他1.6g。
配方2：大茴香醛0.1g，乙醇62.7g，椰子醛0.2g，甘油20 g，香兰素17g。

6.3.3 乳化香精

1. 特性

乳化香精是亲油性香基加入蒸馏水与乳化剂、稳定剂、色素调和而成的乳状香精，一般为水包油（O/W）型乳状液。乳化的效果可以抑制香精的挥发，可使油溶性食品用增香剂溶于水中，并可节约溶剂，降低成本。

2．应用

乳化香精中由于乳化剂的作用，改善了香料的溶解性，所以可以制成食品用增香剂浓度较高的乳液，使用时按需要稀释。这种香精多用于饮料，可使饮料外观接近天然果汁，成本低，应用广泛，作乳化剂用的物质是胶类、变性淀粉等。

3．常用配方

橙子乳化香精配方：乳化橙油 460g，芫荽油 5g，肉桂油 50g，阿拉伯胶溶液 340g，柠檬油 55g。

6.3.4　粉末香精

1．特性

粉末香精是一种固体粉末状香精，其制造方法一般有两种：一是使用与乳化香精类似的方法，使基料与香料通过混合、乳化、喷雾干燥等工序制成一种粉末状香精。由于基料（胶质、变性淀粉等）可以形成薄膜，包裹了香精或使香精吸附在基料上，所以防止了香味成分的挥发和变质，而且贮运方便，这种香精又称微胶囊香精。二是香料本身就是固体，将各种固体香料加工成粉状，再与辅助原料混合均匀制成香精。

2．应用

粉末香精一般用于固体汤料、固体饮料的食品中。

3．常用配方

粉末香荚兰香精配方：香兰素 10%，乳糖 80%，乙基香兰素 10%。

6.3.5　果香基香精

1．特性

果香基香精是一种不含溶剂或稀释剂，只含香基的香精，使用前加入不同的辅助剂，即可配成油溶、水溶或乳化香精。因果香基香精不含稀释剂，所以它的成熟期较短，并可免除因采用稀释剂等而产生的变质问题。

2．应用

果香基香精是食品用香精的半成品，不能直接用于食品，否则会产生食品中香味浓淡不均的问题。所以对于小型食品企业一般不适用，而对于有条件的大型食品企业，使用这种香精可以节约容器和运费，而且可以对它灵活地进行再调配，使用效果较好。

3. 常用配方

苹果香基：乙酸乙酯15%，乙酸香叶酯1%，戊醇2%，甲酸乙酯15%，乙酸乙酰乙酯2%，甲酸戊酯4%，己酸乙酯2%，己醇5%，香兰素1%，丁酸戊酯24%，芳樟醇2%，戊酸戊酯25%，香叶醇2%。

香蕉香基：乙酸乙酯5%，乙酸异戊酯50%，丁香酚3%，丁酸戊酯12%，丁酸乙酯5%，戊酸戊酯6.5%，洋茉莉醛0.5%，香兰素3%，芳樟醇5%，乙醛10%。

葡萄香基：乙酸乙酯16%，麦芽酚1%，香兰素2%，邻氨基苯甲酸甲酯50%，戊醇4%，丁酸乙酯10%，戊酸戊酯10%，芳樟醇4%，己酸乙酯2%，乙酸1%。

菠萝香基：乙酸乙酯25%，丁酸乙酯30%，香兰素2%，麦芽酚1%，正己酸乙酯30%，环己基烯丙酯2%，己酸烯丙酯10%。

6.3.6　肉味香精

1. 特性

肉味香精就是具有肉类风味或某些菜肴风味的调味料，可以模仿牛肉、猪肉、羊肉等多种味道，大多以天然原料为主，再辅以部分人工合成香料使香气更加浓郁、圆润、醇厚、安全。

2. 应用

肉味香精主要应用于：各种方便食品的调味包，熟肉制品，复合调味品（如鸡精等），速冻调理食品，膨化休闲小食品，菜肴，保烫，火锅，汤面及酱卤制品等。肉味香精产品有粉状的，也有浆状的，使用简单方便，但需按照使用说明添加和使用。

3. 常用配方

配制肉味香精的主要原料一般是脂肪、碳水化合物和氨基酸、蛋白质、杂环化合物及一些香料。

1）脂肪

脂肪是肉味香精的重要前体物质，烹调时产生各种对肉香有良好影响的化合物。脂肪酸的不饱和度越高，肉的香味越佳。脂类降解对很多肉香风味的形成是非常重要的，尤其是一些不饱和脂类被降解后，能产生很多低碳链肉味物质。脂肪氧化后与含硫化合物反应，可生成一种肉香物质，但脂肪的作用主要是使香精的整体口感浓厚柔和，起助香作用，也有定香剂的作用。

2）碳水化合物和氨基酸

除脱氧核糖外葡萄糖、果糖、核糖、甘露糖、乳糖等都可以和氨基酸进行糖氨反应，生成有肉味的物质。有的肉味香精中还含有阿拉伯糖与氨基酸反应的产物，氨基酸是助香剂之一，还有鲜味剂的功效。

3）蛋白质

动物或植物的水解蛋白是合适的制备肉味香精的原料，在香精中可作为基料。

4）杂环化合物

含硫化合物是制造肉味香精所必需的，也是肉味香精的关键成分。含氮的吡嗪类化合物也是机能成分之一。含氧的呋喃、糠醛类化合物虽然无明显的肉味，但它们都是重要的辅助成分。噻吩类与噻唑类，前者是一类无明显肉味但又不可缺乏的助香成分，后者也是肉味香精的关键成分。

5）香料

与肉味香精并用的一般是香辛料，种类及用量是根据各个地区、各种习惯的不同而定的。香料的用量不宜太多，否则会掩盖肉味香精的风味。一般使用的香料是姜、葱、蒜、辣椒、八角、茴香、丁香等，除葱以切碎的脱水葱形式添加外，其他都以粉末状添加。

配方 1：牛油 5.5%，谷氨酸钠 17.8%，水解植物蛋白 27.4%，2-甲基-3-呋喃硫醇 0.5%，蔗糖 11.2%，其他 37.6%。

配方 2：盐 36.62%，味精 17.81%，牛油 5.48%，水解植物蛋白 27.4%，蔗糖 10.96%，4-松油醇丙酸酯和 2-甲基-3-呋喃硫醇反应物 1.73%。

6.3.7 烟熏香味料

1. 特性

烟熏香味料中含有多种化学成分，主要是各种酚、醛、酮、醇、酸、酯、呋喃类等化合物，这些化合物之间相互作用，使得烟熏香味料具有独特的烟熏风味。

2. 应用

烟熏香味料代替传统烟熏方法进行食品加工，不仅使熏制的产品色泽和风味更加稳定，而且能够极大降低烟熏食品中苯并芘含量，提高食品质量和安全性。

烟熏香味料在使用中常用的液熏方法主要有喷雾法、浸渍法、涂抹法、注射法、混合法和置入法等。烟熏香味料可以用来加工鱼、禽、蛋等食品，且熏制周期短，所需设备少，容易实现机械化生产，减少不必要的投资。

3. 常用配方

目前，我国唯一允许使用的烟熏香味料是山楂核烟熏香味料，它是以山楂核为原料，在 800℃以下干馏收集熏烟并经冷凝得到的液体香味料。虽然我国的烟熏香味料品种比较单一，但是关于烟熏香味料的理论研究相对较多，涉及不同种类的原料，如山核桃壳、茶树枝、苹果木等。

6.3.8 食品用香精应用实例

1. 碳酸饮料

碳酸饮料有澄清和浑浊两种类型，其香味完全是由香精赋予的。这类产品中使用最多的是水溶性香精。近年来，利用乳化香精制成的碳酸饮料由于其外观接近天然果汁，所以受到人们的青睐，应用也比较普遍。

在碳酸饮料生产中，食品用香精可在配制糖浆时添加，溶解后的热糖浆经过滤后打入配料罐，一般再按顺序加入防腐剂、柠檬酸、色素、乳化剂、稳定剂等，最后加入经滤纸过滤的香精（此时糖浆温度比较低），再经搅拌均匀后即可灌装。

2. 冰棍和冰淇淋

在冰棍和冰淇淋生产中，使用最多的是香荚兰、草莓、巧克力、柠檬、橘子等食品用香精。

生产冰棍，食品用香精可在料液冷却时添加，一般用量为 0.02%～0.1%。料液打入冷却罐后，待料液温度降低到 10～16℃时，再加入柠檬酸及香精。

生产冰淇淋，食品用香精可在凝冻时添加。当凝冻机内的料液在搅拌下开始凝冻时，加入食品用香精、食品用色素等食品添加剂，凝冻完毕就可以成形。冰淇淋中使用食品用香精的量因其种类的不同而各异，一般为 0.05%～0.1%。

3. 糖果及巧克力制品

糖果制品的香味几乎均由所添加的食品用香精所赋予。硬糖加食品用香精多使用柠檬、橘子、草莓、菠萝、葡萄等水果型，也有使用咖啡、巧克力、薄荷等香型。软糖加食品用香精亦多用水果型。食品用香精应在糖果制作的冷却过程时加入，当糖膏倒在冷却台，温度降到 105～110℃时，顺序加入酸味剂、食品用色素和食品用香精。食品用香精不要过早加入，以防挥发损失。此外，由于 pH 值影响胶状物的凝胶强度，所以控制 pH 值是关键。食品用香精一般在最后阶段，糖浆温度降到 80℃以下时添加。产品的胶质直接影响加香的效果，使用果胶的产品香味最佳，琼脂次之，动物胶最差。口香糖所用的食品用香精要求在口中有持续性，一般使用的食品用香精浓度较高，约为1%。如能用微胶囊香精，产品加香后留香效果更好。

4. 焙烤食品

用于焙烤食品的食品用增香剂主要是油溶性香精，常用的有杏、奶油等香精及香兰素，也有使用牛肉、火腿等食品用香精。食品用香精的用量：面包为 0.04%～0.1%，饼干、糕点为 0.05%～0.15%。食品用增香剂加入焙烤食品中，一般常用以下四种方法。

（1）把食品用增香剂先混于面团再烘烤。

（2）将食品用增香剂喷洒在刚出炉的焙烤食品上。

（3）制品涂油后再喷洒食品用增香剂。

（4）把食品用增香剂混在夹心或包衣之中。

如将食品用增香剂先混于面团中，在烘烤时，由于水分蒸发散失，会带走部分香气成分，如果使用油溶性香精可减少其损失。此外，由于搅拌机的高速搅拌，摩擦产生的高温也会导致食品用增香剂的损失。因此，通常需增加 20%的食品用增香剂的量以补偿损失。

饼干一般是在出炉后，温度降到 40～50℃时加香，这时饼干组织疏松且易吸着香气成分。对于甜度高的饼干，食品用增香剂的使用量较少，甜度低的韧性饼干则需要添加的量较大。

天然香料汇总表

GB 1886.191—2016《食品安全国家标准　食品添加剂　柠檬醛》

GB 1886.283—2016《食品安全国家标准　食品添加剂　乙基香兰素》

第7章　调　味　剂

学习目标

（1）了解食品中调味剂（鲜味剂）的作用。

（2）熟悉常用增味剂的特性及其应用。

（3）熟悉常用酸度调节剂的特性及其应用。

（4）熟悉常用甜味剂的特性及其应用。

调味剂

为了得到色、香、味俱佳的食品，离不开食品调味剂。调味剂是能赋予食品甜、酸、苦、辣、咸、鲜、麻、涩、清凉等特殊味感的一类食品添加剂，一般指赋予食品刺激味觉受体的呈味物质，不包括刺激嗅觉的物质（香料）。有的将凡能刺激味觉或嗅觉受体的物质统称为风味剂或风味增强剂。因为自然界中确实存在着许多既有味感又有嗅感的天然物质及其提取物，如各种精油和油树脂之类，根据这类天然物质及其提取物的主要用途而将其分别列入调味剂或香料品类中。调味剂的品种非常多，一般可分为鲜味剂、酸度调节剂、甜味剂、咸味剂及苦味剂等。其作用各不相同，但又相互制约和联系，如鲜味剂和咸味剂相关联，甜味与咸味互相制约。苦味剂应用很少，咸味剂一般使用食盐，而我国不将食盐作为食品添加剂管理。本章主要讨论增味剂（鲜味剂）、酸度调节剂及甜味剂的特性及其应用。

7.1　增味剂（鲜味剂）及其应用

7.1.1　概述

补充或增强食品原有风味的物质称为增味剂，补充食品鲜味的食品增味剂又称鲜味剂。食品工业中常用的增味剂一般都是鲜味剂。

1. 鲜味剂的分类

鲜味剂按化学性质的不同主要分为两类，即氨基酸类与核苷酸类。前者主要是L-谷氨酸及其钠盐（MSG，俗称味精），后者主要是5′-肌苷酸二钠（IMP）和5′-鸟苷酸二钠（GMP）。此外，琥珀酸及其盐类也具有一定的鲜味。

2. 鲜味剂的作用机理

从汉字的结构来看，有“鱼”有“羊”谓之“鲜”，说明在我国古代，人们已经知道鱼类和畜禽动物的肉类具有鲜美的味道。在日常生活中经常利用各种鱼肉及蘑菇、海藻、各种蔬菜等制成味道鲜美的汤类，用于增强食品的风味。现代科学已经证明，鱼类和畜禽动物的肉类中含有丰富的各种游离氨基酸和核苷酸等鲜味物质。鱼类和畜禽动物的肉类中还含有大量的蛋白质和核酸类物质，这些物质经过水解，可生成各种L-氨基酸和5′-核苷酸及其盐类等鲜味物质。

现有研究证明，氨基酸类型和核苷酸类型增味剂混合使用时，其鲜味不是简单的叠加，而是具有相乘的提味效果，这种现象称为鲜味剂的协同效应。在普通的味精中添加肌苷酸二钠后，其鲜味效果显著提高，在味感时间上还能延长鲜味时间，抑制酸味和苦味，使食品更鲜美可口，这是任何单种鲜味剂无法达到的效果。

7.1.2 常用的增味剂

1. 谷氨酸钠（L-谷氨酸一钠，味精，MSG）（CNS号12.001　INS号621）

1）特性

谷氨酸钠为无色至白色的结晶或结晶粉末，无臭，有特有的鲜味。易溶于水，微溶于乙醇，不溶于乙醚。在150℃时失去结晶水，210℃时发生吡咯烷酮化，生成焦谷氨酸，270℃左右时则分解。无吸湿性，对光稳定，水溶液加温也相当稳定。在碱性条件下加热发生消旋作用，呈味力降低。在pH值5以下的酸性条件下加热时亦发生吡咯烷酮化，变成焦谷氨酸，呈味力降低。在中性时加热则很少变化。5%水溶液pH值为6.7～7.2。

谷氨酸钠天然品以蛋白质组成成分或游离状态广泛存在于动植物组织中。肉、禽、鱼、乳等中均含有，母乳中约含谷氨酸盐22mg/100mL，为牛乳中含量的10倍。

谷氨酸钠进入人体以后，可以参与正常的新陈代谢作用、在氮代谢和能量代谢中起一定作用，主要包括：通过氧化脱氨作用生成α-酮戊二酸，进入三羧酸循环；通过氨基转移作用生成其他氨基酸；通过脱羧作用生成　-氨基丁酸；通过酰胺化作用生成谷氨酰胺等。

2）应用

《食品安全国家标准 食品添加剂使用标准》（GB 2760—2014）中规定，谷氨酸钠可在各类食品中按生产所需要适量使用。谷氨酸钠广泛用于烹调食品和食品的调味，在食品加工时，由于食品种类不同，其用量也有所不同。一般用量为0.2～1.5g/kg，也有某些食品的用量在5g/kg以上的。FEMA最大使用量：糖果1.3 mg/kg；焙烤食品61 mg/kg；调味料1 900 mg/kg；汤料4 300 mg/kg；肉类制品2 900 mg/kg；腌渍品130 mg/kg。某些罐头食品用量为火腿猪肉2g/kg，火腿、冻熟火腿0.2g/kg，扣肉0.4g/kg，红烧排骨0.8g/kg，炸子鸡1.2g/kg，咖喱鸡0.5g/kg，烤鹅0.3g/kg，回锅肉5.2g/kg。

添加谷氨酸钠不仅能增进食品的鲜味，对香味也有增进作用。例如，在豆制食品（素什锦等）需加1.5～4g/kg，在曲香酒中需加0.054g/kg。

谷氨酸钠除作为调味剂外，据报道添加到竹笋、蘑菇等罐头中，对防止内容物产生白色沉淀，改善色、香、味形有一定作用。

谷氨酸钠在一般食品的烹调加工条件下是相当稳定的，一般不必考虑其变质问题，但在 pH 值低的酸性食品中则会有些变化，所以最好是在食用前添加。此外，对酸性强的食品，比普通食品多加 20%左右的效果较好。

谷氨酸钠的质量标准见表 7-1。

表 7-1　谷氨酸钠质量标准（GB/T 8967—2007）

项目		标准
含量/%	≥	99.0
透光率/%	≥	98
比旋光度［α］$_{20D}$/（°）		＋24.9～＋25.3
氯化物（以 Cl 计，GT-8-2）/%	≤	0.1
pH 值		6.7～7.5
干燥失重（100℃，5h）/%	≤	0.5
砷（以 As 计，GT.3）/（mg/kg）	≤	0.5
铅（以 Pb 计，GT.18.3）/（mg/kg）	≤	1
铁（以 Fe 计，GT.17）/（mg/kg）	≤	5
硫酸盐（以 SO_4 计，GT.30）/%	≤	0.05
锌（以 Zn 计）/（mg/kg）	≤	5

3）安全性

谷氨酸钠的 ADI 不做特殊规定（FAO/WHO，2001）。谷氨酸钠的 LD_{50} 为每千克体重 19.9g（大鼠，经口）。

2. 5′-肌苷酸二钠（肌苷酸钠，IMP）（CNS 号 12.003　INS 号 631）

1）特性

5′-肌苷酸二钠天然存在于鲔鱼中，为无色至白色结晶，或白色结晶性粉末，味觉阈值为 0.012%，性质稳定，在一般食品加工条件下（pH 值为 4～7），100℃加热 1h 无分解现象，与 L-谷氨酸钠对鲜味有相乘效应（如以肌苷酸钠与 L-谷氨酸钠之比为 1∶7，即有明显增强鲜味的效果）。5′-肌苷酸二钠易溶于水（13g/100mL，20℃），水溶液呈中性，微溶于乙醇，几乎不溶于乙醚。

2）应用

GB 2760—2014 规定，5′-肌苷酸二钠可以在各类食品中按生产需要适量使用。该品以 5%～12%的含量并入谷氨酸钠混合使用，其呈味作用比单用谷氨酸钠高约 8 倍，并有“强力味精”之称。用 2.5%IMP＋2.5% GMP＋95% MSG（4.7～7kg），可以代替 45kgMSG，对产品的风味无明显影响。该品可以被生鲜动、植物组织中的磷酸酶分解，失去呈味力，应经加热钝化酶后使用。近年来，已经发展成熟的包衣加工技术，以保护其不受鱼肉等食品中磷酸酯酶的分解并使其发挥最大的呈味力。5′-肌苷酸二钠的质量标准见表 7-2。

表 7-2　5′-肌苷酸二钠质量标准（GB 1886.97—2015）

项目		标准
含量（以干基计）ω/%		97.0～102.0
水分 ω/%	≤	29.0
pH 值（5%水溶液）		7.0～8.5
其他核苷酸		通过试验
砷（As）/（mg/kg）	≤	2.0
重金属（以 Pb 计）/（mg/kg）	≤	10.0

3）安全性

5′-肌苷酸二钠的 ADI 不做特殊规定（FAO/WHO，2001），LD_{50} 为每千克体重 14.4g（大鼠，经口）。

3. 5′-鸟苷酸二钠（鸟苷酸钠，GMP）（CNS 号 12.002　INS 号 627）

1）特性

5′-鸟苷酸二钠为无色至白色结晶或白色结晶粉末，有特殊香菇风味，味觉阈值为 0.003 5g/100mL，鲜味程度约为肌苷酸钠的 3 倍以上，与谷氨酸合用有较强的相乘作用。5′-鸟苷酸二钠吸湿性很强，在 75%相对湿度下放置 24h，可吸水 30%。5′-鸟苷酸二钠水溶液在 pH 值为 2～14 时稳定性强，加热 30～60min 几乎无变化。5′-鸟苷酸二钠微溶于乙醇，几乎不溶于乙醚和丙酮。5′-鸟苷酸二钠天然品广泛存在于核苷酸提取物中（沙丁鱼、酵母提取物中尤其多）。

2）应用

GB 2760—2014 规定，5′-鸟苷酸二钠可以在各类食品中按生产需要适量使用。5′-鸟苷酸二钠与谷氨酸钠或 5′-肌苷酸二钠并用，有显著的协同作用，鲜味大增。该品可被磷酸酶分解失去呈味力，因此不适合用于生鲜食品中。这可以通过将食品加热到 85℃左右钝化酶后使用。该品通常很少单纯使用，而多与谷氨酸钠（味精）等并用。在混合使用时，其用量为味精总量的 1%～5%。酱油、食醋、肉、鱼制品、速溶汤粉、速煮面条及罐头食品等均可添加，其用量为 0.01～0.1g/kg。也可以与赖氨酸盐酸盐等混合后，添加于蒸煮米饭、速煮面条、快餐中，用量为 0.5g/kg。该品也可以与肌苷酸钠以 1∶1 配合，广泛应用于各类食品。5′-鸟苷酸二钠质量标准见表 7-3 和表 7-4。

表 7-3　5′-鸟苷酸二钠质量标准（GB 1886.170—2015）

项目		标准
溶液状态		清澈透明
含量（以干基计）ω/%		97.0～102
紫外吸光度比值（250/260） (280/260)		0.95～1.03 0.63～0.71
干燥减重 ω/%	≤	25.0

续表

项目	标准
透光率（5%水溶液）/%	95.0
pH值（5%水溶液）	7.0～8.5
其他核苷酸	通过试验
氨基酸	通过试验
铵盐	通过试验
砷（As）/（mg/kg）　≤	2.0
重金属（以Pb计）/（mg/kg）　≤	20.0

表7-4　5′-鸟苷酸二钠质量标准［FAO/WHO（1993）］

项目	标准
含量（以干基计）/%	97.0～102.0
有关的外来物质色谱法检测	阴性
铵盐试验/%	阴性（≤0.02）
砷（以As计，GT.3）/（mg/kg）　≤	3
溶液的透明度和呈色试验	阴性
重金属（以Pb计，GT.16.2）/（mg/kg）　≤	20
铅（GT.18）/（mg/kg）　≤	10
干燥失重（120℃，4h）/%　≤	25
5%水溶液的pH值	7.0～8.5

3）安全性

5′-鸟苷酸二钠的ADI不做特殊规定（FAO/WHO，2001），LD_{50}为每千克体重10g（大鼠，经口）。

4. 5′-呈味核苷酸二钠（核糖核苷酸钠；5′-核糖核苷酸二钠）（CNS号12.004　INS号635）

1）特性

5′-呈味核苷酸二钠主要成分为5′-肌苷酸二钠（IMP）和5′-鸟苷酸二钠（GMP）（两者应占总量90%以上），其余为5′-胞苷酸二钠及5′-尿苷酸二钠等。5′-呈味核苷酸二钠一般为白色至近乎白色结晶粉末，无臭，有特殊滋味，与L-谷氨酸钠有相乘鲜味效果，味觉阈值0.006 3%。5′-呈味核苷酸二钠容易吸湿，吸湿量为20%～30%。容易溶于水（25g/100mL水，20℃），微溶于丙酮、乙醚和乙醇。5′-胞苷酸二钠和5′-尿苷酸二钠的呈味力较弱。

2）应用

GB 2760—2014规定，5′-呈味核苷酸二钠可以在各类食品中按生产需要适量使用。该品常与谷氨酸钠并用，其用量为味精的2%～10%，并有“强力味精”之称。在含有该品的复合增味剂（鲜味剂）中，除谷氨酸钠外，尚可以与其他多种成分并用，如一种复合鲜味剂组分为味精88%、呈味核苷酸8%、柠檬酸4%；另一组分为味精41%、呈味核苷酸 2%、水解动物蛋白 56%、琥珀酸二钠 1%。该品若含 5′-尿苷酸二钠或 5′-胞苷酸二钠，加入牛奶中用以喂养婴儿，上述核苷酸二钠的含量如果达到牛奶的 0.001 5%，可以增强婴儿的消化及抗病能力。该品使用时容易受到磷酸酯酶的分解、破坏，使用前应该注意钝化食品中的酶。

5′-呈味核苷酸二钠实际使用过程的用量参考：若肌苷酸钠和鸟苷酸钠的比例为 1∶1 时，其一般用量为罐头汤类 0.02～0.03g/kg，罐头芦笋 0.03～0.04g/kg，罐头蟹 0.01～0.02g/kg，罐头鱼 0.03～0.06g/kg，罐头家禽、香肠、火腿 0.06～0.10g/kg，调味汁 0.10～0.30g/kg，调味品 0.10～0.15g/kg，调味番茄酱 0.10～0.20g/kg，蛋黄酱 0.12～0.18g/kg，小吃食品 0.03～0.07g/kg，酱油 0.30～0.50g/kg，蔬菜汁 0.05～0.10g/kg，加工干酪 0.05～0.10g/kg，脱水汤粉 1.0～2.0g/kg，速煮面汤粉 3.0～6.0g/kg。5′-呈味核苷酸二钠质量标准见表 7-5 和表 7-6。

表 7-5　5′-呈味核苷酸二钠质量标准（GB 1886.171—2016）

项目		标准
（IMP＋GMP）/%		97.0～102.0
IMP 含量/%（混合比）		48.0～52.0
GMP 含量/%（混合比）		48.0～52.0
干燥失重（120℃，4h）/%	≤	25.0
透光率（5%水溶液）/%	≥	95.0
pH 值		7.0～8.5
其他核苷酸		通过试验
氨基酸		通过试验
铵盐		通过试验
砷（以 As 计）/（mg/kg）	≤	1
重金属（以 Pb 计）/（mg/kg）	≤	10

表 7-6　5′-呈味核苷酸二钠质量标准［日本标准（1999）］

项目		标准
5′-核糖核苷酸二钠含量/%		97～102
其中 IMP＋GMP 应占总含量 / %	≥	95
含水量（GT.32.1）/%	≤	27
5%水溶液的 pH 值		7.0～8.5
砷含量（以 As 计，GT.3）/（mg/kg）	≤	4
重金属（以 Pb 计，GT.16.2）/（mg/kg）	≤	20

3）安全性

5′-呈味核苷酸二钠的 ADI 不做特殊规定（FAO/WHO，2001），LD_{50} 为每千克体重 10g（大鼠，经口）。

5. 琥珀酸二钠（CNS号12.005　INS号—，FEMA3277）

1）特性

琥珀酸二钠为白色或无色的结晶或粉末，无臭、无异味。

2）应用

琥珀酸二钠在调味品中的最大使用量为20g/kg。琥珀酸可加入酱油、清凉饮料、糖果中调味用。琥珀酸钠则常作为调味剂使用。水产品调味液、生鱼片调味浸渍液、肉类制品、酱油等均可使用该品，其用量为鱼糕0.03%～0.04%，鱼肉香肠0.04%～0.06%，肉糜制品0.03%～0.04%，酱油0.01%～0.03%，辣酱0.015%～0.03%，豆酱0.02%～0.03%。琥珀酸亦可与味精混合使用，有相乘效果，但其用量不得超过味精的1/10，否则将使谷氨酸钠变成游离的谷氨酸，使其鲜味降低，且琥珀酸会形成琥珀酸钠，亦降低其鲜味。实际应用时，一般选择琥珀酸钠与其他鲜味剂并用。琥珀酸二钠质量标准可参考《食品安全国家标准 食品添加剂 琥珀酸二钠》（GB 29939—2013）。

3）安全性

琥珀酸二钠的ADI不做特殊规定（EEC，1990），LD_{50}为每千克体重10g（大鼠，经口）。

7.2　酸度调节剂及其应用

7.2.1　概述

以赋予食品酸味为主要目的的食品添加剂称为酸度调节剂。其作用除了赋予食品酸味外，还有调节食品的pH值、用作抗氧化剂的增效剂、防止食品酸败或褐变、抑制微生物生长及防止食品腐败等作用。GB 2760—2014规定允许使用的酸度调节剂有柠檬酸、乳酸、酒石酸等26种，其中柠檬酸、乳酸、酒石酸、苹果酸、柠檬酸钠、柠檬酸钾等均可按正常需要用于各类食品，碳酸钠、碳酸钾可用于面制食品中，盐酸、氢氧化钠属于强酸、强碱性物质，其对人体具有腐蚀性，只能用作加工助剂，要在食品完成加工前予以中和。

1. 酸度调节剂的作用机理

酸度调节剂亦称pH值调节剂，通过解离出的H^+或OH^-来调节食品或食品加工过程中的pH值，从而改善食品的感官性状，增加食欲，并具有防腐和促进体内钙、磷物质消化吸收的作用。酸味给人以清凉的感觉，有增进食欲、促进消化吸收的作用。

酸度调节剂的酸味是溶液中解离的氢离子刺激味觉神经的感觉。但是，酸味的强弱不能单用pH值来表示。例如，同一pH值的弱酸比强酸的酸味强。由此可知弱酸所具有的未解离的氢离子（与pH值无关）与酸味也有关系。以同一浓度来比较不同酸的酸味强度，其顺序为盐酸＞硝酸＞硫酸＞蚁酸＞醋酸＞柠檬酸＞苹果酸＞乳酸＞酪酸。此外，如以柠檬酸的酸味为100时，则酒石酸为120～130、磷酸为200～230、延胡索酸为263、延胡索酸钠为150、L-抗坏血酸为50（由于测定方法及试验条件不同，此值亦有所不同）。

酸味的刺激阈值的最大值是指感官上能尝出酸味的最低浓度，如柠檬酸刺激阈值的最大值为0.008%，最小值为0.002 5%。若用pH值来衡量时，一般说来，无机酸的酸味阈值为pH值3.4～3.5，有机酸则为pH值3.7～3.9。而对缓冲溶液来说，即使是离子浓度更低也可感觉到酸味。

温度不同，味觉的感受也不同。酸味与甜味、咸味及苦味相比，受温度的影响最小。各种味觉在常温时的阈值与0℃时的阈值相比，则各种味觉都变钝。例如，盐酸奎宁的苦味约减少97%，食盐的咸味减少80%，蔗糖的甜味减少75%，而柠檬酸的酸味则仅减少17%。

2. 酸度调节剂的分类

酸度调节剂按其组成分两大类：有机酸和无机酸。食品中天然存在的主要是有机酸，如柠檬酸、酒石酸、苹果酸、乳酸等。目前作为酸度调节剂使用的主要为有机酸，有机酸中使用最多的是柠檬酸，柠檬酸无疑居世界酸度调节剂和有机酸市场之首，据统计，全球99%的柠檬酸来自微生物发酵。在食品工业中是饮料、糖果及罐头等常用食品的酸度调节剂。无机酸度调节剂使用较多的一般是磷酸，食品级磷酸多数的消费体现在果蔬汁和其他饮料上，消费使用量呈增长趋势。

酸度调节剂按其口感（愉快感）的不同可分为：

（1）具有令人产生愉快感的酸度调节剂，如柠檬酸、抗坏血酸、葡萄糖酸和L-苹果酸。

（2）伴有苦味的酸度调节剂，如DL-苹果酸。

（3）伴有涩味的酸度调节剂，如磷酸、乳酸、酒石酸、偏酒石酸、延胡索酸。

（4）有刺激性气味的酸度调节剂，如乙酸。

（5）有鲜味、异味的酸度调节剂，如谷氨酸、琥珀酸。

3. 酸度调节剂使用的注意事项

（1）酸度调节剂大都电离出H^+，它可以影响食品的加工条件，可与纤维素、淀粉等食品原料作用，和其他食品添加剂也相互影响，所以工艺中一定要有加入的程序和时间，否则会产生不良后果。

（2）当使用固体酸度调节剂时，要考虑它的吸湿性和溶解性，以便采用适当的包装和配方。

（3）阴离子除影响酸度调节剂的风味外，还能影响食品风味，如前所述的盐酸、磷酸具有苦涩味，会使食品风味变劣，而且酸度调节剂的阴离子常常使食品产生另一种味，这种味称为副味，一般有机酸具有爽快的酸味，而无机酸酸味不很适口。

（4）酸度调节剂有一定刺激性，能引起消化功能疾病。

7.2.2 常用的酸度调节剂

1. 柠檬酸、柠檬酸钠和柠檬酸钾（CNS 号 01.301，01.303，01.304 INS 号 330，331iii，332ii）

1）特性

柠檬酸为无色透明结晶或白色粉末，无臭，有一种诱人的酸味。柠檬酸盐为白色结晶颗粒或粉末，溶于水，难溶于醇，水溶液的 pH 值约为 8。

2）应用

柠檬酸、柠檬酸钠和柠檬酸钾可作食品加工的酸度调节剂，GB 2760—2014 规定，柠檬酸、柠檬酸钠和柠檬酸钾在婴幼儿配方食品和辅助食品中、浓缩果蔬汁（浆）中可按生产需要适量使用。柠檬酸对产品的风味的影响包括：

（1）改善食品的风味，调整糖酸比。柠檬酸的酸味可以掩蔽或减少某些不希望的异味，对香味有增强效果和合香的效果。未加酸度调节剂的糖果、果酱、果汁、饮料等味道平淡，甜味也很单调。加入适量的酸度调节剂来调整糖酸比，就能使食品的风味显著改善，而且会使被掩盖的风味满意地再现，使产品更加适口。柠檬酸也可以同其他酸度调节剂共同使用，来模拟天然水果、蔬菜的酸味。酸度调节剂与甜味剂之间有消杀现象，两者易互相抵消，故食品加工中需要控制一定的糖酸比。酸味与苦味、咸味一般无消杀现象。酸度调节剂与涩味物质混合，会使酸味增强。

（2）产品酸味的调整。许多食品原料常因品种、产地、成熟程度、收获期的不同，酸含量也不同。这将使制成品的酸度发生差异，所以常使用柠檬酸来调整产品的酸味，使其达到适当的标准来稳定产品的质量。

（3）螯合作用。柠檬酸具有螯合金属离子的能力，尤其是对铁和铜，而这些金属离子是含类脂食品的氧化变质、果蔬褐变、色素变色的因素之一，因此，食品中添加适量柠檬酸，可以抑制金属离子的不利影响。在食品工业中，柠檬酸是用得最广泛的螯合剂。

（4）杀菌防腐。一般有害微生物在酸性环境中不能存活或繁殖。因此，对一些不经加热杀菌的食品，加入一定量的柠檬酸，可起防腐作用而延长贮存期。对一些采用高温杀菌会影响质量的食品，如果汁、水果及蔬菜制品，也常添加柠檬酸，以降低杀菌温度和加热时间，从而得到保证质量的杀菌效果。

只使用柠檬酸（除柠檬汁外）的产品，口感显得比较单薄，所以常与其他酸度调节剂如苹果酸、酒石酸同用，以使产品味道浑厚丰满。

柠檬酸质量标准参考《食品安全国家标准 食品添加剂 柠檬酸》（GB 1886.235—2016）。柠檬酸钠的质量标准可参考《食品安全国家标准 食品添加剂 柠檬酸钠》（GB 1886.235—2016）。

3）安全性

柠檬酸的 ADI 不做特殊规定（FAO/WHO，2001），LD_{50} 为每千克体重 6.73g（大鼠，经口）。柠檬酸盐的 ADI 不做特殊规定（FAO/WHO，2001），LD_{50} 为每千克体重 1549mg（大鼠，腹腔注射）。

2. 乙酸（醋酸、冰乙酸）（CNS 号 01.107　INS 号 260）

1）特性

乙酸为无色透明的液体，有刺激性的臭味，极酸。无水乙酸在 17℃下结晶，可以同水、乙醇、甘油以任意的比例混合，浓乙酸对皮肤有强烈的刺激。

2）应用

乙酸常用于调味品、合成食用醋（3%～5%的醋酸）、辣酱油、曲酒、番茄酱、生菜油、干酪果子露、苹果糖浆、泡菜、糕点类等中，可按生产需要适量食用。作为配料调味汁时，使用量为 2～6g/kg，酸渍蘑菇时约用 0.7g/kg，酸泡菜约为 10g/kg，曲香酒用量为 0.1～0.3g/kg。乙酸质量标准可参考《食品安全国家标准 食品添加剂 冰乙酸（又名冰醋酸）》（GB 1886.10—2015）。

3）安全性

乙酸 ADI 不做限制性规定（FAO/WHO，2001），LD_{50}为每千克体重 4.96g（小鼠，经口）。

3. 富马酸（反丁烯二酸，延胡索酸）（CNS 号 01.110　INS 号 297）

1）特性

富马酸为白色结晶性粉末、无臭，具有特殊的酸味，与马来酸成为几何异构体；微溶于水，溶于乙醇；溶解度（在 100mL 水中）4℃为 0.2g，25℃为 0.63g。酸味强于柠檬酸，有较强的刺激性。

2）应用

富马酸可使用于果汁、固体饮料、苹果酒、汽水、柠檬汽水、水果糖、果子冻、酱、冰奶油、桃子、橘子罐头等中，还用于粉末发泡饮料与膨胀剂等。GB 2760—2014 中规定的最大使用量为碳酸饮料 0.3；果蔬汁（浆）类饮料、生（湿）食面制品 0.6g/kg；胶基糖果 8g/kg；亦为允许使用的食用香料。富马酸质量标准可参考《食品安全国家标准 食品添加剂 富马酸》（GB 25546—2010）。

3）安全性

富马酸的 ADI 不做特殊规定（FAO/WHO，2001），LD_{50}为每千克体重 10.7g（大鼠，经口）。

4. 乳酸（2-羧基丙酸，丙醇酸）（CNS 号 01.102　INS 号 270）

1）特性

乳酸为无色或淡黄色的透明液体，具有柔和的酸味，酸味度为 1.1%～1.2%，50%的乳酸 180mL 可与 100g 的柠檬酸的酸味相当，味阈值为 0.004%，有吸湿性，在水、乙醇、乙醚、丙酮中可自由混合，不溶于氯仿、石油，能抑制有害微生物的繁殖，对乳蛋白有凝固作用。

2）应用

乳酸赋予食品清爽的酸味，可用于清酒酿造的快速酿造剂，也可作为曲酒、果酒、泡菜、香精、果子露等的酸性调味剂，酱油、酱的香味缓冲剂，亦可在面包、面粉类、糕点、水果糖、果子冻、花生酱、鱼糕、咸菜、肉食加工及干酪、果胶的制造中调节 pH 值用，可提高产品的保存期。使用参考标准：曲酒中一般加入量为 0.05～0.2g/kg，饮料、果子露中一般用量为 0.4～2g/kg，焙烤食品 89mg/kg，糖果 130mg/kg，果冻及布丁 14～25mg/kg，调味品 300mg/kg。乳酸质量标准可参考《食品安全国家标准 食品添加剂 乳酸》（GB 1886.173—2016）。

3）安全性

乳酸的 ADI 不做限制性规定（FAO/WHO，2001），LD_{50} 为每千克体重 4.8g（大鼠，经口）。

5. DL-苹果酸（羟基琥珀酸，羟基丁二酸）（CNS 号 01.104　INS 号 296）

1）特性

DL-苹果酸为白色结晶性粉末，有臭味，强吸湿性，有愉快的酸味，酸味柔和，持久性强，溶解度（在 100mL 水中）50℃为 222g，60℃为 268g，70℃为 332g，微溶于乙醇，味阈值为 0.003%。

2）应用

DL-苹果酸可作为酸度调节剂，用于果汁、果酒、乳酸饮料、可乐饮料、冰淇淋、口香糖、果子冻、果子酱、番茄酱、辣酱油、食用醋、蛋黄酱、人造乳酪等，可部分替代柠檬酸。使用参考标准：一般饮料 380mg/kg，焙烤食品 0.6～1.5mg/kg，糖果 420mg/kg，冰制品 390mg/kg。DL-苹果酸质量标准可参考《食品安全国家标准 食品添加剂 DL-苹果酸》（GB 25544—2010）。

3）安全性

DL-苹果酸的 ADI 值不做特殊规定（FAO/WHO，2001），LD_{50} 为每千克体重 3.2g（小鼠，1%水溶液）。

7.3 甜味剂及其应用

7.3.1 概述

甜味剂为加入食品中呈现甜味的天然物质和合成物质。我国允许使用的甜味剂有甜菊糖苷、糖精钠、环己基氨基磺酸钠（甜蜜素）、天冬酰苯丙氨酸甲酯（甜味素）、乙酰磺胺酸钾（安赛密）、甘草、木糖醇、麦芽糖醇等 19 种。葡萄糖、果糖、蔗糖、麦芽糖和乳糖等物质，虽然也是天然甜味剂，但因长期被人食用且是重要的营养素，我国通常将其视为食品原料，不作为食品添加剂对待。

甜味剂按其来源可分为天然甜味剂和人工合成甜味剂；按其营养价值可分为营养型甜味剂和非营养型甜味剂。通常所说的甜味剂是指非营养型人工合成甜味剂（如糖精、甜蜜素、异麦芽酮糖、甜味素、安赛蜜等）、非营养型天然甜味剂（干草甜素、甜菊糖苷、罗汉果抽提物、二氢查尔酮等）及营养型合成甜味剂（主要指糖醇类，如山梨糖醇、麦芽糖醇、木糖醇等）三类。

天然甜味剂甘草、甜菊糖苷、木糖醇、麦芽糖醇等为糖醇产品及一些植物果实、叶、根等提取物质。随着天然甜味剂不断开发，人们逐渐提倡使用天然甜味剂，以减少人工合成甜味剂的使用量。

7.3.2 常用的甜味剂

1. 糖精钠（邻磺酰苯甲酰亚胺）（CNS 号 19.001　INS 号 954）

1）特性

糖精钠又称可溶性糖精、水溶性糖精，为白色结晶或结晶性粉末，无臭，微有芳香气。糖精钠有强甜味，并略带苦味。稀释 1 000 倍的水溶液也有甜味，甜度约为蔗糖的 300 倍，易溶于水，溶解度随温度上升而迅速增加（表 7-7）。

表 7-7　糖精钠的溶解度（%）

名称	溶解度				
	25℃	45℃	65℃	85℃	95℃
糖精钠	115.4	165.3	220.2	289.1	328.2

糖精钠在加热后会慢慢分解，使甜味消失并产生苦味，尤其在有机酸存在时，其分解速度更快。所以在加工时须避免加入糖精后再加热。糖精钠的水溶液长时间放置后甜度降低，故配好的溶液应在短时间内用完。

2）应用

GB 2760—2014 规定，糖精钠可用于冷冻饮品（食用冰除外）、腌渍的蔬菜、面包、糕点、饼干、复合调味料、饮料类（包装饮用水类除外）、配制酒，最大使用量为 0.15g/kg；用于果酱，最大使用量为 0.2g/kg；用于蜜饯凉果、新型豆制品（大豆蛋白膨化食品、大豆素肉等）、熟制豆类（五香豆、炒豆）、脱壳熟制坚果与籽类，最大使用量为 1.0g/kg；用于带壳熟制坚果与籽类，最大使用量为 1.2g/kg；用于杧果干、无花果干、凉果类、话化类（甘草制品）果丹（饼）类，最大使用量为 5.0g/kg。

糖精钠与规定的其他甜味剂混合使用，在食品中一般用量为：饮料约 72mg/kg、冰淇淋约 150mg/kg，糖果为 2 100～2 600mg/kg、焙烤食品为 12mg/kg。浓缩果汁按浓缩倍数的 80%加入。使用时，要注意混匀。

糖精钠在食品加工中不会引起食品染色和发酵，是我国目前大量工业化生产的人工合成甜味剂。糖精钠质量标准可参考《食品安全国家标准 食品添加剂 糖精钠》（GB 1886.18—2015）。

3）安全性

JECFA 规定糖精的 ADI 值为每千克体重 0～5mg。

2. 环己基氨基磺酸钠（甜蜜素）（CNS 号 19.002　INS 号 952）

1）特性

环己基氨基磺酸钠为白色结晶或结晶性粉末，甜度约为蔗糖的 30 倍。易溶于水，对热、酸、碱均稳定。

2）应用

GB 2760—2014 规定，该品可用于腌渍的蔬菜、腐乳类、复合调味料、饮料类（包装饮用水类除外）、配制酒、糕点、饼干、面包、果冻、冰棍、冰淇淋、水果罐头，最大使用量为 0.65g/kg。用于果酱、蜜饯凉果，最大使用量为 1.0g/kg；用于脱壳熟制坚果与籽类，最大使用量为 1.2g/kg；用于凉果类、话化类（甘草制品）、果丹（饼）类话李、杨梅干、话梅、陈皮类，最大使用量为 8.0g/kg。该品常与糖精钠按 9∶1 混合使用。环己基氨基磺酸钠质量标准参考《食品安全国家标准 食品添加剂 环己基氨基磺酸钠》(GB 1886.37—2015)。

3）安全性

环己基氨基磺酸钠在国际上曾广泛使用。1969 年，因有报告称该品有致癌、致畸作用，各国相继禁用。此后，很多国家继续对其进行毒性研究，未见异常。1982 年，FAO/WHO 联合食品添加剂专家委员会再次评价，并规定其 ADI 为每千克体重为 0～11mg，此后，许多国家又开始允许使用，LD_{50} 为每千克体重 15.25g（大鼠，经口）。

3. 异麦芽酮糖（帕拉金糖、异构蔗糖）（CNS 号 19.003　INS 号—）

1）特性

异麦芽酮糖为白色晶粒，性质与蔗糖相似，但吸湿性小，对水的溶解度亦比蔗糖低，20℃为 38.4%，40℃为 78.2%，60℃为 133.7%。水溶液的黏度亦比同等浓度的蔗糖略低，耐酸性比蔗糖强，热稳定性比蔗糖差，甜味纯正，极似蔗糖，但甜度较低，约为蔗糖的 42%。

2）应用

GB 2760—2014 规定，可在冷食、糖果、糕点、饮料、饼干、面包、果酱、配制酒中按生产需要适量使用，均以 GMP 为限。异麦芽酮糖质量标准可参考《食品安全国家标准 食品添加剂 异麦芽酮糖》(GB 1886.182—2016)。

3）安全性

该品安全性高，据报道，异麦芽酮糖可被机体吸收利用，但不致龋，尤其是当与蔗糖并用时，还有抑制蔗糖的致龋作用。ADI 值不做特殊规定（FAO/WHO，1994）。

4. 天冬酰苯丙氨酸甲酯（阿斯巴甜、甜味素、aspartame）（CNS 号 19.004　INS 号 951）

1）特性

天冬酰苯丙氨酸甲酯为无色结晶性粉末，无臭，有甜味，甜味纯正，甜度为蔗糖的 200 倍。可溶于水，溶解度随 pH 值的不同而不同。在 25℃时，其溶解度为：10.20%（水，pH 值 7.00），18.2%（水，pH 值 3.72）。在酸性条件下，该品可水解产生单体氨基酸，并失去甜味；在中性或碱性条件下，可环化成二酮哌嗪，失去甜味。温度高于 100℃时，其甜度显著下降。故将该品用在偏酸性的冷饮制品中较合适，当与蔗糖或其他甜味剂并用时，甜度增加。

2）应用

按 GB 2760—2014 规定：天冬酰苯丙氨酸甲酯仅餐桌甜味料可按生产需要适量使用，其余各类食品限量使用。如水产品罐头、冷冻鱼糜制品（包括鱼丸等）、熟制水产品（可直接食用）、腌渍的蔬菜等食品中的最大使用量为 0.3g/kg，冷冻蔬菜、干制蔬菜类食品中的最大使用量为 1.0g/kg。天冬酰苯丙氨酸甲酯质量标准可参考《食品安全国家标准 食品添加剂 天冬酰苯丙氨酸甲酯》（GB 1886.47—2016）。

3）安全性

天冬酰苯丙氨酸甲酯 ADI 为每千克体重 0～40mg，其中杂质二酮哌嗪的 ADI 为每千克体重 0～7.5mg（FAO/WHO，2001）。

天冬酰苯丙氨酸甲酯在美国于 1974 年批准作为食品的甜味剂，商品名称为阿斯帕塔姆（Aspartame）。但因报道有可能引起脑损伤而终止使用。此后，经过十多年的动物试验，证明其安全无毒。目前世界各国普遍许可使用。

5. 乙酰磺胺酸钾（安赛蜜、A.K 糖）（CNS 号 19.011 INS 号 950）

1）特性

乙酰磺胺酸钾白色晶体但无固定熔点，约 225℃开始分解，易溶于水，在有机溶剂中溶解度低，20℃时为 130g/L 乙酸。1g/L 无水乙醇甜度约为蔗糖的 200 倍，甜觉快，持续期略长于蔗糖，无不快后味，与其他甜味剂并用，如天冬酰苯丙氨酸甲酯或环己基氨基磺酸钠并用，有协同作用，可增强甜度。该品稳定性高，耐光、耐热，水溶液加热仍可保持其甜度，进食后很快吸收并在尿中以原形排出，无蓄积作用，亦不致龋。

2）应用

按 GB 2760—2014 规定，可用于饮料（包装饮用水类除外）、水果罐头、果酱、蜜饯、冰淇淋、加工食用菌和藻类、八宝粥罐头、黑芝麻糊和杂粮甜品罐头、谷类甜品罐头、焙烤食品、果冻、腌渍蔬菜、胶姆糖，其最大使用量为 0.3g/kg；风味发酵乳为 0.35g/kg；调味品为 0.5g/kg，酱油为 1.0g/kg；糖果为 2.0g/kg；熟制坚果与籽类为 3.0g/kg；胶基糖果为 4g/kg，餐桌甜味料为 0.04g/份。乙酰磺胺酸钾质量标准可参考《食品安全国家标准 食品添加剂 乙酰磺胺酸钾》（GB 25540—2010）。

3）安全性

该品安全性高，ADI 为每千克体重 0～15mg。

6. 三氯蔗糖（CNS 号 19.016 INS 号 955）

1）特性

三氯蔗糖是白色至近白色、无臭的结晶性粉末。其甜度可达蔗糖的 600 倍。其突出的特点是：①热稳定性好，温度和 pH 值对它几乎无影响，在焙烤工艺中比阿力甜更稳定，适用于食品加工中的高温灭菌、喷雾干燥、焙烤、挤压等工艺。②pH 值适应性广，适用于酸性至中性食品，对涩、苦等不愉快味道有掩盖效果。③易溶于水，溶解时不容易产生起泡现象，适用于碳酸饮料的高速灌装生产线。④甜味纯正，三氯蔗糖的醇和浓郁口感十分接近蔗糖，甜感呈现速度、最大甜味的感受强度、甜味持续时间、后味等都非常接近蔗糖，甜味性状曲线几乎与蔗糖重叠，没有任何苦味。是一种综合性能非常理想的强力甜味剂。⑤所含热量低，不易被消化吸收，同时也不容易产生龋齿。三氯蔗糖在使用过程中不会对食物产生其他影响，同时还能掩盖苦涩等不愉快味道。既可单独使用也可和其他甜味剂混合使用，三氯蔗糖易溶于水，溶解过程中不起泡。三氯蔗糖十分稳定，室温下干燥环境中可贮藏4年。低pH值下的水溶液中，贮存一年时间也不会发生变化。高温下同样稳定。

2）应用

GB 2760—2014规定，三氯蔗糖广泛应用于饮料、口香糖、乳制品、蜜饯、糖浆、面包、糕点、冰淇淋、果酱、果冻、布丁、杂粮罐头等食品中，限量使用。三氯蔗糖质量标准可参考《食品安全国家标准 食品添加剂 三氯蔗糖》(GB 25531—2010)。

3）安全性

三氯蔗糖的安全性较好。20世纪80年代中期，接受国际安全小组评估，确认其对于广泛应用而言是安全的。它对鱼类和水生生物均无害处，并可生物降解。FAO与WHO食品添加剂联合专家委员会（JECFA）经过多次环境和安全研究于1990年确定ADI为每千克体重15mg。1991年加拿大率先批准使用三氯蔗糖，中国于1997年7月1日批准使用，美国FDA1998年3月21日批准三氯蔗糖作为食品添加剂使用。

7. 甘草、甘草酸铵、甘草酸钾（CNS号19.012、19.010 INS号958）

1）特性

甘草为豆科植物甘草、胀果甘草及光果甘草干燥根及根茎的加工产品。

甘草酸铵、甘草酸钾是由甘草经浸提等进一步加工精制而成，即由甘草提取其甜味成分甘草酸后与钾碱作用所得。甘草酸钾为淡黄色粉末，味极甜，甜度约为蔗糖的200倍且甜味残留时间长，易溶于水，不溶于无水乙醇。表7-8为甘草和甘草酸盐的性状比较。

表7-8 甘草和甘草酸盐的性状比较

名称	色泽	状态	气味	甜度
甘草	黄白色	粉末	微弱的特异臭	为蔗糖的30～50倍
甘草酸一钾	类白色或淡黄色	粉末	无臭，略有甘草味	约为蔗糖的500倍
甘草酸三钾	黄色至棕黄色	粉末	无臭，略有甘草味	约为蔗糖的150倍
甘草酸铵	白色、黄白色或浅黄色	粉末状细小颗粒	—	为蔗糖的200倍

2）应用

根据GB 2760—2014，甘草和甘草酸盐可用于肉罐头、调味品、糖果、饮料（包装饮用水除外）、饼干和蜜饯（广式凉果），最大使用量可按生产需要适量添加。FEMA规定甘草酸铵最大使用量为：软饮料51mg/kg；糖果5.0～6.2mg/kg；焙烤食品5.0mg/kg。

3）安全性

甘草的安全性高，是我国使用多年的甜味料和中草药，具有清热解毒、祛痰止咳、防治肿瘤等功效，其主要功效成分是甘草酸，甘草酸具有抗氧化功能。经动物试验，甘草酸和甘草酸盐的安全性均较高。甘草酸铵的LD_{50}为每千克体重大于10g（小鼠，经口）。

8. 甜菊糖苷（CNS 号 19.008　INS 号 960）

1）特性

甜菊糖苷又名甜菊苷、蛇菊苷，含多种甜度很高的甜味物质，其主要甜味成分是甜菊苷，双萜配糖体，配基是四环二萜化合物。甜菊糖苷为白色或微黄色粉末或晶体，易溶于水，味极甜，甜度约为蔗糖的 200 倍（甜菊糖苷纯品为白色粉末状结晶，甜度为蔗糖的 300 倍）。在一般食品加工条件下，甜菊糖苷对酸、碱、盐稳定，在酸或盐中甜味特别显著。该品甜味较好（有一定后苦味），存留时间长，有一种轻快的甜味感。在天然甜味剂中，其品质最接近蔗糖。与蔗糖、果糖、麦芽糖等并用时，具有改进品质，增强甜味的效果。

该品摄入后不被人体吸收，不产生热能，是糖尿病、肥胖症等患者适用的甜味剂。此外，该品还具有降低血压、促进代谢、防止胃酸过多等作用，且不会引起龋齿。

2）应用

甜菊糖苷可按限量添加于液体和固体饮料、糖果、糕点、调味品、熟制坚果与籽类、膨化食品、蜜饯凉果中。一般用量为：橘子水约 0.75g/L，果子露 0.1g/L，冰淇淋 0.5g/kg。用该品 20g 代替 1.6kg 蔗糖制作的鸡蛋面包，与市售的对照相比，其外形、色泽、发酵松软度等均无差异，口感良好，风味较佳。用甜度 200 倍（同蔗糖相比）的该品 940g，代替糖精钠 375g 制作话梅，香味可口，后味清凉，解渴。甜菊糖苷质量标准可参考《食品安全国家标准 食品添加剂 甜菊糖苷》（GB 8270—2014）。

3）安全性

甜叶菊在原产地巴拉圭作为甜茶直接饮用已具有百余年历史，近年经一系列毒理学试验，亦认为其安全性高。但美国认为可能导致癌症及生殖方面的问题，加拿大、西欧一些国家持同样态度。还有一些国家的人们认为甜菊糖有中药味，不太接受，LD_{50} 为每千克体重 16g（大鼠，经口）。

9. 罗汉果甜苷（CNS 号 19.015　INS 号—）

1）特性

罗汉果是我国广西、广东、湖南、江西、云南、贵州山坡丘陵地区的一种多年生葫芦植物，其果实采后经干燥变成表皮深褐，略有光泽，闻之有特殊香味的干果产品，其中含有一种萜类（约占 1%）甜味成分，其主要成分为罗汉果甜苷。罗汉果甜苷是白色、淡黄色、黄色、淡棕色或棕色粉末，不致龋，不褐变，是一种安全的低热量甜味物质。

2）应用

罗汉果的提取物有两种：一种为罗汉果浸膏，浸膏为褐色黏稠状物，性能稳定，口感很甜，甜度为蔗糖的 10 倍左右，但有药味，可用于食品、医药行业。可做罗汉果糖果，添加量按实际需要而定，产品都带有颜色，并具有罗汉果特有的风味。另一种为罗汉果甜味剂，用罗汉果提取物可以精制成罗汉果甜味剂，其主要成分为罗汉果甜苷。

罗汉果浸膏可用来做罗汉果面包、蛋糕。它可以直接用于面包和蛋糕中，它对制作工艺、产品质量（体积、保存期）无任何影响，产品口感良好，同样具有罗汉果的风味。罗汉果浸膏还可以用于各种点心、小食品的制作。

罗汉果浸膏经水稀释、杀菌、包装之后，可制成各种饮料。它还可以制成各种固体饮料，制作工艺简单，质量容易控制，产品携带方便，遇水即化，是我国重要的出口产品。

用罗汉果提取物精制成的罗汉果甜苷，是一种白色粉末状结晶，产品性质稳定，口感极甜。罗汉果甜苷与甜菊苷、甘草酸钠、蔗糖及辅助原料可以配成复合甜味剂，产品可以用调整配方的方法制成各种甜度、各种风味的甜味剂和佐餐食品。罗汉果甜苷纯品在贮存中对光、热很稳定。易溶于水、乙醇，它的溶液的甜度也不受 pH 值、金属离子的影响，对于食品加工的各种条件都能适应，使用性能良好。

罗汉果甜苷的特点是：它所制成的食品一般都带有罗汉果干果的特殊风味，而这一风味在人们长期的食用中已被接受。这种甜味剂口感好，食品中加 0.7%就能明显提高甜度，并能促进食品着色。所以罗汉果甜苷制品深受消费者欢迎。罗汉果作为世界第四大饮品，其保健、生理作用已被人们利用了数百年，现在罗汉果甜苷的开发，又为食品添加剂行业增添了一个新的产品，应用它的食品已有数十种。

GB 2760—2014 规定，罗汉果甜苷可按生产需要适量添加于各类食品中。

3）安全性

罗汉果甜苷安全无毒，我国是在 1996 年 7 月的全国食品添加剂委员会第十七次会议上批准该产品作为食品添加剂的。罗汉果为我国最早一批被批准的“药食两用的食物”，尽管针对罗汉果安全性的研究较少，但它在东南亚有数百年的食用、药用历史，并未有过副作用的记载。美国 FDA 于 1995 年批准罗汉果甜苷应用于食品上，2009 年批准罗汉果用于食品和饮料，罗汉果提取物安全等级为 GRAS。另外，加拿大、日本、新加坡等国的官方部门也已经认可了罗汉果的安全性，而且儿童、糖尿病人、孕妇及乳母均可食用。

10. 山梨糖醇（山梨醇）和山梨糖醇液（CNS 号 19.006 INS 号 420）

1）特性

山梨糖醇为白色粉末、薄片或颗粒，具有吸湿性，不易与氨基酸、蛋白质等发生褐变反应，并有耐酸、耐热等特点。甜度约为蔗糖的一半，摄入后在体内产生的热量与蔗糖相近。但它在体内不转化为葡萄糖，不受胰岛素控制，适合作为糖尿病患者的甜味剂。该品还有增稠、保湿、螯合作用等，适用于糕点类。

含山梨糖醇约 70%的水溶液，即山梨糖醇液，为无色透明的黏稠液体。味甜，冷却时可有无色结晶析出。

2）应用

按 GB 2760—2014 规定，山梨糖醇液可用于雪糕、冰棍、糕点、饮料、豆饼、饼干、巧克力和巧克力制品、面包、油炸坚果与籽类、腌渍的蔬菜、糖果、膨化食品、调味品、豆制品工艺、制糖工艺及酿酒工艺等，均以生产需要适量添加。用于冷冻鱼糜制品（包括鱼丸等）最大使用量为 0.5g/kg；用于生湿面制品（如面条、饺子皮、馄饨皮、烧卖皮）最大使用量为 30.0g/kg。该品因有吸湿性，可防止糖、盐等结晶析出，并可防止淀粉老化，故很适用于谷物制品等。国外还可用于葡萄干保湿，酒类、清凉饮料的增稠、保香等。山梨糖醇质量标准可参考《食品安全国家标准 食品添加剂 山梨糖醇和山梨糖醇液》（GB 1886.187—2016）。

3）安全性

山梨糖醇的 ADI 不做特殊规定（FAO/WHO，2001）。

11. 麦芽糖醇（氢化麦芽糖）和麦芽糖醇液（CNS 号 19.005　INS 号 965）

1）特性

麦芽糖醇为白色至近白色结晶性粉末（I 型）或白色至近白色粉末（II 型），无异味；麦芽糖醇液为无色透明的中性黏稠液体，易溶于水，无异味，具有清凉甜味，甜度为蔗糖的 75%～95%，不结晶、不发酵，有保香、保湿作用。麦芽糖醇 pH 值为 3～9 时有耐热性，即使加热也几乎不分解。与蛋白质或氨基酸共存时，即使加热也不发生褐变反应，稳定性高。人体摄入后，不产生热能，在小肠内的分解量为同量麦芽糖的 1/40，因此不会使血糖升高和血脂合成，是心血管病、糖尿病、动脉硬化、高血压患者理想的甜味剂。

2）应用

GB 2760—2014 规定，该品可用于饮料类、炼乳及其调制产品、稀奶油类似品、糕点、饼干、面包、腌渍的蔬菜、糖果、熟制豆类、焙烤食品馅料及表面用挂浆、液体复合调味料、果冻，可按生产需要适量添加；用于冷冻鱼糜制品（包括鱼丸等），最大使用量为 0.5g/kg。用该品代替蔗糖制作麦乳精，供糖尿病人食用时，用量在 17%左右。还可降低甜度，增加醇香味。用其生产各种儿童食品时，还有洁齿、防龋的作用。麦芽糖醇和麦芽糖醇液质量标准可参考《食品安全国家标准 食品添加剂 麦芽糖醇和麦芽糖醇液》（GB 28307—2012）。

3）安全性

麦芽糖醇的 ADI 不做特殊规定（FAO/WHO，2001）。

12. 木糖醇（CNS 号 19.007　INS 号 967）

1）特性

木糖醇天然品存在于香蕉、胡萝卜、杨梅、洋葱、莴苣、花柳菜、桦树的叶和浆果及蘑菇等水果、蔬菜之中。木糖醇为白色结晶或粉末，味甜、甜度与蔗糖相等，无异味，易溶于水，微溶于乙醇。

2）应用

该品功能也与蔗糖相同，重要的是其代谢、利用不受胰岛素制约，因而可被糖尿病人接受。它不致龋，还可通过阻止新龋形成和原有龋齿的发展而改善口腔牙齿卫生，被用作无糖果中具有止龋或抑龋的甜味剂。GB 2760—2014 规定该品可用于各类食品中，按生产需要适量添加。在标签上说明适合于糖尿病人食用。木糖醇质量标准可参考《食品安全国家标准 食品添加剂 木糖醇》（GB 1886.234—2016）。

3）安全性

木糖醇的 ADI 不做特殊规定（FAO/WHO，2001）。

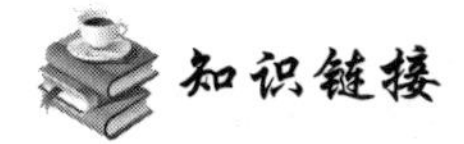

知识链接

GB 1886.97—2015 《食品安全国家标准 食品添加剂 5′-肌苷酸二钠》

GB 1886.171—2016 《食品安全国家标准 食品添加剂 5′-呈味核苷酸二钠（又名呈味核苷酸二钠）》

GB 1886.235—2016 《食品安全国家标准 食品添加剂 柠檬酸》

GB 1886.37—2015《食品安全国家标准 食品添加剂 环己基氨基磺酸钠（又名甜蜜素）》

GB 1886.47—2016 《食品安全国家标准 食品添加剂 天门冬酰苯丙氨酸甲酯（又名阿斯巴甜）》

GB 1886.242—2016《食品安全国家标准 食品添加剂 甘草酸铵》

GB 1886.241—2016《食品安全国家标准 食品添加剂 甘草酸三钾》

GB 1886.240—2016《食品安全国家标准 食品添加剂 甘草酸一钾》

第8章　乳化稳定剂

☞ 学习目标

（1）了解食品中乳化剂的作用及分类。
（2）熟悉常用增稠剂的特性及其应用。
（3）熟悉常用稳定剂的特性及其应用。
（4）熟悉常用凝固剂的特性及其应用。

乳化稳定剂

8.1　乳化剂及其应用

8.1.1　概述

乳化剂是使互不相溶的油和水形成稳定乳状液（乳浊液）的食品添加剂。乳状液是一种彼此均匀分散的混合液而非真溶液，其中一相以微小液滴的形式均匀地分散在连成一片的分散体中，前者称分散相或非连续相，后者则称分散介质或连续相。乳化剂是表面活性剂的一种，它含有易溶于油的亲油基团和易溶于水的亲水基团，可使一些互不相溶的液体融合成稳定的乳状液，在食品加工中达到分散、湿润、稳定、发泡、消泡等目的，以改进食品风味和延长货架期。

《食品安全国家标准 食品添加剂使用标准》（GB 2760—2014）中规定，乳化剂是能改善乳化体中各种构成相之间的表面张力，形成均匀分散体或乳化体的物质。我国已批准使用的有酪蛋白酸钠（酪朊酸钠）、蔗糖脂肪酸酯、磷脂、改性大豆磷脂、甘油、柠檬酸脂肪酸甘油酯等30余种。

1. 乳化剂的作用机理

食品是含有水、蛋白质、脂肪、糖类等组分的多相体系，食品中的各种成分要经过充分调制、加工、运输、贮存、出售而成为商品，但其中许多成分是互不相溶的。例如，油与水就很难均匀地混合，由于各组分混合不匀，致使一些食品成品中会出现油水分离、焙烤食品发硬、巧克力糖起霜等现象，从而影响食品的质量。

在乳化过程中，乳化剂利用自身的亲油基团、亲水基团降低了混合体系中各组分的界面张力，并在微滴表面形成较坚固的薄膜或双电层，阻止微滴彼此聚集，从而使食品的多相体系各组分相互融合，形成均匀、稳定的乳状液，进而简化了食品的加工过程，提高了食品的质量。

2. 乳化剂的分类

乳化剂一般分为亲水性强的乳化剂和亲油性强的乳化剂。对于食品加工过程中常见的乳状液的两种情况：分散相为水，即水包油型（O/W），如牛奶；分散相是油，即油包水型（W/O），如起酥油、人造奶油。油/水型乳状液宜用亲水性强的乳化剂，水/油型乳浊液宜用亲油性强的乳化剂。在食品加工中应用较多的是油/水型乳化剂。

乳化剂的乳化性状和许多功效通常是由其分子中亲水基的亲水性和亲油基的疏水性的相对强度所决定的。良好的乳化剂在它的亲水性和疏水性之间必须有相当的平衡，1949 年格尔芬（Griffin）首先提出了乳化剂的亲水亲油平衡（hydrophilic lipophilic balance）的概念，并用 HLB 表示乳化剂的亲水性。

乳化剂分子中同时有亲油、亲水两类基团，整个分子亲水性的倾向，取决于两类基团的作用的比较，是两者亲和力平衡后，分子所表现的综合效果。亲油性为 100%的乳化剂，其 HLB 为 0（以石蜡为代表），亲水性 100%的乳化剂其 HLB 为 20（以油酸钾为代表），其间分成 20 等分，以此表示其亲水性、亲油性的强弱。绝大部分食品用乳化剂是非离子表面活性剂，HLB 为 0～20；离子型表面活性剂的 HLB 则为 0～40。因此，凡 HLB＜10 的乳化剂主要是亲油性的，而 HLB≥10 的乳化剂则具有亲水特征。非离子型乳化剂的 HLB 与其相关性质见表 8-1。

表 8-1　非离子型乳化剂的 HLB 与其相关性质

HLB	所占比例/%		在水中的性质	应用范围
	亲水基	亲油基		
0	0	100	1～4，不分散	
2	10	90		1.5～3，消泡作用
4	20	80	3～6，略有分散	3.5～6，W/O 型乳化作用（最佳 3.5）
6	30	70		7～9，湿润作用
8	40	60	6～8，经剧烈搅打后呈乳浊液分散	8～18，O/W 型乳化作用（最佳 12）
10	50	50	8～10，稳定的乳状分散	
12	60	40	10～13，趋向透明的分散	13～15，清洗作用
14	70	30		
16	80	20	13～20，呈溶解状透明胶体状液	15～18，助溶作用
18	90	10		
20	100	0		

从表 8-1 中可以看出，随着乳化剂亲水性、亲油性的不同，其具有发泡、防黏、软化、保湿、增溶、脱模、消泡等作用。

每一种乳化剂的 HLB，可用试验方法来测定，但十分烦琐、费时。

对于混合型的乳化剂，其 HLB 具有加和性。故两种或两种以上乳化剂混合使用时，该混合乳化剂的 HLB 可按其组成的各个乳化剂的质量百分比求得：

$$HLB_{a,b}=HLB_a\times A\%+HLB_b\times B\%$$

其中，$HLB_{a,b}$为乳化剂 a、b 混合后的 HLB；HLB_a和HLB_b分别为 a 和 b 两种乳化剂的 HLB；A%和 B%分别为 a 和 b 在该混合乳化剂中的百分含量（本式仅适用于非离子型乳化剂）。

8.1.2 常用食品乳化剂及其应用

1. *磷脂（CNS 号 04.010 INS 号 322）*

1）特性

磷脂为天然乳化剂。纯净的磷脂呈白色，但一般商品外观为淡黄至褐色的透明或半透明的黏稠物质，略有特殊的气味和味道。其吸湿性极强，在空气中易变成褐色，易溶于乙醚、苯或氯仿，微溶于乙醇而难溶于丙酮，乳化作用强。磷脂主要由卵磷脂（约 24%）、脑磷脂（约 25%）和肌醇磷脂（约 33%）组成。

2）应用

磷脂作为表面活性剂使用时，与甘油单硬脂酸酯、蔗糖脂肪酸酯、聚甘油脂肪酸酯等比较柔和的食品表面活性剂相比，其乳化稳定性较差，因此，要对磷脂进行改性。对磷脂的改性有化学改性和酶改性两种，从产业角度来说，酶改性磷脂最为重要。改性大豆磷脂的水分散性、溶解性及乳化性等均比大豆磷脂好，因而其乳化效果更好，用量更少，同样可应用于多种食品中。

磷脂作为食品抗氧化剂、乳化剂可用于各类食品，还可作为润滑剂、脱色剂、防溅剂、营养强化剂、包装辅料等，改善食品的品质，保持其光泽，延长其保存期，在糖果制造中应用较广。

在食品中磷脂使用量为 0.1%～2.9%。在奶油硬糖高级糖果中磷脂添加量为 0.2%～1%。饼干、面包、糕点中磷脂使用量为面粉量的 0.1%～0.2%。人造奶油、乳酪、冰淇淋中磷脂添加脂肪总量的 0.3%～0.5%。巧克力和焦糖中磷脂添加量为 0.3%～0.5%。磷脂质量标准可参照《食品安全国家标准 食品添加剂 改性大豆磷脂》（GB 28401—2012）。

3）安全性

磷脂 ADI 不做限制性规定（FAO/WHO，2001）。

2. *单甘油脂肪酸酯和双甘油脂肪酸酯（油酸、亚油酸、棕榈酸、山嵛酸、硬脂酸、月桂酸、亚麻酸）（CNS 号 10.006 INS 号 471）*

1）特性

单甘油脂肪酸酯和双甘油脂肪酸酯为白色至微黄色蜡状块、薄片、粉末（蒸馏单甘酯），无味、无臭，略有异常的气味，溶于乙醇、油脂，熔化后同沸水掺和并强烈搅拌时呈乳化状态，为非离子型乳化剂，HLB 为 2.8～3.5。

2）应用

单甘油脂肪酸酯和双甘油脂肪酸酯主要作为食品原料中的乳化剂、分散剂，乳化食品的稳定剂，液状食品的增稠剂，糕点的起泡剂，面条的品质改良剂，豆类产品加工中的稳定剂，干酵母制品中作细胞保护剂。单甘油脂肪酸酯和双甘油脂肪酸酯用于奶糖、巧克力、冰淇淋、口香糖、人造奶油、面包、西式糕点、饮料、肉类制品中可防止蒸制谷物的黏结。

GB 2760—2014 规定，单甘油脂肪酸酯和双甘油脂肪酸酯可用于香辛料，最大使用量为 5.0g/kg；用于其他糖和糖浆［如红糖、赤砂糖、冰糖片、原糖、果糖（蔗糖来源）、糖蜜、部分转化糖、槭树糖浆等］，最大使用量为 6.0g/kg；用于黄油和浓缩黄油，最大使用量为 20.0g/kg；用于生干面制品，最大使用量为 30.0g/kg；用于稀奶油、生湿面制品（如面条、饺子皮、馄饨皮、烧卖皮）、婴幼儿配方食品、婴幼儿辅助食品，按生产需要适量使用。单甘油脂肪酸酯和双甘油脂肪酸酯质量标准参照《食品添加剂 蒸馏单硬脂酸甘油酯》（GB 15612—1995）。

在生产乳脂糖和奶糖，特别是制造低脂乳脂糖时，为了增加乳化作用而添加单硬脂酸甘油酯，其用量一般不超过 0.5%。在制造奶糖时，单甘油脂肪酸酯和双甘油脂肪酸酯与油脂、乳品、香料和调味料等可在冲浆后（糖浆与明胶液混合搅拌时）加入。

在巧克力生产时，添加单甘油脂肪酸酯和双甘油脂肪酸酯既可防止砂糖结晶，又可防止脂肪与水分离，从而使巧克力具有较佳的细密度。一般用量为 0.2%～1.0%。

冰淇淋中添加单甘油脂肪酸酯和双甘油脂肪酸酯，可以防止冰结晶的生成及扩大，同时使油及水均匀混合，有助于增加空气量。一般用量为 0.2%～0.5%。

单甘油脂肪酸酯和双甘油脂肪酸酯还可用于人造奶油和罐头汁液中。人造奶油中加入单、双甘油脂肪酸酯，可防止发生水脂分离，同时还可以防止人造奶油加热时，因水分子跳动剧烈而发生泼溅现象，一般用量为 0.3%～0.5%。使用时先将油和水混合溶解，加热至 40～60℃后，再加入单甘油脂肪酸酯和双甘油脂肪酸酯。混合加入的脂肪酸不同，防水脂分离效果也不同。

罐头加热时，油脂常会浮到表面，待到冷却时就结块，加入单甘油脂肪酸酯和双甘油脂肪酸酯可使脂肪均匀分散于汤液中，一般用量为 0.8%。

3）安全性

单甘油脂肪酸酯和双甘油脂肪酸酯 ADI 不做限制性规定（FAO/WHO，2001）。

3. 硬脂酰乳酸钠和硬酯酰乳酸钙（CNS 号 10.011，10.009 INS 号 481i，482i）

1）特性

硬脂酰乳酸钠和硬酯酰乳酸钙为离子型乳化剂。其为白色至黄色粉末或薄片状固体，有特殊的气味，熔点为 54～69℃，难溶于水，溶于有机溶剂，加热时易溶于植物油、猪油，加水强烈混合可完全分散，不适宜作 W/O 型乳化剂。溶解度（在 100mL 各溶剂中）：在水中，硬脂酰乳酸钠和硬酯酰乳酸钙 20℃时为 0.5g；在乙醇中，20℃时为 8.3g，pH 值为 4.7（2%水悬浊液）。

2）应用

硬脂酰乳酸钠和硬酯酰乳酸钙作为面包、馒头的品质改良剂，按面粉量的 0.5%添加，能改善面包原料的耐捏合性、润滑性，缩短发酵时间，减少温度不稳性的影响。

GB 2760—2014 规定，硬脂酰乳酸钠和硬酯酰乳酸钙用于调制乳、风味发酵乳、冰淇淋、雪糕类、果酱、干制蔬菜（仅限脱水马铃薯粉）、装饰糖果（如工艺造型，或用于蛋糕装饰）、顶饰（非水果材料）和甜汁、专用小麦粉（如自发粉、饺子粉等）、生湿面制品（如面条、饺子皮、馄饨皮、烧卖皮）、发酵面制品、面包、糕点、饼干、肉灌肠类、调味糖浆，最大使用量为2.0g/kg；用于蛋白饮料、茶、咖啡、植物（类）饮料、特殊用途饮料、风味饮料，最大使用量为2.0g/kg，固体饮料可按稀释倍数增加使用量；用于稀奶油、调制稀奶油、稀奶油类似品、水油状脂肪乳化制品、水油状脂肪乳化制品以外的脂肪乳化制品最大使用量为5.0g/kg；用于植物油脂，最大使用量为0.3g/kg；用于其他油脂或油脂制品（仅限植脂末），最大使用量为10.0g/kg。硬脂酰乳酸钠和硬脂酰乳酸钙质量标准可参照《食品安全国家标准 食品添加剂 硬脂酰乳酸钙》（GB 1886.179—2016）。

3）安全性

硬脂酰乳酸钠和硬酯酰乳酸钙ADI为每千克体重0～20mg；LD_{50}为每千克体重2.5g（大鼠，经口）。

4. *蔗糖脂肪酸酯（蔗糖酯，脂肪酸蔗糖酯，SE）*（CNS号10.001　INS号473）

1）特性

蔗糖脂肪酸酯，为白色至黄褐色粉末或无色至微黄色黏稠液体，无气味或略有特殊的气味，易溶于乙醇、丙酮。单酯可溶于热水，但双酯和三酯难溶于水，溶于水时有一定黏度，有润湿性，对油和水有良好的乳化作用。其软化点为50～70℃，亲水性比其他乳化剂强。

2）应用

蔗糖脂肪酸酯作为乳化剂主要用于面包、冰淇淋、饼干、香料、口香糖、巧克力、油脂；作为分散剂主要用于快餐食品、可可、婴儿食品及酱油；还可用作面包、蛋糕的防老剂，防止泡沫、馅中砂糖结晶。蔗糖脂肪酸酯在面条、通心粉中能改善产品质量，有润滑与润湿作用，调节黏度，防止蛋白质凝结和沉淀。热值低，具有抗菌、保鲜作用。

GB 2760—2014规定，蔗糖脂肪酸酯可用于调制乳、焙烤食品，最大使用量为3.0g/kg；用于稀奶油（淡奶油）及其类似品、基本不含水的脂肪和油、水油状脂肪乳化制品、水油状脂肪乳化制品以外的脂肪乳化制品、可可制品、巧克力和巧克力制品（包括代可可脂巧克力及制品）及糖果、其他（仅限乳化天然色素），最大使用量为10.0g/kg；用于冷冻饮品（食用冰除外）、经表面处理的鲜水果、杂粮罐头、肉及肉制品、鲜蛋（用于鸡蛋保鲜）、饮料类（包装饮用水除外）（固体饮料按稀释倍数增加使用量），最大使用量为1.5g/kg；用于果酱、专用小麦粉（如自发粉、饺子粉）、面糊（如用于鱼和禽肉的拖面糊）、裹粉、煎炸粉、调味糖浆、调味品、其他（仅限即食菜肴），最大使用量为5.0g/kg；用于生湿面制品（如面条、饺子皮、馄饨皮、烧卖皮）、生干面制品、方便米面制品、果冻（如用于果冻粉，按冲调倍数增加使用量），最大使用量为4.0g/kg。蔗糖脂肪酸酯质量标准可参照《食品安全国家标准 食品添加剂 蔗糖脂肪酸酯》（GB 1886.27—2015）（非丙二醇类法）；《食品添加剂 蔗糖脂肪酸酯》（GB 10617—2005）（丙二醇类法）。

蔗糖脂肪酸酯还可用于下列食品：

（1）冰淇淋。作为冰淇淋的乳化剂，常与单硬脂酸甘油酯混用，两者的混合比为单硬脂酸甘油酯∶蔗糖脂肪酸酯＝90∶10。

（2）果汁或粉末果汁。当果汁加入泡沫剂时，添加该品有使之稳定的作用，而不会产生沉淀。

（3）糕点。该品可使油脂分散良好，防止老化，改进口感。其用量为油脂量的3%。

3）安全性

蔗糖脂肪酸酯ADI为每千克体重0～30mg（蔗糖酯类的总ADI；FAO/WHO，2001）；LD_{50}为每千克体重30g（大鼠，经口）。

5. 酪蛋白酸钠（又名酪朊酸钠）（CNS号10.002　INS号—）

1）特性

酪蛋白酸钠为白色至淡黄色颗粒或粉末，基本无臭、无味，溶于碱水，是牛奶的主要成分，也是重要的营养蛋白质，等电点pI为4.6，是由　、　、　三种酪蛋白构成的复合蛋白质，直径为5～200nm，是天然存在的乳化剂之一。

2）应用

GB 2760—2014规定，酪蛋白酸钠作为乳化剂可在各类食品中按生产需要适量使用。酪蛋白酸钠常见用量：用于干酪、冰淇淋，为0.3%～0.7%；肉制品（火腿、香肠及水产肉糜制品），为1%～3%；强化面包、饼干的蛋白质，为5%；蛋黄酱，为3%。酪蛋白酸钠质量标准可参照《食品安全国家标准 食品添加剂 酪蛋白酸钠（又名酪朊酸钠）》（GB 1886.212—2016）。

3）安全性

酪蛋白酸钠LD_{50}为每千克体重400～500mg（大鼠，经口）。

8.2　增稠剂及其应用

8.2.1　概述

增稠剂是指可以提高食品的黏稠度或形成凝胶，从而改变食品的物理性状、赋予食品黏润、适宜的口感，并兼有乳化、稳定或使呈悬浮状态作用的物质。增稠剂主要用于保持流态化食品、胶冻食品的色、香、味和稳定性，改善食品物理性状。我国允许使用的增稠剂有琼脂、明胶、羧甲基纤维素钠等40多种。对大多数增稠剂而言，它们的基本化学组成是单糖及其衍生物。常见的单糖包括葡萄糖、葡萄糖醛酸、甘露糖醛酸、鼠李糖、半乳糖等。

1. 增稠剂的分类

根据增稠剂的来源可分为天然增稠剂和人工合成增稠剂。

天然增稠剂中，多数来自植物，也有部分来自动物和微生物。来自植物的增稠剂有树脂胶（如阿拉伯胶、黄耆胶、印度树胶、刺梧桐胶等）、种子胶（如瓜尔豆胶、罗望子胶、刺槐豆胶、田菁胶等）、海藻胶（如海藻酸钠、琼脂、卡拉胶、红藻胶等）和植物提取胶（如果胶、魔芋胶、黄蜀葵胶、印度芦荟提取胶等），来自动物的有明胶、酪蛋白酸钠等，来自微生物的有黄原胶、环状糊精、固氮菌胶、豆豉菌胶等。食品增稠剂分类见表8-2。

表 8-2　食品增稠剂分类

种类		品种
植物性增稠剂	种子胶	瓜尔豆胶、刺槐豆胶、罗望子胶、他拉胶、决明子胶、沙蒿子胶、亚麻子胶、田菁胶、三刺胶、车前子胶、种葵胶
	树脂胶	阿拉伯胶、黄耆胶、印度树胶、刺梧桐胶、桃胶
	植物提取胶	果胶、魔芋胶、黄蜀葵胶、印度芦荟提取胶、阿拉伯半乳聚糖、微晶纤维素、微纤维化纤维素、秋葵根胶
	海藻胶	卡拉胶、海藻酸钠、琼脂、红藻胶、琼芝属海藻制品、囊藻胶
动物性增稠剂		明胶、干酪素、甲壳素、壳聚糖
微生物性增稠剂		黄原胶、结冷胶、气单胞菌属胶、茁霉多糖、固氮菌胶、豆豉菌胶、凝结多糖、半知菌胶、菌核胶
酶处理性生成胶		酶处理淀粉＝葡萄糖胺、低聚葡萄糖胺、酶水解瓜尔豆胶

人工合成增稠剂如羧甲基纤维素钠和聚丙烯酸钠等，安全性高，应用亦较为广泛。

2．增稠剂的性状特点

食品增稠剂有着特定的流变学性质，抗酸性首推海藻酸丙二醇酯；增稠性首选瓜尔豆胶；溶液假塑性，冷水中溶解度最强为黄原胶；乳化托附性以阿拉伯胶最佳；凝胶性，琼脂强于其他胶但凝胶透明度尤以卡拉胶为甚；卡拉胶在乳类稳定性方面也优于其他胶。各类增稠剂的性状按顺序排列如表 8-3 所示。

表 8-3　食品增稠剂性状顺序排列

性状	由强至弱排列次序
抗酸性	海藻酸丙二醇酯、耐酸 CMC、果胶、黄原胶、海藻酸盐、卡拉胶、琼脂、淀粉
增稠性	瓜尔豆胶、黄原胶、刺槐豆胶、魔芋胶、果胶、海藻酸盐、卡拉胶、CMC、琼脂、明胶、阿拉伯胶
溶液假塑性	黄原胶、刺槐豆胶、卡拉胶、瓜尔豆胶、海藻酸钠、海藻酸丙二醇酯
吸水性	瓜尔胶、黄原胶
凝胶性	琼脂、海藻酸盐、明胶、卡拉胶、果胶
凝胶透明度	卡拉胶、明胶、海藻酸盐
凝胶热可逆性	卡拉胶、琼脂、明胶、低酯果胶
冷水中溶解度	黄原胶、瓜尔豆胶、海藻酸盐
快速凝胶性	琼脂、果胶
乳化托附性	阿拉伯胶、黄原胶
口味	果胶、明胶、卡拉胶
乳类稳定性	卡拉胶、黄原胶、刺槐豆胶、阿拉伯胶

3．增稠剂在食品中的作用

增稠剂作为食品添加剂添加到食品中可以起到以下作用。

（1）起泡作用和稳定泡沫作用。增稠剂在食品中可以发泡，形成网络结构，它的溶液在搅拌时如小肥皂泡一样，可包含大量气体，并因液泡表面黏性增加使其稳定。蛋糕、啤酒、面包、冰淇淋等生产中可使用鹿角藻胶、刺槐豆胶、海藻酸钠、明胶等作发泡剂。

（2）黏合作用。香肠中使用鹿角藻胶、刺槐豆胶的目的是使产品成为一个集聚体，均质后其组织结构稳定、润滑，并利用胶的强力保水性防止香肠在贮存中失重。阿拉伯胶可以作为片、粒状食品的结合剂，在粉末的颗粒化、香料的颗粒化和其他用途中使用。

（3）成膜作用。增稠剂能在食品表面形成非常光滑的薄膜，可以防止冰冻食品、固体粉末食品表面吸湿导致质量下降。还可用作果品、蔬菜保鲜，并有抛光作用。作被膜用的增稠剂有醇溶性蛋白、海藻酸钠、明胶、琼脂等。当前，制作可食用包装膜是增稠剂发展的方向之一。

（4）用于功能性食品的生产。增稠剂都是大分子物质，许多来自天然胶质，在人体内几乎不消化而被排泄掉，所以，用增稠代替部分糖浆、蛋白质溶液等原料，很容易降低热量，这种方法已在果酱、果浆、调料、点心、饼干、布丁生产中采用，并向更广泛的方向发展。1961 年人们研究发现，果胶可以降低血中胆固醇，而且发现海藻酸钠也有这种作用，因此天然胶因为其这种作用，使它进一步应用于功能食品。

（5）保水作用。增稠剂有强亲水作用，在肉制品、面制品中能起到改良品质的作用。如在面类食品中，增稠剂可以改善面团的吸水性。调制面团时，增稠剂可以加速水分向蛋白质分子和淀粉颗粒渗透的速率，有利于调粉过程。并且，因增稠剂有凝胶性状，可使面制品黏弹性增强，淀粉　化程度提高，面制品不易老化变干。

（6）掩蔽作用。增稠剂对一些不良的气味有掩蔽作用，其中以环状糊精效果较好，但绝不能将增稠剂用于腐败变质的食品。

8.2.2　常用食品增稠剂及其应用

1. 阿拉伯胶（金合欢胶，阿拉伯树胶，桃胶）（CNS 号 20.008　INS 号 414）

1）特性

阿拉伯胶为黄色至浅黄褐色半透明的粒状物，或呈白色至淡黄色的粉末。其无臭、质脆，相对密度为 1.35～1.49，具有高分子电解质的特性，加水慢慢溶解并呈弱酸性，在水中的溶解度为 50%，25℃时，50%溶液黏度达到最高值，一般不形成凝胶，放置后黏度降低。阿拉伯胶有很广的相容性，能和大多数胶质、淀粉、糖类和蛋白质一起使用。阿拉伯胶与少数胶不相溶，如阿拉伯胶遇到明胶会产生沉淀，阿拉伯胶遇到黄原胶会降低其溶液黏度。

2）应用

阿拉伯胶应用于糖果、点心时，可防止糖分结晶，并具有乳化、稳定能力，防止糖果、糕点中脂肪的聚集，还可用来制造透明糖衣，增强产品的外观；应用于罐头、果酱、冰淇淋等则主要是增进和提高制品的黏稠性和稳定性。此外，阿拉伯胶也可用作啤酒等饮料的泡沫稳定剂，以及作为乳化香精等的包囊等。GB 2760—2014 中规定阿拉伯胶可用于各类食品，按生产需要适量添加。阿拉伯胶质量标准可参照《食品安全国家标准 食品添加剂 阿拉伯胶》（GB 29949—2013）。

3）安全性

阿拉伯胶 ADI 不做特殊规定（FAO/WHO，2001）；LD_{50}为每千克体重 8g（兔子，经口）。

2. 海藻酸钠（藻朊酸钠，褐藻酸，海带胶，褐藻酸钠）（CNS 号 20.004 INS 号 401）

1）特性

海藻酸钠为白色或黄色粉末，基本无臭、无味，具有良好的增稠性、凝胶性、泡沫稳定性、保形性、保水性，系天然有机高分子电解质。其溶解后可形成透明黏稠液，中性，pH 值大于 12 时成胶体状态，pH 值大于 3 时形成不溶性凝胶，与镁和汞等二价以上金属盐均可形成凝胶，不溶于乙醇，与淀粉、蛋白质、蔗糖、甘油、明胶互溶性好，与淀粉有叠加效应，有一定的成膜能力，对面粉制品有组织改良作用。

2）应用

GB 2760—2014 规定，海藻酸钠可应用于各类食品，用于其他糖和糖浆［如红糖、赤砂糖、冰糖片、原糖、果糖（蔗糖来源）、糖蜜、部分转化糖、槭树糖浆］，最大使用量为 10g/kg，其余各类食品可按生产需要适量添加。海藻酸钠质量标准可参照《食品安全国家标准 食品添加剂 海藻酸钠（又名褐藻酸钠）》（GB 1886.243—2016）。

海藻酸钠具体应用如下：

（1）在饮料中作增稠用，其用量为 0.1%～0.5%，在肉汁中使用 0.1%～0.5%即可起到良好的增稠作用。

（2）在冰淇淋中添加 0.15%～0.4%的海藻酸钠作用如下：

① 帮助起泡。制冰淇淋时必须搅入 100%～200%的空气，海藻酸钠有助于产品保持一定空气量。

② 防止冰晶的生长，如防止冰淇淋中析出冰晶（即通常所说“冰渣子”），以免食用时有粗糙感。

③ 使冰淇淋品质柔软及滑润。

④ 使冰淇淋具有抗融化性状。冰淇淋虽然存放在冰柜中，但由于销售时经常打开柜门，此时冰淇淋可能会溶解而再生成冰晶，添加适量的海藻酸钠可以防止这种现象发生。

（3）可作果酱的赋形剂，其用量为 0.1%～0.7%。海藻酸钠遇钙离子会形成凝胶，其强度可由钙离子和酸的浓度来调节，可制出所需稠度的果酱。

（4）可防止淀粉老化。尽管淀粉也可以作为增稠剂，但是，放置时间过长，其持水性会有所降低，产生离浆现象（即水分析出，淀粉沉淀），此即淀粉的老化。若加入 0.1%～0.5%海藻酸钠，可防止淀粉老化现象的发生。

海藻酸钠使用注意事项：必须先将海藻酸钠完全溶于水后才能使用，不能将粉末状的海藻酸钠直接添加到食品中；加入 5 倍的糖与海藻酸钠混合后再溶解，可加快溶解的速度。在生产冰淇淋时，通常将糖与海藻酸钠混合后溶于水中使用；使用海藻酸钠时，所用水和工具不能含有酸或钙离子，否则会使海藻酸钠固化。

3）安全性

海藻酸钠 ADI 不做特殊规定（FAO/WHO，2001）；LD_{50}为每千克体重 5g（大鼠，经口）。

3. 果胶（CNS 号 20.006 INS 号 440）

1）特性

果胶为白色至黄色粉末，具有香味，呈酸性，略有特殊臭味。果胶在酸性介质中非常稳定，各种酸性物料中都可以用果胶作增稠剂。果胶在水中溶解，成为黏稠液体，但不溶于乙醇和其他有机溶剂，甲氧基含量高于 7%的果胶称为高甲氧基果胶（HMP），低于 7%则称为低甲氧基果胶（LMP），全甲基化果胶中，甲氧基含量达 16.3%，甲氧基含氧量的高低，显著影响果胶的凝胶能力。HMP 在含可溶性固形物大于 60%，pH 值 2.6～3.4 时才具有凝胶能力，而 LMP 只要有多价金属离子（如钙、镁、铝等）存在，即使其可溶性固形物含量在 1%也可形成凝胶，凝胶时温度较低。

2）应用

GB 2760—2014 规定，果胶可广泛用于各类食品中，其中果蔬汁（浆）最大使用量为 3.0g/kg，固体饮料可按稀释倍数增加使用量；其余食品可按生产需要适量使用。果胶质量标准可参照《食品安全国家标准 食品添加剂 果胶》（GB 25533—2010）。

果胶具体应用如下：

（1）果酱。生产果酱时，如原料中果胶含量少，则可以用果胶作为增稠剂，使用量为 0.2%以下。生产低糖果酱时，果胶使用量为 0.6%左右。低糖草莓酱（42%可溶性固形物）配方如下：草莓 50.0%，白砂糖 36.0%，水 13.0%，酰氨化低甲氧基果胶 0.6%，柠檬酸 0.4%。上述配方中由于使用酰氨化低甲氧基果胶，且水果和水中一般含有足够的钙离子，因此采用此配方时不必再加入钙盐。

（2）软糖。制造果胶软糖时，一定要选择适宜的 pH 值，合适的 pH 值有助于果胶-糖凝胶体的形成。不同类型果胶形成凝胶，有不同的 pH 值范围。采用高甲氧基果胶制造软糖时，最适 pH 值为 3.3～3.6；用低甲氧基果胶时，最适 pH 值为 4.0～4.5。该 pH 值一般用外加酸（如柠檬酸）来调节，同时，外加酸能使产品产生可口的酸味，衬托出产品的水果香味。在软糖加工过程中，要尽快使物料达到要求的浓度，以免发生降解和蔗糖转化。首先，用一定量的水溶解柠檬酸钠和柠檬酸备用，再将果胶和干砂糖（其比例一般为白砂糖∶果胶＝8∶1）拌好，边搅拌边加到已加热的定量水中使其溶解，并加热至沸，使果胶完全熔化。将溶解的柠檬酸钠和柠檬酸加入果胶溶液中，逐步加入蔗糖，溶解后加入淀粉糖浆和转化糖浆，继续加热，不断搅拌，直到熬糖温度达到 105～107℃，糖浆浓度达 78%～98%时，停止加热，加入明胶溶液，再加入酸、色素和香料，趁热注模。

（3）乳饮料。在乳饮料与酸乳饮料中，添加高甲氧基果胶，能有效地稳定制品及改善其风味，尤其对人工发酵的酸乳与使用化学方法酸化的乳饮料效果更好。若缺乏果胶，在大多数情况下，牛奶中的酪蛋白会发生凝固，产品分成稠厚的白色酪蛋白浆相与稀薄几乎透明的乳清相，杀菌会使分层现象更为严重。当 pH 值低于酪蛋白的等电点（pH 值 4.6）时，酪蛋白胶体颗粒带正电荷，而果胶带负电荷，从而产生稳定的酪蛋白-果胶复合物，于是果胶便起到抑制酪蛋白发生沉淀的作用。由于这一作用，使果汁与牛奶混合加热后，仍能保持良好的稳定性，延长产品的贮存期。

3）安全性

果胶 ADI 不做特殊规定（FAO/WHO，2001）。

4. 瓜尔胶（瓜尔豆胶，胍尔胶）（CNS 号 20.025　INS 号 412）

1）特性

瓜尔胶为白色、淡绿色或略带黄褐色粉末，无臭或略有气味，保水性强，低浓度的含量就可制成高黏度的溶液（完全溶解的 1%瓜尔胶水溶液，黏度为 3Pa·s），水溶液为中性，有较好的耐酸碱性和耐热性。

2）应用

瓜尔胶作为增稠剂，在稀奶油中的最大使用量为 1.0g/kg，在较大婴儿和幼儿配方食品中最大使用量为 1.0g/L（以即食状态食品中的使用量计），在其他类食品中可按生产需要适量使用。瓜尔胶质量标准可参照《食品安全国家标准 食品添加剂 瓜尔胶》（GB 28403—2012）。

瓜尔胶具体应用如下：

（1）冰淇淋。瓜尔胶能赋予产品润滑和糯性的口感，并具有延缓冰淇淋融化，提高产品抗骤热的性能。用瓜尔胶稳定的冰淇淋可以减少因融化生成冰晶而导致的产品口感下降问题。在冰淇淋、雪糕中，瓜尔胶适宜添加量为 0.2%～0.4%。如果将瓜尔胶与黄原胶混合，用作冰淇淋的稳定剂，可使冰淇淋结构更致密，细腻度和膨胀率提高。表 8-4 是以瓜尔胶为增稠剂的冰淇淋配方实例。

表 8-4　冰淇淋配方（以瓜尔胶为增稠剂）

原料	比率/%	原料	比率/%
乳脂	10	玉米糖浆（42DE）	5
蔗糖	11	脱脂牛奶	12
瓜尔胶	0.3	加水至	100

（2）面类制品。瓜尔胶用于即食面，可使面团柔韧，切割时面条不易断裂，油炸时可避免面条吸入过多的油，不但可节约用油，还能使面条口感爽滑、不油腻，增加面条的韧性，水煮不浑汤。瓜尔胶还可提高非油炸面条的弹性，防止面条在干燥过程中粘连，缩短烘干时间。瓜尔胶还广泛用于炸薯条、虾条等膨化食品。

（3）面包、糕点。瓜尔胶可使面包、糕点等弹性增加，膨胀起发性好，蜂窝状组织均匀细密，断面不掉渣，保鲜性和口感提高，其添加量为 0.1%～0.5%。

（4）饼干。添加瓜尔胶可使饼干表面光滑，口感细腻，防止油渗出，降低成品破碎率，其添加量为 0.1%～0.5%。

（5）饮料、乳制品。瓜尔胶用于饮料，有增稠、稳定作用，可防止产品分层、沉淀，并使产品具有良好的滑腻口感，其使用量为 0.05%～0.5%。表 8-5 为水蜜桃汁配方。

表 8-5　水蜜桃汁配方

原料	比率/%	原料	比率/%
水蜜桃果浆	15	柠檬酸	调 pH 值至 3.5
白砂糖	8.5	苯甲酸钠	0.02
甜蜜素	0.08	着色剂	适量
瓜尔胶	0.15	水蜜桃香精	0.03
黄原胶	0.1	加水至	100

（6）罐头食品。这类产品中，瓜尔胶可用于增胶，并使肉、菜表面包一层稠厚的肉汁。瓜尔胶因其缓慢溶胀特性有时还用于控制装罐时的黏度。

（7）调味汁和沙拉调味品。这类产品利用了瓜尔胶在低浓度下产生高黏度这一基本性质来提高产品口感和品质。

3）安全性

瓜尔胶 ADI 不做特殊规定（FAO/WHO，2001）；LD_{50}为每千克体重 7.06g（大鼠，经口）。

5. 明胶（食用明胶，全力丁）（CNS 号 20.002　INS 号—）

1）特性

明胶的主要成分是动物胶原蛋白经部分水解衍生的分子量为 10 000～70 000 的水溶性蛋白质（非均匀的多肽混合物）。

明胶有吸水性与凝胶性，是两性电解质，有保护胶体的作用，在溶液中可将带电的微粒凝聚。明胶为白色或淡黄色半透明薄片或粉粒，含有 18 种氨基酸，其中 7 种为人体所必需。它不溶于冷水，加水后逐渐吸水膨胀软化，可吸收 5～10 倍量的水，在热水中溶解，不溶于乙醇、乙醚、氯仿等溶剂，一般形成胶冻的浓度在 15%左右。明胶的水溶液长时间煮沸则发生变化，即使冷却也难于再凝固胶化，再加热则变成胶。

2）应用

明胶在我国主要作为增稠剂使用。GB 2760—2014 规定：明胶可用于各类食品，按生产需要适量添加。明胶质量标准可参照《食品安全国家标准 食品添加剂 明胶》（GB 6783—2013）。

明胶具体应用如下：

（1）明胶可用于冰淇淋生产，在冰淇淋的冻结过程中，明胶可形成凝胶，阻止冰晶增大，因而能保持冰淇淋有柔软、疏松和细腻的质地。明胶在冰淇淋混合原料中的用量一般为 0.5%左右，若用量过多将使冻结搅拌时间延长。明胶在使用前，应先用冷水冲洗干净，再加热水制成 10%溶液后方可混入原料中。

（2）明胶可用于糖果生产，特别是软糖、奶糖、蛋白糖和巧克力的生产，其用量依品种而异，一般用量为 1.0%～3.5%，个别产品可高达 12%。

（3）明胶作为增稠剂也可用于某些罐头制品中，如生产原汁猪肉罐头时可添加猪皮胶，猪皮胶是一种明胶，一般均由罐头厂自制，用量约为 1.7%。火腿罐头中也可添加明胶，可在火腿罐头装罐后向表面撒一层明胶粉，以形成透明度良好的光滑表面，重量为454g 的罐头，每罐可添加 8～10g 明胶。

3）安全性

明胶 ADI 不做特殊规定（FAO/WHO，2001）。

6.　-环状糊精（CNS 号 20.024　INS 号 459）

1）特性

-环状糊精（　-cyclodextrin 简称“　-CD”）是淀粉经酸解环化生成的产物。它可以包络各种化合物分子，增加被包络物对光、热、氧的稳定性，改变被包络物质的理化性质。　-环状糊精具有高选择性、不吸湿性、化学稳定性及易于分离等优点。

-CD 因构造的特异性所具有的作用如下：

（1）提高挥发性物质的稳定性，可用于防止香料香味的挥发，提高香料稳定性；起到遮蔽与去除水产品、畜产特制品异味的作用。

（2）提高易氧化、见光易分解物质的稳定性，可用于提高对紫外线不稳定的物质、易氧化的物质及对水不稳定的物质的稳定性，如脂肪酸类、脂溶性维生素、天然色素等的稳定化。

（3）物性的改善，包括溶解性、吸湿性、结晶性、硬化性、风味、颜色、组织等的改善作用，可应用于风味物质的风味调和，水产精制品、蛋糕、面包等组织的改善，防止砂糖的固化，防止肉制品的析水等。

（4）乳化、起泡性的改善，可应用于卵白、乳蛋白起泡性的改善，火腿、香肠中固体油脂的混合，糕饼中糖、脂类的取代，蛋黄酱的乳化性改良及人造奶油、起酥油流动性的保持等。

2）应用

GB 2760—2014 规定　-环状糊精在方便米面制品、预制肉制品、熟肉制品中最大使用量为 1g/kg，在果蔬汁（浆）类饮料、蛋白饮料、碳酸饮料等饮料中最大使用量为 0.5g/kg，在膨化食品中最大使用量为 0.5g/kg，在胶基糖果中最大使用量为 20g/kg。　-环状糊精质量标准可参照《食品安全国家标准 食品添加剂　-环状糊精》（GB 1886.180—2016）。

-CD 在食品上的应用方法有目的包接物与　-CD 直接包接（挥发防止，稳定化）、　-CD 水溶液与包接物的浸渍混合（脱臭）和在食品中混入　-CD（乳化，组织的改良）等三种方法，具体应用如下所述。

（1）香辣调味料。由于香辣成分大多不稳定，容易因氧、热或紫外线作用而分解挥发。例如，芥子粉的辛辣成分是烯基芥子油，利用　-CD 包接，可以制成稳定的芥末调味粉及辣根调味品。香辣调味料配方（质量分数）见表 8-6。

表 8-6　香辣调味料配方（质量分数）

原料	质量分数/%	原料	质量分数/%
水	100	葡萄酒	10
食盐	1	维生素 C	1

续表

原料	质量分数/%	原料	质量分数/%
白砂糖	10	谷氨酸钠	0.1
白醋	10	柠檬酸	5
葡萄糖	0.5	琥珀酸	0.05
天然调味料	2	-CD	0.2

将按香辣调味料配方制得的调料液加热至 80℃，然后按调料液与芥子粉 1∶1 比例加入芥子粉浸提 1h，冷却至常温后，在 4℃下包接 2d 后出库，即得香辛料液。该料液可作为热狗香肠的香辛料，其辣味适度，风味柔和。

（2）胡萝卜面条。先将胡萝卜加工成糊状，用 60 目筛过滤，在 1L 胡萝卜糊中加入 10～30g　-CD，充分搅拌后放在密闭容器中，在冰箱中存放 4d，可形成包接化合物。

在 1 000g 胡萝卜包接物中，添加 80g 食盐，搅拌处理。在 3kg 小麦粉中添加 1 050g 加盐胡萝卜包接物，充分捏合后，用后辊压成 5mm 厚的片状物，切成 7mm 宽，25cm 长的切面，再将切面放在热水中煮熟，这种面片在水煮过程中，胡萝卜的色泽基本未溶出，外观可保持胡萝卜的鲜艳色体，而且保持胡萝卜特有的风味和香味。

（3）调制油脂包接物。在 3 份　-CD 中加 12 份水，使　-CD 溶解，分散后加 6 份油脂，用均质机均质 10min。然后在同一容器中缓慢加入 17 份水、61 份油脂、1 份调味剂，搅拌 10min 制成油脂包接物。所得的油脂包接物在米果食品中可以均匀分散，使在干燥工序中所形成的油脂皮膜不会从米果料坯中剥离出来。

3）安全性

-环状糊精 ADI 值为每千克体重 0～5g（FAO/WHO，2001）。

7. 羧甲基纤维素钠（CMC；纤维素乙醇酸钠）（CNS 号 20.003　INS 号 466）

1）特性

羧甲基纤维素钠为白色或淡黄色粉末，或纤维状物质，无臭，不易溶于有机溶剂，易溶于水成高黏度溶液，溶液呈中性或微酸性，对热不稳定，其黏度随温度升高而降低，一般在 pH 值 3 以下可形成游离酸，生成沉淀。其水溶液中加入铝、铁等金属离子时，产生不溶性沉淀。羧甲基纤维素钠对油脂、蜡等物质具有较强乳化能力。

2）应用

CMC 在食品工业中应用广泛，GB 2760—2014 规定，该品可用于各类食品中，按生产需要适量使用。羧甲基纤维素钠质量标准可参照《食品安全国家标准 食品添加剂 羧甲基纤维素钠》（GB 1886.232—2016）。

羧甲基纤维素钠具体应用如下：

（1）人工甜味剂。使用人工甜味剂时，常以少量人工甜味剂加入大量的水中，此时，水溶液无糖水那样的黏稠性，因此，人工甜味剂常与 CMC 并用，添加于水果罐头的汁液中。

（2）果酱、番茄酱或乳酪。这类食品中添加 CMC，不仅增加内容物黏度，而且可增加固形物的含量，使其组织柔软细腻。在生产果酱时，如果果胶不足，可用 CMC 代替。

（3）面包、蛋糕。在面包和蛋糕中添加 CMC，可增加其保水作用，防止产品老化。

（4）方便面。在方便面中加入 CMC，较易控制水分，且可减少面条的吸油量及减少面条因油脂酸败而使制品败坏的可能性，并还可增加面条的光泽，一般用量为 0.36%。

（5）酱油。在酱油中添加 CMC，可以调节酱油的黏度，使酱油具有滑润口感。

（6）冰淇淋。CMC 对于冰淇淋的作用类似于海藻酸钠，但 CMC 的价格低，溶解性好，保水作用也较强，所以，CMC 常与其他乳化剂并用，以降低成本。CMC 与海藻酸钠并用有相乘作用，通常 CMC 与海藻酸钠混用时的用量为 0.3%～0.5%，单独使用时的用量为 0.5%～1%。

（7）酸性饮料。CMC 本身在酸性条件下不够稳定，所以必须制成耐酸性的 CMC，它可用于下列食品：①酸奶。利用配制法制酸奶是将酸加入牛奶中，此时牛奶中的酪蛋白会沉淀，可先在牛奶中添加耐酸的 CMC 后，再加酸，则可防止蛋白质沉淀，提高制品的耐热性，延长制品的存放时间。②果汁牛奶。制果汁牛奶时，酪蛋白常会沉淀，此时加入 0.3%的耐酸性 CMC，则可防止沉淀。果汁牛奶的制法通常为：牛奶或脱脂奶粉＋柠檬酸＋香料＋0.3%CMC。③乳酸饮料。其制法通常为脱脂牛奶经杀菌、冷却后，接种乳酸菌发酵到含固形物为 20%，停止发酵，即可得乳酸饮料。但乳蛋白在此制造过程中，常有凝集现象，且保存时极不稳定，加入耐酸性的 CMC，可避免此情况。④果汁饮料。加工果汁饮料，常因过滤不良而混有果肉，导致蛋白质由于受果肉中酶的作用而生成沉淀。添加 CMC 可以防止此现象。

3）安全性

羧甲基纤维素钠 ADI 为每千克体重 0～25mg，LD_{50} 为每千克体重 27g（小鼠，经口）。

8. 黄原胶（CNS 号 20.009 INS 号 415）

1）特性

黄原胶又称汉生胶、占吨胶等，是由甘蓝黑腐病黄单胞菌发酵产生的一种酸性胞外杂多糖，它是由葡萄糖（4.7%已酸部分乙酯化）、甘露糖（3%丙酮酸部分丙酮酸化）和葡萄糖醛酸以摩尔比 2.8∶3∶2 组成，是一种淡黄色粉末状的高分子物质。作为食品增稠剂，它本身具有以下特点：

（1）良好的增稠性和假塑性，其黏度在相当大的温域（－18～80℃）内不产生波动。1%水溶液黏度＞0.6Pa·s；2%水溶液黏度＞3～4Pa·s；同样浓度的水溶液，黄原胶溶液的黏度为明胶溶液的 100 倍以上。

（2）具有良好的分散作用、乳化稳定作用和悬浮能力。1%水溶液水托力为 0.2～$0.5MN/cm^2$。

（3）有很强的黏合作用及防胶体脱水作用。

（4）在低盐存在下在很宽的 pH 值范围内（pH 值为 2～12）具有极好的稳定性。

（5）在巴氏消毒中具有很好的稳定性。

（6）和刺槐豆胶、瓜尔豆胶相互作用形成凝胶时，有显著的增效性，并与其他增稠剂、乳化剂、防腐剂、还原剂、酸、碱、盐、糖等在同一体系内有良好的兼容性。

（7）黄原胶除了作食品增稠剂外，还有防止维生素 E 氧化的作用。

因黄原胶具有以上优良的性状，现已成为肉类制品、面包、冰淇淋、雪糕、饮料、果冻、果酱、乳制品、糕点等食品的优质多功能添加剂。

黄原胶属天然胶，与其他天然胶相比，黄原胶生产方法不复杂，可进行工业化生产，不受资源、气候限制，工业化产品与天然条件下生成的几乎一样。

2）应用

GB 2760—2014 规定，黄原胶在黄油和浓缩黄油、其他糖和糖浆中最大使用量为 5.0g/kg，在生湿面制品中最大使用量为 10.0g/kg，在生干面制品中最大使用量为 4.0g/kg，在特殊医学用途婴儿配方食品中最大使用量为 9.0g/kg，在稀奶油、果蔬汁（浆）、香辛料类中可以按生产需要适量使用。黄原胶质量标准可参照《食品安全国家标准 食品添加剂 黄原胶》（GB 1886.41—2015）。

黄原胶的具体应用如下所述。

（1）粉丝。粉丝是淀粉制品，传统工艺是手工操作，现在虽已转化为简单的机械加工，但产品不耐热，质量不及手工产品。其主要原因是机械加工中淀粉的糊化是靠螺旋挤压产生的高温来进行的，糊化质量低，产品一煮就浑汤。在淀粉中加入黄原胶后就可以解决上述问题。这是因为黄原胶在螺旋挤压的强剪切力作用下，分子螺旋结构解体，形成不规则线圈体，黏度迅速降低，同时线圈体的分散作用改变了淀粉浆的流变学性状，使其流畅地通过螺旋挤压过程，均匀糊化，结构合理，当物料被挤出后，由于突然降温和失去剪切力，使黄原胶自身分子之间及与淀粉分子之间形成双螺旋结构或类似的结构，这就解决了粉丝耐煮性的问题。在其他螺旋挤压、泵送灌注的食品生产中，加入黄原胶也可产生类似的效果。

（2）杏仁露。杏仁露是一种植物蛋白饮料，实际是杏仁乳。生产中，杏仁露的乳液不易稳定，在贮存期间往往会出现沉淀和分层现象，若在配方中加入 0.4%的黄原胶，就可以解决这个问题。

（3）果冻。果冻的形成要使用琼脂，琼脂冻硬而脆，又会渗水，这对于果冻生产和贮存是不利的，添加黄原胶可使琼脂冻较软、较黏、富有弹性，并可提高产品口感和质量。由于黄原胶的保水性好，可以与水结合防止果冻渗水，改进食品质构和组织，口感更加爽滑。

黄原胶在不同食品中的功能和应用效果见表 8-7。

表 8-7　黄原胶在不同食品中的功能和应用效果

食品种类	黄原胶的功能和应用效果
干酪涂抹食品	黄原胶作为稳定剂用于干酪涂抹食品中。黄原胶、刺槐豆胶、瓜尔豆胶配制的干酪涂抹食品有很好的组织结构，易于切片，风味与口感得到了改善。黄原胶不仅为干酪涂抹食品的黏着作用提供了必要的黏度，而且能降低多糖胶溶液的浓度，所以能保持制品的口感和结构
果汁	黄原胶的融变性使果汁有良好的灌注性、黏着性。由于用量小，所以比添加其他胶类的口感好，果汁风味更容易释放。此外还能控制果汁的渗透和流动。用量为 0.2%～1%
风味面包	黄原胶作为乳化剂用于风味面包的制作中，可制得稳定性好、质地光滑的风味面包。和常规的风味面包中所用的乳化剂相比，节省了制作时间，降低了成本

续表

食品种类	黄原胶的功能和应用效果
乳制品	黄原胶是牛奶冻、奶油冰糕、冰淇淋的优良稳定剂。黄原胶和海藻酸钠合用，可作为以上产品的泡沫稳定剂，加入量为 0.1%～0.25%
糖果	淀粉软糖制造时，可添加黄原胶和刺槐豆胶各 0.11%，有利于加工过程。黄原胶可作为夹心糖的黏合剂，可作为充气糖果中的气泡稳定剂
面包馅、食品夹心料及糖衣	用黄原胶制作面包馅，可使面包馅有良好质地、口感和风味。黄原胶单独或与刺槐豆胶合用于糖衣，可使制品组织光滑，延长货架期，提高制品对加热或冷冻的稳定性，用量为 0.25%
罐头食品	黄原胶有良好的热稳定性和融变性，在改进泵压和灌注的工艺条件方面能提供良好的黏度控制。黄原胶可代替部分淀粉，1 份黄原胶可代替 3～5 份淀粉
混合食品和调味汁	用黄原胶可在热的或冷的系统中迅速制造高黏度食品，并易于制造优良质地、口感和风味释放的调味汁、冰淇淋拌成的混合食品，产品稳定性好，具有良好的注入性
冷冻食品	黄原胶对温度稳定，在加热循环中能为调味汁、酱汁、肉汁提供良好的乳化和悬浮稳定性，并维持其黏度，加入少量就能明显改进以淀粉为增稠剂的许多食品的解冻稳定性。在冰淇淋和冷食中，黄原胶可使产品具有良好的稠度和形态
液体食品	利用低浓度的黄原胶能长时间有效地悬浮水中的果肉，这样可保持风味、浓度和口感的均一性。其用量为 0.2%～1%，在碳酸饮料中有稳定气体的作用
调味品	在调味品中应用黄原胶，可使调味品的溶解性和稳定性得以改善，防止这些食品吸水后卷曲和流动，有利于成形。在调味酱中加入 0.25%～0.3%黄原胶，用黄原胶代替调味品中的辅料淀粉，有助于消除产品面糊似的口感，利于风味释放。1 份黄原胶可代替 5～20 份淀粉

3）安全性

黄原胶 ADI 不做特殊规定（FAO/WHO/1987）。

8.2.3　常用增稠剂在食品中的应用归纳

常用增稠剂在不同食品中的功效和用途见表 8-8。

表 8-8　常用增稠剂在不同食品中的功效和用途

功效特征	用途	常用增稠剂
胶黏、包胶、成膜	糕点糖衣、香肠、粉末香料及调味料、糖衣	琼脂、刺槐豆胶、卡拉胶、果胶、CMC、海藻酸钠
膨松、膨化作用	疗效食品、加工肉制品	阿拉伯胶、瓜尔豆胶
结晶控制	冰制品、糖浆	CMC、海藻酸钠
澄清作用	啤酒、果酒	琼脂、海藻酸钠、CMC、瓜尔豆胶
混浊作用	果汁、饮料	CMC、卡拉胶
乳化作用	饮料、调味料、香精	丙二醇藻蛋白酸酯
凝胶	布丁、甜点心、果冻、肉冻	海藻酸钠、果胶、琼脂
脱膜、润滑作用	橡皮糖、糖衣、软糖	CMC、阿拉伯胶
保护性胶体	乳、色素	松胶、CMC
稳定、悬浮作用	饮料、汽酒、啤酒、奶油蛋黄酱等	丙二醇藻蛋白酸酯、卡拉胶、果胶、瓜尔豆胶
防缩作用	奶酪、冰冻食品	瓜尔豆胶等
发泡作用	糕点、甜食	CMC、果胶

8.3　稳定剂和凝固剂及其应用

8.3.1　概述

稳定剂和凝固剂是使食品结构稳定或使食品组织结构不变，增强黏性固形物的物质。我国使用稳定剂和凝固剂有悠久的历史，早在 2000 年前的东汉时期就已用盐卤点制豆腐，作为一种传统的食品制作方法沿用至今。

稳定剂和凝固剂的作用机理是，其分子中多含有钙盐、镁盐或带多电荷的离子团，在促进蛋白质变性而凝固时，可起到破坏蛋白质胶体溶液中的夹电层，使悬浊液形成凝胶或沉淀的作用；有些稳定剂，如乳酸钙等盐，在溶液中可与水溶液的果胶结合，生成难溶的果胶酸钙；还有些稳定剂，如葡萄糖酸内酯，可以在水解过程中与蛋白质胶体发生反应后，形成稳定的凝胶聚合体。

GB 2760—2014 中允许使用的稳定剂和凝固剂有丙二醇、谷氨酰胺转氨酶、可得然胶、磷酸盐类、硫酸钙（又名石膏）、氯化钙、氯化镁、柠檬酸亚锡二钠、乳酸钙、乙二胺四乙酸二钠、葡萄糖酸-δ-内酯等 11 种。

8.3.2　常用的稳定剂和凝固剂

1. 氯化钙（CNS 号 18.002　INS 号 509）

1）特性

氯化钙（$CaCl_2$）为白色坚硬的碎块或颗粒，无臭，味微苦，置空气中极易潮解。

2）应用

GB 2760—2014 中规定，氯化钙作为稳定剂和凝固剂，可用于豆类制品，按生产需要适量添加；用于水果、蔬菜罐头，最大使用量为 1g/kg。氯化钙质量标准可参照《食品安全国家标准　食品添加剂　氯化钙》（GB 1886.45—2016）。

3）安全性

氯化钙 ADI 不做限制性规定（FAO/WHO，2001）；LD_{50} 为每千克体重 1g（大鼠，经口）。

2. 硫酸钙（CNS 号 18.001　INS 号 516）

1）特性

硫酸钙（$CaSO_4$）俗称石膏或生石膏，为白色结晶，无臭，有涩味，微溶于水。

2）应用

GB 760—2014 中规定，硫酸钙作为稳定剂和凝固剂，可用于豆类制品，按生产需要适量添加。硫酸钙质量标准可参照《食品安全国家标准　食品添加剂　硫酸钙》（GB 1886.6—2016）。

豆制品加工过程中，硫酸钙加入量多按经验掌握，加入量多少取决于气温、浆温及原料的新鲜程度等因素。做豆腐时，硫酸钙冲浆的温度以 80℃左右为宜，夏季用硫酸钙约为原料的 2.25%，冬季用硫酸钙约为原料的 4.1%。

3）安全性

硫酸钙 ADI 不做限制性规定（FAO/WHO，2001），几乎无毒（两种离子均为机体成分，溶解度亦低）。

3. 葡萄糖酸-δ-内酯（CNS 号 18.007　INS 号 575）

1）特性

葡萄糖酸-δ-内酯为白色结晶性粉末，无臭，口感先甜后酸，易溶于水，略溶于乙醇，在约 135℃时分解。水溶液缓慢水解成葡萄糖酸及其　-内酯和　-内酯的平衡混合物。其水解速率可因温度或溶液的 pH 值而有所不同，温度越高或 pH 值越高，水解速率越快，通常，1%水溶液的 pH 值为 3.5 左右，故亦可作酸味剂用。

2）应用

GB 2760—2014 规定，葡萄糖酸-δ-内酯可在各类食品中按生产需要适量使用。葡萄糖酸-δ-内酯质量标准可参照《食品安全国家标准 食品添加剂 葡萄糖酸-δ-内酯》（GB 7657—2005）。

葡萄糖酸-δ-内酯也可用作豆腐的凝固剂，硫酸钙与葡萄糖酸-δ-内酯的凝固作用比较见表 8-9。

表 8-9　硫酸钙与葡萄糖酸-δ-内酯凝固作用比较

项目	硫酸钙	葡萄糖酸-δ-内酯
水溶性	小（0.2g/100mL）	大（50g/100mL）
低温凝固性	有	无
高温凝固性	70℃适当，65～75℃时硬度变化小	温度越高，凝固力越大；硬度取决于温度
豆乳浓度	豆乳浓度影响硬度的范围大	豆乳浓度影响硬度的范围小
凝固剂性状	有保水性，光滑，舌感好，用量过大有苦味	有保水性及弹性，断面光滑、舌感好

葡萄糖酸-δ-内酯还可用于午餐肉和碎猪肉罐头，有助于发色，最大使用量为 0.3%；用于糕点防腐，一般用量为 0.5%～2%；作为糕点等复合膨松剂中的酸味剂，与碳酸氢钠并用，可缩短制作时间，增大起发体积，使结构细密，不产生异味。

3）安全性

葡萄糖酸-δ-内酯 ADI 不做限制性规定（FAO/WHO，2001）。

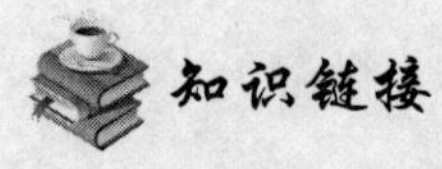

GB 1886.65—2015 《食品安全国家标准 食品添加剂 单，双甘油脂肪酸酯》

GB 1886.243—2016《食品安全国家标准 食品添加剂 海藻酸钠（又名褐藻酸钠）》

第9章 膨 松 剂

学习目标

（1）了解食品中膨松剂的作用及分类。
（2）熟悉常用碱性膨松剂的特性及其应用。
（3）熟悉常用复合膨松剂的特性及其应用。

膨松剂

9.1 概 述

膨松剂又称膨发剂或疏松剂，是在食品加工过程中加入的，能使产品发起形成致密多孔组织，从而使制品具有膨松、柔软或酥脆标准的物质。膨松剂是生产面包、饼干、糕点时，使面坯在焙烤过程中通过起发作用使制品疏软或松脆的食品添加剂。通常，膨松剂是在和面过程中加入，在焙烤加工时因受热分解产生气体而使面坯起发，在内部形成均匀、致密的多孔性组织，从而使制品具有酥脆或松软的特征。用酵母发酵时也有上述特点，但酵母通常不作为食品添加剂对待。我国规定使用的膨松剂有碳酸氢钠（钾）、碳酸氢铵、轻质碳酸钙、硫酸铝钾（钾明矾）等 14 种。

膨松剂按组成成分可分为碱性膨松剂和复合膨松剂两类。

我国使用最多的碱性膨松剂是碳酸氢钠和碳酸氢铵。碳酸氢钠在 270℃时可分解，碳酸氢铵对热不稳定，60℃即分解，碳酸氢铵的膨松作用比碳酸氢钠强，但由于其分解产生的氨溶于水，会使食品产生臭味，因此适宜在含水较少的饼干等食品中使用。碱性膨松剂尽管有些缺点，但有价格低廉、保存性较好及使用稳定性高等优点，所以仍是目前饼干、糕点生产中广泛使用的膨松剂。

复合膨松剂一般由碳酸盐类、酸类（或酸性物质）和淀粉等物质组成。其中碳酸盐类是主要成分，占复合膨松剂总量的 20%～40%，常用碳酸氢钠，其作用是与酸反应可产生二氧化碳；酸或酸性物质是另一重要成分，占复合膨松剂总量的 35%～50%，它与碳酸氢盐可发生中和反应或复分解反应产生气体，并降低成品的碱性，常用柠檬酸、酒石酸、富马酸、乳酸、酸性磷酸盐和明矾类（包括钾明矾和铵明矾）等。淀粉及其他成分占复合膨松剂总量的 10%～45%，这些成分的作用在于增加膨松剂的保存性，防止吸潮结块和失效，也有调节气体产生的速率或使产生的气孔均匀等作用。轻质碳酸钙常与碳酸氢钠和明矾等组成复合膨松剂，以提高疏松质量。目前市售的发酵粉多为复合膨松剂，由碳酸盐、酸性盐或有机酸及助剂淀粉等组成。

9.2　碱性膨松剂及其应用

9.2.1　碳酸氢钠（CNS 号 06.001　INS 号 500ii）

1. 特性

碳酸氢钠（$NaHCO_3$）又名食用小苏打，为白色结晶性粉末，无臭，无味，易溶于水，水溶液呈碱性，受热后可产生气体，其化学反应方程式为

$$2NaHCO_3 \xrightarrow{\triangle} Na_2CO_3 + H_2O + CO_2\uparrow$$

碳酸氢钠分解后残留碳酸钠，使成品呈碱性，影响口味，使用不当时，还会使成品表面呈黄色斑点。

2. 应用

《食品安全国家标准 食品添加剂使用标准》（GB 2760—2014）规定，碳酸氢钠可用于各类食品中，按生产需要适量使用。碳酸氢钠质量标准可参照《食品安全国家标准 食品添加剂 碳酸氢钠》（GB 1886.2—2015）。

3. 安全性

碳酸氢钠 ADI 不做限制性规定（FAO/WHO，2001），LD_{50}为每千克体重 4.3g（大鼠，经口）。

9.2.2　碳酸氢铵（CNS 号 06.002　INS 号 503ii）

1. 特性

碳酸氢铵（NH_4HCO_3）俗称食臭粉、臭粉，为白色粉状结晶，有氨臭，在空气中易风化。固体在 58℃、水溶液在 70℃下可分解产生氨和二氧化碳，易溶于水。受热后可产生气体，其化学反应方程式为

$$NH_4HCO_3 \xrightarrow{\triangle} NH_3\uparrow + H_2O + CO_2\uparrow$$

碳酸氢铵分解后产生气体的量比碳酸氢钠产生的多，起发力大，但容易造成成品过松，使成品内部或表面出现大的空洞。此外，碳酸氢铵加热时产生带强烈刺激性的氨气，虽然它很容易挥发，但可残留在成品中，从而带来不良的风味，所以要适当控制其用量，一般将其和碳酸氢钠混合使用，可以减弱各自的缺点，获得满意产品的效果。

2. 应用

GB 2760—2014 规定，碳酸氢铵可用于各类食品中，按生产需要适量使用。碳酸氢铵质量标准可参照《食品安全国家标准 食品添加剂 碳酸氢铵》（GB 1888—2014）。

碳酸氢钠和碳酸氢铵在饼干、糕点生产中两者并用时，其使用总量以面粉计为 0.5%～1.5%，具体配合比例依原料性质、成品形态、操作条件等因素不同而异。详见表 9-1。

表 9-1　饼干中碱性膨松剂的参考用量（%）

面团类型	碳酸氢钠	碳酸氢铵
韧性面团	0.5～1.0	0.3～0.6
酥性面团	0.4～0.8	0.2～0.5
甜酥面团	0.3～0.5	0.15～0.2

3. 安全性

碳酸氢铵 ADI 不做限制性规定（FAO/WHO，2001），LD_{50}为每千克体重 245mg（小鼠，静脉注射）。

9.3　复合膨松剂及其应用

9.3.1　硫酸铝钾（CNS 号 06.004　INS 号 522）

1. 特性

硫酸铝钾［$KAl(SO_4)_2 \cdot 12H_2O$］又名钾明矾、明矾、钾矾或铝钾矾，为无色透明坚硬的大块结晶、结晶性碎块或白色结晶性粉末，是含有结晶水的硫酸钾和硫酸铝的复盐。其无臭，味微甜，有酸涩味，可溶于水，在水中水解可生成氢氧化铝胶状沉淀，受热时失去结晶而成白色粉末状的烧明矾。

2. 应用

GB 2760—2014 规定，硫酸铝钾可用于豆类制品、面糊、裹粉、煎炸粉、油炸面制品、焙烤食品、虾味片，其使用量按生产需要适量添加，均需保证铝的残留量≤100mg/kg（干样品，以 Al 计）。硫酸铝钾也可用于腌制水产品（仅限海蜇），其使用量按生产需要适量添加，需保证铝的残留量≤500mg/kg（以即食海蜇中 Al 计）。硫酸铝钾质量标准可参照《食品安全国家标准 食品添加剂 硫酸铝钾（又名钾明矾）》（GB 1886.229—2016）。

3. 安全性

硫酸铝钾 ADI 不做限制性规定（FAO/WHO，2001）。

9.3.2　硫酸铝铵（CNS 号 06.005　INS 号 523）

1. 特性

硫酸铝铵［$NH_4Al(SO_4)_2 \cdot 12H_2O$］又名铵明矾、铵矾或铝铵矾，为无色结晶性粉末或透明坚硬的块状物，无臭，味涩，具有较强的收敛性，可溶于水及甘油。

2. 应用

GB 2760—2014规定，硫酸铝铵的使用范围和最大使用量同硫酸铝钾。由于该品是硫酸铝与硫酸铵的复盐，故不能用于含有嫌忌铵离子的食品。硫酸铝铵质量标准可参照《食品安全国家标准 食品添加剂 硫酸铝铵》（GB 25592—2010）。

3. 安全性

硫酸铝铵ADI暂定为每千克体重0～7mg，包括所有铝盐添加剂，以铝计（FAO/WHO，2001），LD_{50}为每千克体重5～10mg（猫，经口）。

9.3.3 复合膨松剂的配方

1. 小苏打与酒石酸氢钾并用

配方为：小苏打25%、酒石酸氢钾52%、淀粉23%，充分混合过筛。其作用如下：

$$NaHCO_3 + HOOC(CHOH)_2COOK \xrightarrow{\triangle} NaOOC(CHOH)_2COOK + CO_2\uparrow + H_2O$$

此配方比较稳定，用于饼干中无臭味的产生，色、香、味较理想，在使用量相同的情况下，膨松力较其他膨松剂大，使用方便，是一种速效膨松剂。

2. 小苏打与酸性磷酸钙并用

配方为：酸性磷酸钙37%、小苏打26%、淀粉37%，充分混合后过筛。由于配料中有磷酸钙，故又称营养发酵粉。磷酸钙必须充分干燥磨成细粉后使用，该品为迟效性膨松剂，其作用如下：

$$NaHCO_3 + CaH_4(PO_4)_2 \xrightarrow{\triangle} Na_2CaH_2(PO_4)_2 + 2CO_2\uparrow + 2H_2O$$

商品性发酵粉往往是上述1、2两类的混合物，即速效、迟效发酵粉混合配制的复合膨松剂。

3. 其他膨松剂

除了上面介绍的两种膨松剂外，还有一些膨松效果较好的配方，可供参考。

（1）酸性磷酸钙15%、小苏打23%、酒石酸3%、淀粉38%、酒石21%。

（2）酸性磷酸钙22%、小苏打35%、钾明矾25%、淀粉18%。

（3）小苏打23%、酒石44%、酒石酸3%、淀粉30%。

（4）小苏打19%、酒石30%、酒石酸5%、淀粉46%。

（5）小苏打35%、钾明矾35%、烧明矾14%、淀粉16%。

（6）小苏打40%、烧明矾52%、轻质碳酸钙3%、淀粉5%。

膨松剂汇总表

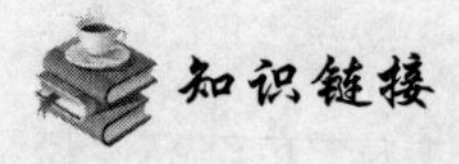

第10章 酶　制　剂

☞ 学习目标

（1）了解食品中酶制剂的作用、分类及其来源。
（2）熟悉常用淀粉酶的特性及其应用。
（3）熟悉常用蛋白酶的特性及其应用。
（4）熟悉其他酶制剂的特性及其应用。

酶制剂

10.1　概　　述

酶制剂是指由动物或植物的可食或非可食部分直接提取，或由传统或通过基因修饰的微生物（包括但不限于细菌、放线菌、真菌菌种）发酵、提取制得，用于食品加工，具有特殊催化功能的生物制品。酶制剂要根据食品生产中原料和各种工艺参数，包括温度、底物浓度及所要得到产品指标加以选择。我国已批准的酶制剂有木瓜蛋白酶、 -淀粉酶制剂、精制果胶酶、 -葡萄糖酶等50多种。

10.1.1　酶制剂的作用机理

酶制剂的重要作用就是催化食品加工过程中的各种化学反应。它与化学催化剂存在共性，即在一定的条件下能影响化学反应速率，而不改变化学反应的平衡点，并在反应前后本身不发生化学变化。但是酶制剂与一般的化学催化剂是不同的，其区别为：其一，酶制剂的作用温和，其催化反应一般都是在温和的pH值、温度条件下进行的，不需要高温、高压、强酸、强碱、高速搅拌等剧烈条件，对生产设备的强度要求较低。其二，酶制剂具有高度的专一性，其对作用底物具有严格的选择性，一种酶制剂只能作用于一种反应物，或一类化合物，或一定的化学键，或一种异构体，催化一定的化学反应并生成一定的产物。所以其反应选择性好，副产物少，便于产物的提纯和简化工艺步骤。其三，酶制剂的催化作用效率高，一般而言，酶促反应速率比一般催化剂反应高10^7～10^{13}倍。例如，1g -淀粉酶结晶在65℃、15min可使2t淀粉转化为糊精。其四，酶制剂具有安全性。相对于一些化学合成物质，酶制剂还是比较安全的，适合在食品工业上应用，也利于改善劳动卫生条件。

在食品工业中利用酶制剂处理原料，生产各种食品，历史悠久，应用广泛，经济效益显著。酶制剂在食品加工中有以下作用。

（1）改进食品的加工方法。例如，甜酱和酱油以往生产一直沿用曲霉酿造法，时间较长，工艺复杂。如今应用酶法生产，可以大大缩短发酵时间，简化工艺。酶法生产葡萄糖不仅提高了葡萄糖的得率，而且也大大节约了原料。

（2）创立食品加工的新工艺。例如，利用固定化酶技术连续生产果葡糖浆、低乳糖甜味牛奶、L-氨基酸等。

（3）改善食品加工条件。酶法食品加工的生产条件相对温和，在保持产品的风味和营养价值方面大大优于传统工艺，在果蔬加工领域尤为突出。

（4）提高食品的质量。许多酶制剂是食品原料的品质改良剂，质量较差的原料通过使用酶制剂可加工出合格的产品，如用酶嫩化肉类。

（5）有助于降低食品加工成本。

10.1.2 酶制剂的分类和命名

1. 酶制剂的分类

1）按加工食品原料分类

酶制剂可按加工食品原料的作用物大致分为五类。

（1）糖类分解酶，可分解淀粉、糊精、糖、果胶及纤维素等的酶。

糖类分解酶中淀粉酶是食品工业中最常用的一类，淀粉酶是水解淀粉及其类似的多糖类的酶的总称。

（2）蛋白分解酶，可切断蛋白质分子内部的肽键，使蛋白质分子变成小分子多肽和氨基酸的酶。

按蛋白酶分解多肽的方式，蛋白分解酶可分为内肽酶和端肽酶两大类。内肽酶可把大分子量的多肽链从中间切断形成分子量较小的朊和胨。端肽酶又可分为羧肽酶和氨肽酶。羧肽酶是从多肽的游离羧基末端逐一将肽键水解生成氨基酸。氨肽酶是从多肽的游离氨基末端逐一将肽键水解成氨基酸。

按产品作用的 pH 值范围，蛋白分解酶还可分为酸性蛋白酶制剂、中性蛋白酶制剂和碱性蛋白酶制剂。其中，蛋白分解酶最适 pH 值在 4 以下为酸性，最适 pH 值 6～7 为中性，最适 pH 值 8～10 为碱性。

蛋白分解酶的活力以蛋白酶活力单位表示，1g 固体酶粉（或 1mL 液体酶），在一定温度和 pH 值条件下，1min 水解酪蛋白产生 1μg 酪氨酸，即为 1 个酶活力单位，以 U/g（U/mL）表示。

蛋白分解酶广泛分布于动植物及微生物中。食品工业用的蛋白分解酶，如来源于动物的凝乳酶和来源于植物的木瓜酶、菠萝酶等，均已有较悠久的历史，近年来，来源于微生物的蛋白分解酶也得到了广泛的应用。

（3）氧化还原酶，可催化底物氧化或还原的酶。

（4）脂肪分解酶，可分解不溶性脂肪的酶。

（5）其他酶类，具有某些特定作用的酶，如酰化酶、异构酶、转移酶等。

2）按产品形态分类

酶制剂按产品形态可分为固体剂型和液体剂型两类。

2. 酶制剂的命名

酶制剂的命名有两种方法，一种是习惯命名法，主要是根据酶的来源、催化的底物和催化反应的性质进行命名，这是酶制剂常用的命名法。例如，按酶的来源命名的胃蛋白酶、木瓜蛋白酶、胰蛋白酶等；按酶的作用底物命名的淀粉酶、果胶酶、脱氧酶等。为了区别，以底物命名的酶的名称前加来源名称，如细菌 -淀粉酶。为了区别酶的作用条件，往往还加上环境的 pH 值条件，如中性蛋白酶、酸性磷酸酶等。另一种是系统命名法，国际酶学会 1961 年规定：系统命名酶制剂要标明酶的底物和反应性质，若底物有两个，则以“：”分开，如草酸氧化酶——草酸：氧化酶。

10.1.3 酶制剂的来源

酶制剂工业发展的初期，酶制剂主要来源于动物的脏器和腺体及高等植物的种子、果实等。例如，用于制造干酪的凝乳酶，是从小牛第四胃中提取的皱胃酶。这些来源于动植物的酶制剂，多受季节、地区、数量及经济成本的制约，制约了酶制剂的应用范围和生产产量。近年来酶制剂的主要来源已经为微生物所取代，这是因为利用微生物提取酶制剂具有以下众多的优点。

（1）微生物的种类繁多，酶种丰富。存在于动植物体的一切酶类，几乎都存在于微生物体内。

（2）微生物繁殖迅速，几天内即可收获，产量丰富。

（3）可以进行大规模生产，在生产中可以精确控制各种条件，如 pH 值、营养、维生素、通气量、培养时间等，使酶制剂的产量、质量稳定。

（4）微生物的培养基简单、价格便宜，酶制剂的生产成本较低。

（5）可以方便、迅速地应用各种现代科学领域，如利用现代生物技术来选育优良的品种和提高酶制剂的产量。

酶制剂来源于生物，从一般的毒理学来看，应该比化学合成物质安全。但实际上，酶制剂特别是来自微生物的酶制剂，也应有充分的毒理学评价资料，才能应用于食品生产中。因为酶制剂不是单纯的化学物质，其中常混有残存的原材料、无机盐、稀释剂或安定剂等物质，而且伴随微生物的发酵，可能带来某些毒素或残留抗生素，特别是霉菌毒素，是应予充分注意的。

FAO 食品添加剂专家联合委员会于 1977 年第 21 届大会上，对酶制剂的安全性做出以下规定：

（1）凡是用动植物可食部位即传统上作为食品的成分，或传统上用于食品的菌种所生产的酶制剂，可作为食品对待，不需要进行毒理试验，只需建立有关酶化学和微生物学的规格即可使用。

（2）凡是非致病微生物生产的酶，除制定化学规格以外，需要做短期毒理试验，以确保无害，并分别评价，制定 ADI。

（3）对于利用非常见微生物制取的酶，不仅要有规格，还要做广泛的毒理试验。

我国对于酶制剂的生产和使用也做出以下要求：

食品工业用酶制剂，往往与微生物、自然活性物质、细菌密切相关，因此，在生产使用时必须符合国家有关质量标准。

用于生产酶制剂的原料必须符合良好生产规范或相关要求，在正常使用条件下不应对最终食品产生有害健康的残留污染。来源于动物原料的酶制剂，其动物组织必须符合肉类检疫要求。来源于植物原料的酶制剂，其植物组织不得霉变。用微生物生产的菌种应进行分类学和（或）遗传学的鉴定，并应符合有关规定。菌种的保藏方法和条件应保证发酵批次之间的稳定性和可重复性。产品要求应严格按照《食品安全国家标准 食品添加剂 食品工业用酶制剂》（GB 1886.174—2016）中规定，检验合格后方可出厂。

10.2 常用淀粉酶及其应用

10.2.1 -淀粉酶（ -amylase）（CNS 号 11.003 INS 号—）

-淀粉酶别名：液化型淀粉酶、细菌 -淀粉酶、退浆淀粉酶、 -1,4-糊精酶、高温淀粉酶等。

1. 特性

-淀粉酶一般为淡黄色粉末，含水量为 5%～8%，为了便于保藏常加入适量的碳酸钙等作为抗结剂防止结块。该酶在高浓度淀粉保护下耐热性很强，在适量的试验和钙盐的存在下，在 pH 值 5.3～6.4，温度提高到 93～95℃仍保持较高的活性，最适作用条件：pH 值为 6.0～6.4，最适温度为 85～94℃。我国大多数是使用枯草芽孢杆菌 BF-7658 菌种用深层发酵法生产液化型淀粉酶。该品作用于淀粉时，能使淀粉迅速液化，形成分子量小的糊精，作用的部位是淀粉分子内部 -1,4-葡萄糖苷键，对 1,6-糖苷键不起作用。

2. 应用

-淀粉酶用于水解淀粉可制造葡萄糖、饴糖、糊精等。同细菌蛋白酶配合使用，可酶法糖化制啤酒，也可用于酿造黄酒、液化淀粉制酱油、液化淀粉制酯等。由于 -淀粉酶不很稳定，容易受各种因素的影响而失去活力。其水分含量越高，越容易失去活性。热和日光照射都容易使 -淀粉酶失去活性，因此应密闭贮存于低温避光处。一般粉状 -淀粉酶易于贮存和运输。由于酶的底物和某些物质具有保护酶的作用，如淀粉对淀粉酶具有保护作用，所以往往将 -淀粉酶吸附在淀粉上来贮存。有时也在产品中加入对 -淀粉酶有保护作用的碳酸钠。此外， -淀粉酶贮存中还应注意容器材料的选择，因为有些金属离子也能引起酶失去活性或抑制酶的活力。液化 -淀粉酶的离心喷雾干燥酶粉，含水分 60%以上，用聚乙烯塑料袋包装，常温保存半年活力降低 10%，略有结块，但结块部坚硬，容易破碎，不影响生产。用双层聚乙烯薄膜和加入碳酸钙等抗结剂，可防止酶粉结块，并可保存 7 个月至 1 年零 3 个月。

-淀粉酶具体应用如下所述。

（1）淀粉深加工。酶法以淀粉为原料生产葡萄糖，是 -淀粉酶的一项重要应用，也是酶制剂应用于淀粉糖工业的一项重要成果。

工艺流程：淀粉浆→（α-淀粉酶）液化→（葡萄糖淀粉酶）糖化→（树脂）纯化→干燥→成品。

其中的糖化工序可以使用固定化酶制剂，具体操作如下。

① 酶固定化操作。在食品加工中应用的酶制剂，以往都是水溶性的，只能使用一次，而且不易与产物分离。目前已发展为固定化酶、固定化酶的休止细胞或固定化增殖细胞。这些统称为固定化生物催化剂。所谓固定化，就是把水溶性酶或含酶的细胞，用物理的、化学的方法加以处理使之变成不溶于水的酶或固定的细胞。其优点是：一是酶制剂与产物分离方便，有利于精制，提高产品质量。二是固定化酶制剂具有一定的机械强度，可以置于专门的反应器中进行连续的催化，便于连续化、自动化操作；可以反复使用多次。

葡萄糖淀粉酶的固定化操作以聚丙烯酰胺多水凝胶为载体，制备方法是：溶解 54g 丙烯酰胺单体于 100mL 蒸馏水中，另外溶解 0.3g 交联剂于 100mL 蒸馏水中，以 20∶1 的体积比混合单体溶液和交联剂溶液，加入葡萄糖淀粉酶制剂溶液，调整 pH 值为 4.2 左右，加入 0.08g 过硫酸铵、0.08mL -二甲基氨丙腈促进聚合，致凝胶固化时即为聚合终点。聚合完成后，将所得的酶凝胶置于 30℃水中 1h，然后将此固体凝胶在 170 目筛孔的不锈钢筛板上挤压成细小颗粒。

② 糖化操作。对经过液化的 α-淀粉酶进行连续糖化，液化浓度为 35%，pH 值为 4.3，预热至 50℃，流速为 0.46mL/min。

（2）啤酒生产。啤酒的酿造是用麦芽再辅以大米、大麦、玉米等非发芽谷物为原料，利用麦芽所含有的酶类制造麦芽汁，然后再将麦芽汁发酵酿制成啤酒。麦芽中所含有的酶是相当全面而又丰富的。但是为了节省麦芽和降低成本，啤酒酿造原料除了选用麦芽以外，还要添加一定的辅料，而当这类辅料的用量超过一定比例时（30%），需要添加酶制剂，才能有效地制取质量符合啤酒酿造所要求的麦芽汁。下述工艺中使用了 75%的辅料，其中 50%为大麦、25%为玉米。

啤酒生产工艺流程如图 10-1 所示。

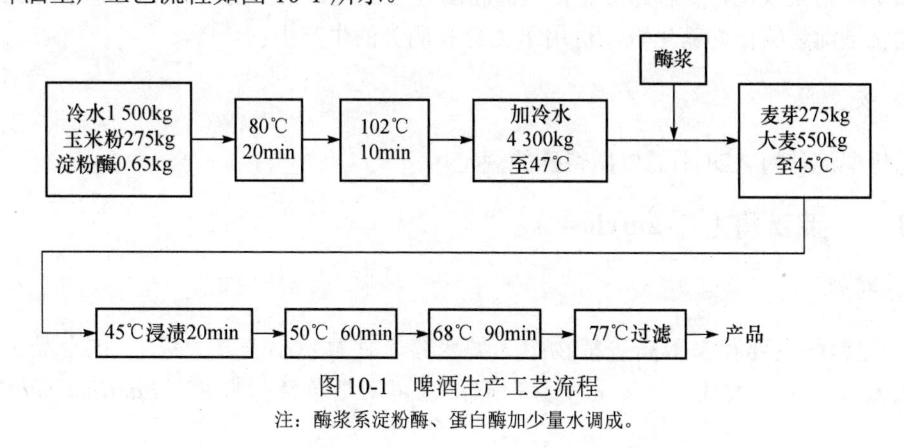

图 10-1 啤酒生产工艺流程

注：酶浆系淀粉酶、蛋白酶加少量水调成。

工艺要点：α-淀粉酶液化时用量为 1g 玉米 5U，为玉米粉量的 0.24%；糖化时用量为 1g 大麦 6U，为大麦用量的 0.3%；蛋白酶制剂用量为 1g 大麦 60U，糊化加水比为 1∶5

左右。

3. 安全性

-淀粉酶一般是安全的，ADI 不需要做特殊的规定。

10.2.2 糖化型淀粉酶（Amyloglucosidase）（CNS 号 11.004 INS 号—）

糖化型淀粉酶别名：糖化型淀粉酶、糖化酶。

1. 特性

糖化型淀粉酶的特征因菌种而异，大部分制品为液状。我国用于生产该酶制剂的菌种有黑曲霉（*Aspergillus niger*），如 N558，Uv-06 等、根霉（*Rhizopus*），如轻 3092、红曲霉（*Monascus purpureus Went.*）、拟内孢霉（*Endomycopsis*）等。用黑曲霉制造时采用深层培养基，培养时间为 4～7d，然后分离菌丝进行精制。以根霉培养液作为酶使用时，则进行表面培养。目前我国除红曲霉制成酶制剂以外，其他均采用培养物的酶液，多为自产自用。黑曲霉的液体制品，在室温条件下最少可稳定 4 个月，呈黑褐色，含有若干蛋白酶、淀粉酶或纤维素酶，最适 pH 值为 4.0～4.5，最适温度为 60℃。根霉的液体制品需要冷藏，粉末制品在室温下至少可稳定一年，其最适 pH 值为 4.5～5.0，最适温度为 55℃。

糖化型淀粉酶的主要作用是将淀粉或淀粉分解物变成葡萄糖。其底物的特异性不显著，可作用于具有 -1,4-糖苷键、 -1,6-糖苷键及 -1,3-糖苷键的寡糖。因此，对淀粉、直链淀粉、支链淀粉、淀粉糊精、糊精、肝糖起作用。

2. 应用

糖化型淀粉酶主要用于制造葡萄糖，我国已经推广双酶法制造葡萄糖，即先用液化淀粉酶将淀粉浆液化，然后再加糖化型淀粉酶使之糖化，也可用双酶法制造味精。此外，利用糖化型淀粉酶作为糖化剂，可用于乙醇和酒类的生产中。

3. 安全性

糖化型淀粉酶 ADI 不需要做特殊的规定。

10.2.3 -淀粉酶（ -amylase）

1. 特性

-淀粉酶主要存在于高等植物中（如麦芽、甘薯、小麦、大豆），在食品工业上可用大麦、山芋、大豆、小麦和麦芽提取，也可用枯草芽孢杆菌（*Bacillus subtilis*）生产。

2. 应用

-淀粉酶作用于淀粉，主要生成麦芽糖和少量高分子糊精，故在食品工业中主要用来生产麦芽糖。当　-淀粉酶与淀粉共存时，溶液的还原力即直线上升，由于　-淀粉酶不作用于高分子内部而只是作用于末端，不能使巨大分子很快地变小，因而淀粉的黏度不容易降低。

3. 安全性

-淀粉酶 ADI 值无限制性规定（FAO/WHO，1981）。

10.2.4　普鲁兰酶（Pullulanase）

1. 特性

普鲁兰酶是一类淀粉脱支酶，因其能专一性水解普鲁兰糖（Pullulan，麦芽三糖以　-1,6-糖苷键连接起来的聚合物）而得名，属淀粉酶类。普鲁兰酶能切开支链淀粉分支点中的　-1,6-糖苷键，切下整个分支结构，形成直链淀粉。普鲁兰酶是一种在低 pH 值下应用的热稳定脱支酶。

2. 应用

普鲁兰酶可与糖化酶一起使用，由液化淀粉浆来生产高葡萄糖浆和高麦芽糖浆。普鲁兰酶与其他淀粉酶协同作用或单独作用，可提高食品质量，降低粮耗，节约成本，减少污染。普鲁兰酶能分解支链的特性决定了它在食品工业中的广泛应用。

3. 安全性

普鲁兰酶是 FAO 和 WHO 及食品化学药典（FCC）所推荐的食品级酶制剂。

10.3　常用蛋白酶及其应用

蛋白酶是食品工业中应用广泛的一类酶制剂，国内常用蛋白酶制剂的类别、代号与生产菌见表 10-1。

表 10-1　国内常用蛋白酶制剂的类别、代号与生产菌

类别	代号	生产菌
酸性蛋白酶制剂	537	宇佐美曲霉（*Aspergillus usamii*，No. 537）
	3350	黑曲霉（*Aspergillus niger*，No. 3350）
中性蛋白酶制剂	1.398	枯草芽孢杆菌（*Bacillus subtilis*，No. 1.398）
	3942	栖土曲霉（*Aspergillus terricola*，No. 3942）
	166	放线菌（*Actinomyces*，No. 166）

碱性蛋白酶制剂	2709	地衣芽孢杆菌（*Bacillus licheniformis*，No. 2709）
	CW301	地衣芽孢杆菌（*Bacillus licheniformis*，No. CW301）
	209	短小芽孢杆菌（*Bacillus pumilus*，No. 209）

续表

类别	代号	生产菌
碱性蛋白酶制剂	SMJ	嗜碱短小芽孢杆菌（*Alkaliphilic bacillus pumius*，No. SMJ）
	CW302	枯草芽孢杆菌（*Bacillus subtilis*，No. CW302）

10.3.1　凝乳酶（Rennin）

凝乳酶别名：皱胃酶。

1. 特性

凝乳酶是一种最早在未断奶的小牛胃中发现的天冬氨酸蛋白酶，其可切割酪蛋白肽键，破坏酪蛋白胶束使乳制品凝结。凝乳酶有液态和固态两种常见制品形态。液态凝乳酶多为黄色溶液，可进一步制成干品。干制品为黄色粉末、颗粒或鳞片状，有特殊的气味，略有咸味，有吸湿性。干制品液态制品稳定，微溶于水和稀乙醇。凝乳酶活力受pH值、温度和钙离子浓度的影响，在酸性环境中凝乳酶活力最强，最适温度为37～43℃，15℃以下、55℃以上会使凝乳酶钝化。

凝乳酶根据来源可分为动物源凝乳酶、植物源凝乳酶和微生物源凝乳酶。GB 2760—2014中允许食品生产中使用的凝乳酶主要来源于小牛、山羊或羔羊的皱胃的动物源凝乳酶，和来源于大肠埃希菌K-12（*Escherichia Coli* K-12）、泡盛曲霉变种（*Asper gillus niger awamori var.*）等微生物源凝乳酶。

2. 应用

凝乳酶主要作为凝乳剂用于干酪及酸奶生产中。在原料乳经杀菌、添加乳酸菌发酵剂后生成适当酸度时添加凝乳酶。若使用粉状凝乳酶，其添加量一般为原料乳的0.002%～0.004%，添加时将其溶于2%食盐水中，一般搅拌一边添加。

3. 安全性

凝乳酶的ADI不需要做特殊的规定（FAO/WHO，1982）。

10.3.2　胃蛋白酶（Pepsin）

胃蛋白酶别名：胃朊酶。

1. 特性

胃蛋白酶是利用猪、小牛、小羊、禽类胃组织以稀盐酸提取的一种蛋白酶。胃蛋白酶粉状制品为淡黄色粉末，无臭；液状制品色淡，有强烈的气味。最适 pH 值为 1～4，酶溶液在 pH 值为 5.0～5.5 时最安全，pH 值为 2.0 时则发生自身消化。

2. 应用

胃蛋白酶可用作凝乳酶代用品，作为干酪的凝乳剂。在制造糕点时用于水解大豆蛋白以使之发泡。其贮存参照液化型淀粉酶。

3. 安全性

胃蛋白酶一般认为是安全的，ADI 不需要做特殊规定。

10.3.3 菠萝蛋白酶（Bromelain）

菠萝蛋白酶别名：菠萝酶。

1. 特性

菠萝蛋白酶是将菠萝的根茎或果实的榨汁用丙酮沉淀，然后干燥成粉的一种蛋白酶。菠萝蛋白酶一般为黄色粉末，作用是水解肽键及酰胺键，有酯酶作用，最适的 pH 值在中性左右，为酸性蛋白酶。

2. 应用

菠萝蛋白酶在生产啤酒时作为酶澄清剂使用，以分解蛋白质而使酒液澄清，一般多在发酵时添加。如果使用酶活力为 40 万 U/g 的菠萝蛋白酶，添加量为 0.8～1.2mg/kg。因为该酶的蛋白分解力较强，在用酶法生产啤酒时，可与细菌蛋白酶共同使用，在糖化时添加菠萝蛋白酶亦可同样起到提高啤酒非生物稳定性的作用。

3. 安全性

菠萝蛋白酶的 ADI 值不做限制性规定（FAO/WHO，2001）。

10.3.4 木瓜蛋白酶（Papain）

1. 特性

木瓜蛋白酶是一种在酸性、中性、碱性环境下均能分解蛋白质的蛋白酶。木瓜蛋白酶一般为白色至浅黄色的粉末，微有吸湿性，溶于水和甘油，水溶液为无色或淡黄色，有时呈乳白色。木瓜蛋白酶是一种含巯基（—SH）肽链的内切酶，具有蛋白酶和酯酶的活性，对动植物蛋白、多肽、酯、酰胺等有较强的水解能力，最适 pH 值为 5.0～10.0，耐热性较强，可在 50～60℃时使用。

2. 应用

木瓜蛋白酶在食品工业中主要用于啤酒和其他酒类的澄清、肉类嫩化，用量为0.5～5mg/kg；在制造啤酒麦芽汁时，加入木瓜蛋白酶和其他酶，可减少麦芽的用量，降低成本，用量为1.0%；还可用于饼干、糕点松化，使制品疏松，降低碎饼率；用于酱油，提高产率和氨基酸含量；作为凝乳酶的代用品和干酪的凝乳剂。

3. 安全性

木瓜蛋白酶ADI值不做特殊规定，用量以GMP为上限（FAO/WHO，2001）。

10.4 其他酶制剂

10.4.1 果胶酶（Pectinase）（CNS号 11.005 INS号—）

1. 特性

果胶酶是能催化分解果胶质，裂解聚半乳糖醛酸生成不饱和聚半乳糖醛酸物质的酶。根据产品形态不同，可分为固体和液体两种形态的制剂。固体果胶酶呈白色或黄色颗粒或粉状，液体果胶酶呈淡黄至黄褐色，有特殊发酵气味。铁、铜、锌等金属离子能明显抑制果胶酶的活性。GB 2760—2014 中允许利用黑曲霉（*Aspergillus niger*）、米根霉（*Rhizopus oryzae*）作为来源生产果胶酶。

2. 应用

果胶酶一般用于果汁的澄清，如葡萄汁中添加0.2%的果胶酶在40～42℃下静置3h，即可完全澄清。此外，在30～35℃下用0.05%的果胶酶处理葡萄浆，则葡萄汁的出汁率可提高14.7%～16.6%，葡萄汁的过滤速率加快0.5～1倍。果胶酶也可用于橘子脱囊衣，以及用于果蔬加工及制糖时除杂质。果胶酶用于加工果汁时，利用果胶酶可解决果胶的去除问题；也可作为果浆的处理剂，将果浆中的果肉液化，使果肉变成流质，提高果汁的产量，生产各种饮料；还可以改变果汁成分，改善果汁的风味。

果胶酶在苹果汁加工中的具体应用如下所述。

酶制剂：黑曲霉831菌株固体曲，果胶酶的含量1 400U/g，按1∶5加水，用35℃水浸2h，取清酶液待用。

果胶酶澄清作用如图10-2所示。

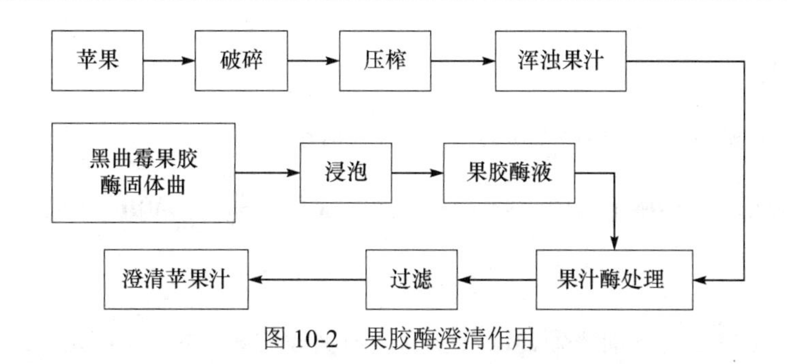

图10-2 果胶酶澄清作用

工艺要点：酶用量1 500U/L。温度为50℃，pH值为3.7。

结果：规模为10 000L苹果汁，果汁经酶处理后澄清度为90%以上，黏度下降到1.3。过滤速率提高7倍，果胶含量减少90%。

在果胶处理中，把酶制剂连续掺到水果打浆机中，就可以得到良好的效果，加入时可用水或果汁将酶配成1%～10%的溶液用计量泵打入，为了保证酶的活性，果浆若经过加热工艺，应将酶液加到经过热交换器以后的果浆中，用沉淀方法把果肉和果汁分开。

3. 安全性

果胶酶ADI值不做特殊规定（因黑曲霉、米曲霉制得者尚未做出规定）（FAO/WHO，2001）。

10.4.2 葡萄糖异构酶（Glucose isomerase）（CNS号11.002 INS号—）

葡萄糖异构酶别名：木糖异构酶。

1. 特性

葡萄糖异构酶是能将D-木糖、D-葡萄糖、D-核糖等醛糖异构化为相应酮糖的异构酶，一般为白色或浅黄色无定形粉末或液体。GB 2760—2014中允许利用橄榄产色链霉菌（*Streptomyces olivochromogenes*）、橄榄色链霉菌（*Streptomyces olivaceus*）、密苏里游动放线菌（*Actinoplanes missouriensis*）、凝结芽孢杆菌（*Bacillus coagulans*）等生产葡萄糖异构酶。该酶为胞内酶，取培养的菌体利用高渗自溶，25℃转化30h，分离后，水洗除去培养液附着物，经喷雾干燥或冻结干燥制得。

葡萄糖异构酶的最适pH值通常为7.0～9.0。在偏酸性的条件下，大多数种属的葡萄糖异构酶活力很低。葡萄糖异构酶最适反应温度一般为70～80℃。

2. 应用

葡萄糖异构酶是工业上大规模制备高果糖浆的关键酶。国内以甘薯干为原料采用淀粉酶液化、根霉曲糖化制造葡萄糖浆，再用葡萄糖制造异构化，其转化率（果糖/还原糖）基本稳定在30%～40%（其中果糖30%～40%、葡萄糖55%～65%、低聚糖4%～5%、水分20%～25%、灰分0.025%）。这种混合糖浆的甜度接近于蔗糖，适合罐头、糖果、糕点、婴儿食品、果汁、冷饮、果脯等食品加工中应用。

3. 安全性

葡萄糖异构酶 ADI 值不做特殊规定（FAO/WHO）。

10.4.3 葡萄糖氧化酶（Glucose oxidase）（CNS 号 11.000 INS 号—）

1. 特性

葡萄糖氧化酶是能够催化葡萄糖转化为葡萄糖酸的酶，主要作用是将 -D-葡萄糖氧化成葡萄糖醛酸。常见葡萄糖氧化酶制剂为灰黄色粉状制品或淡褐色液状制品，精制液状品呈淡黄色。该酶最适温度为 30～50℃，最适 pH 值为 4.8～6.2。GB 2760—2014 中规定允许使用来自黑曲霉（*Aspergillus niger*）和米曲霉（*Aspergillus oryzae*）的葡萄糖氧化酶。

2. 应用

葡萄糖氧化酶可用于制造干蛋白片时脱鸡蛋清中的葡萄糖，以保证成品在贮存期色泽不变红，葡萄糖氧化酶与过氧化氢酶混合应用效果会更好。在脱糖时将蛋清的 pH 值调节到 7.2 后，1kg 加入 234U 葡萄糖氧化酶和 634U 过氧化氢酶混合酶制剂，在 30℃保温 5h，不断搅拌，进行脱糖，然后经胰酶处理（将蛋清的 pH 值调节到 7.5 后，1kg 加入 37.5U 胰酶，40℃静止保温 5h），则干蛋白片质量显著提高，并有提高产率、降低成本、缩短生产周期，改善卫生劳动条件等优点。葡萄糖氧化酶还可作为食品保藏的抗氧化剂，防止食品因氧化变质影响其色、香、味等，如用于果汁等食品的脱氧。

3. 安全性

葡萄糖氧化酶（得自黑曲霉者）ADI 值不做特殊规定（FAO/WHO，1981，1982）。

10.4.4 纤维素酶（Cellulase）

1. 特性

纤维素酶可将纤维素中的 -1,4-葡萄糖苷键水解，生成可溶性聚合物及 D-葡萄糖，最适 pH 值为 4.5，最适温度为 45℃。生产纤维素酶的菌种有木霉、黑曲霉、根霉及其担子菌等，GB 2760—2014 规定允许使用来自黑曲霉（*Aspergillus niger*）、里氏木霉（*Trichoderma reesei*）、绿色木霉（*Trichoderma viride*）的纤维素酶。

2. 应用

纤维素酶可用于提高大豆蛋白的提取率。酶法提取工艺，仅在原碱法提取大豆蛋白工艺前增加酶液浸泡豆粕的处理工艺，即用精纤维素酶液在 40～45℃下保温，在 pH 值 4.5 条件下浸泡 2～3h，以后按原工艺进行，如此可增加提取率 11.5%，产品质量也可提高。

纤维素酶可用于提高果酒的出酒率。因为纤维素酶不仅能破坏果肉细胞壁和分离果胶质，由于酶的降解作用，又能增加原酒的溶解物，对改善果酒质量也有一定作用。葡萄酒生产中在原料葡萄经分选、破碎、除梗后加入纤维素酶进行降解（30℃）然后按正常发酵，出汁率可提高6.7%，原酒无糖浸出物可提高28.1%。梨酒中应用纤维素酶可使梨的出汁率较旧法提高9%，无糖浸出物提高2倍。

纤维素酶也可用于柑橘果汁生产中，除去纤维性浑浊物。

纤维素酶可提高白酒的出酒率，降低含有高浓度纤维素制品的黏度、提高油及辛香料等植物提取物的产量。

3. 安全性

由黑曲霉及里氏木霉提取的纤维素酶，ADI不做特殊规定（FAO/WHO，2001）。

10.4.5 脂肪酶（Lipase）

1. 特性

脂肪酶是能水解甘油三酯或脂肪酸酯产生单或双甘油酯和游离脂肪酸，将天然油脂水解为脂肪酸及甘油，同时也能催化酯合成和酯交换反应的酶。脂肪酶常见固体和液体两种形态的制剂：固体剂型为白色至黄褐色粉末或颗粒，有特殊发酵气味；液体剂型为浅黄色至棕褐色液体，允许有少量凝聚物，有特殊发酵气味。脂肪酶的最适pH值为7～9，一般脂肪酸的链越长，则最适pH值越高，其增香作用最适温度为20℃。

按对底物的特异性，脂肪酶可分为三类：脂肪酸特异性、位置特异性和立体特异性。依据脂肪酶的来源不同，脂肪酶还可以分为动物性脂肪酶、植物性脂肪酶和微生物性脂肪酶。不同来源的脂肪酶可以催化同一反应，但反应条件相同时，酶促反应的速率、特异性等则不尽相同。

GB 2760—2014规定，允许使用来自小牛或小羊的唾液腺或前胃组织、羊咽喉、猪或牛的胰腺和来自米曲霉（*Aspergillus oryzae*）、雪白根霉（*Rhizopus niveus*）、柱晶假丝酵母（*Candida cylindracea*）的脂肪酶。

2. 应用

脂肪酶是重要的工业酶制剂品种之一，可以催化解脂、酯交换、酯合成等反应，广泛应用于油脂加工、食品、医药、日化等工业。食品加工中，脂肪酶可用于牛奶的增香，方法是先将奶油在水浴夹层锅中加热至90℃以上1～2h，晾凉，除去上层凝固蛋白质和下层水，即得酥油。然后用2%小苏打溶液溶解酶粉成酶液（每1g溶解25mL），要求酶活力在300U以上。然后加入酥油量的5%的透析酶液，即进行均质机均质，温度不超过30℃。然后在5～10℃下冷却12h，再在20℃下保温酶解作用5d，待酸度达到中和每1g奶油需要0.05mol/L NaOH 8～10L，即将奶油取出，再加热到90℃，约1h，使酶失去活力，除去下面酶液，用三层纱布过滤，即得增香奶油制品。增香后的乳脂产生很强烈的香味。增香后的奶油可用于制造巧克力，也可用于需要增加奶香的冷饮、奶糖、饼干等其他食品。

3. 安全性

由动物组织提取的脂肪酶的 ADI 不做限制性规定（FAO/WHO，2001）。

10.4.6　溶菌酶（Lysozyme）

1. 特性

溶菌酶是由鸡蛋清或细菌发酵产生的一种能水解多糖（溶解某些细菌壁膜）的酶制剂。该酶广泛存在于人体多种组织中。鸟类和家禽的蛋清、哺乳动物的泪、唾液、血浆、乳汁等液体，以及微生物也含此酶，其中以蛋清含量最为丰富。

2. 应用

溶菌酶可用于食品防腐及医疗。GB 2760—2014 规定溶菌酶可用于干酪中，按生产需要适量使用；用于发酵酒，最大使用量为 0.5g/kg。

3. 安全性

溶菌酶 ADI 值不做特殊规定（FAO/WHO）。

10.4.7　蔗糖酶（Sucrase）

1. 特性

蔗糖酶是由酵母生产的，能将蔗糖转化为果糖和葡萄糖的一种酶制剂。其广泛存在于动植物和微生物中，主要从酵母中得到。

2. 应用

蔗糖酶主要用于制造人造蜂蜜、转化糖浆，防止糖浆析出蔗糖，制巧克力的胶糖心等。

3. 安全性

蔗糖酶 ADI 值不做特殊规定（FAO/WHO）。

10.4.8　乳糖酶（Lactase）

1. 特性

乳糖酶是由酵母，如脆壁酵母、食用假丝酵母、球状假丝酵母等生产的，能分解乳糖为半乳糖和葡萄糖的一种酶制剂。

2. 应用

乳糖酶用于乳制品中，可防止乳糖析出（如甜炼乳等）。用其处理过的牛奶、乳粉，可防止某些人对乳糖不耐受而引起的腹泻。

3. 安全性

乳糖酶的 ADI 值不做特殊规定（FAO/WHO，1982）。

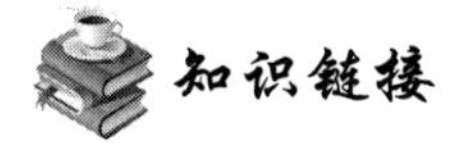

GB 1886.174—2016《食品安全国家标准 食品添加剂 食品工业用酶制剂》

第 11 章　其他食品添加剂

学习目标

（1）熟悉常用水分保持剂的特性及其应用。
（2）熟悉常用消泡剂的特性及其应用。
（3）熟悉常用被膜剂的特性及其应用。
（4）熟悉常用抗结剂的特性及其应用。
（5）熟悉常用胶姆糖基础剂的特性及其应用。
（6）熟悉常用面粉处理剂的特性及其应用。

其他食品添加剂

11.1　水分保持剂及其应用

11.1.1　概述

水分保持剂是指用于肉类和水产品加工中，增强水分稳定性和使制品有较高持水性的物质，一般为磷酸盐类。磷酸盐类是多功能物质，在肉制品中可保持肉的持水性，增强结合力，保持肉的营养成分及柔嫩性；还可用于水产品、蛋制品、乳制品、谷物制品、饮料、淀粉改性等，具有明显改善品质的作用。因此，水分保持剂磷酸盐广泛用于乳及乳制品、油脂制品、米面制品、蔬菜罐头、方便米面制品、冷冻饮品等。

除了持水性作用外，磷酸盐还有以下作用：防止肉中脂肪酸败产生不良气味；防止啤酒、饮料浑浊；清洗鸡蛋外壳，防止鸡蛋因清洗而变质；在蒸煮果蔬时，稳定果蔬中的天然色素；作为酸度调节剂、金属离子螯合剂和品质改良剂等。由于磷酸盐在人体内与钙能形成难溶于水的正磷酸钙，从而降低钙的吸收率，因此使用时，应注意钙、磷比例，钙、磷比例在婴儿食品中不宜小于 1∶1.20。

1. 水分保持剂的作用机理

迄今为止，磷酸盐类保持肉持水性的机理还未完全研究清楚，但从试验可归纳出以下四点原因。

（1）肉的持水性在肉蛋白质的等电点时最低，此时的 pH 值约为 5.5，当加入磷酸盐后，可提高肉的 pH 值，使其偏离等电点，故肉的持水性增大。

（2）磷酸盐中有多价阴离子，且离子强度较大，它能与肌肉结构蛋白质结合的二价金属离子（如 Mg^{2+}和 Ca^{2+}）形成络合物，使蛋白质中的极性基游离，极性基之间的排斥力增大，蛋白质网状结构膨胀，网眼增大，因而持水性提高。

（3）磷酸盐具有解离肌肉蛋白质中肌动球蛋白的作用，它可将肌动球蛋白解离为肌动蛋白和肌球蛋白，而肌球蛋白具有较强的持水性，故能提高肉的持水性。

（4）磷酸盐是具有高离子强度的多价阴离子，加入肉中，可使肉的离子强度增高，肌球蛋白的溶解性增大而成为溶胶状态，从而使肉的持水能力相应增大。

2. 水分保持剂的分类

《食品安全国家标准 食品添加剂使用标准》（GB 2760—2014）允许使用的水分保持剂共有 19 种磷酸盐产品，可分为正磷酸盐、聚磷酸盐、偏磷酸盐和焦磷酸盐四类。其中常用的 11 种磷酸盐产品的特性如表 11-1 所示。

表 11-1 常用的 11 种磷酸盐产品的特性

名称	分子式	水中的溶解性	pH 值（1%水溶液）
磷酸三钠	$Na_3PO_4 \cdot 12H_2O$	易溶	11.5～12.0
磷酸氢二钠	$Na_2HPO_4 \cdot 12H_2O$	易溶	9.0～9.4
磷酸氢二钾	K_2HPO_4	易溶	8.7～9.3
磷酸二氢钠	$NaH_2PO_4 \cdot nH_2O$	易溶	4.2～4.6
磷酸二氢钾	KH_2PO_4	易溶	4.2～4.7
磷酸钙	$Ca_3(PO4)_2$	几乎不溶	—
磷酸二氢钙	$Ca(H_2PO_4)_2 \cdot nH_2O$	易溶	3.0
焦磷酸钠	$Na_4P_2O_7 \cdot nH_2O$	易溶	9.9～10.7
焦磷酸二氢二钠	$Na_2H_2P_2O_7$	易溶	3.8～4.5
三聚磷酸钠	$Na_5P_3O_{10} \cdot nH_2O$	易溶	9.5～10.0
六偏磷酸钠	$(NaPO_3)_6$	易溶	5.8～6.5

11.1.2 常用的水分保持剂及其应用

1. 正磷酸盐

1）磷酸三钠（CNS 号 15.001 INS 号 339iii）

（1）特性。磷酸三钠又称磷酸钠、正磷酸钠，分子式为 $Na_3PO_4 \cdot 12H_2O$，是磷酸用水稀释后，按计算量加入氢氧化钠或碳酸钠中和成磷酸钠溶液，经过滤、浓缩、冷却结晶、分离、再经过加热脱水而得的无水磷酸钠。其特性为无色或白色六方晶系结晶，易溶于水，不溶于乙醇，在水中几乎全部分解为磷酸氢二钠和氢氧化钠，呈强碱性。

（2）应用。磷酸三钠是肉制品的品质改良剂，也可作为膨松剂的酸性盐使用。其用于面条可提高弹性，增加风味及防止面条颜色变黄。其用量按照 GB 2760—2014 的规定执行。

（3）安全性。磷酸三钠 ADI 为每千克体重 0～70mg（FAO/WHO，1994），LD_{50} 为每千克体重大于 4g（小鼠，经口）。

2）磷酸氢二钠（CNS 号 15.006　INS 号 339ii）

（1）特性。磷酸氢二钠，分子式为 $Na_2HPO_4 \cdot 12H_2O$，该品十二水物为无色至白色结晶或结晶性粉末，在空气中可迅速风化为七水盐，在 250℃时可水解成焦磷酸钠。其无水物为白色粉末，具吸湿性，置空气中可逐渐成为七水盐。

（2）应用。在美国，磷酸氢二钠作为缓冲剂用于各类食品的酸度调整，具体使用方法及使用量为：巧克力制品，0.4%～0.8%；淡炼乳，0.1%；饮料，0.03%～0.1%；沙司，0.14%～0.25%；强化谷物，0.596%～1.0%；通心粉及强化通心粉，0.5%～1.0%；火腿、肉食等贮藏用腌浸液，5.0%；碎火腿，0.5%左右。国外对酸性强的乳粉添加 1%以下磷酸氢二钠，可起到中和及稳定作用。磷酸氢二钠作为缓冲剂，在干酪中的使用量为 3%。对于鱼糕、灌肠等肉糜类制品，磷酸氢二钠常与偏磷酸、焦磷酸及聚磷酸盐同时使用。

（3）安全性。磷酸氢二钠 ADI 为每千克体重 0～70mg（FAO/WHO，1994），LD_{50} 为每千克体重大于 1.7g（小鼠，经口）。

3）磷酸氢二钾（CNS 号 15.008　INS 号 340ii）

（1）特性。磷酸氢二钾又称磷酸二钾，为无色或白色结晶性颗粒，易潮解，易溶于水，不溶于乙醇。

（2）应用。磷酸氢二钾除用作水分保持剂外，还可用于缓冲剂、螯合剂。

（3）安全性。磷酸氢二钾 ADI 为每千克体重 0～70mg（FAO/WHO，1994），LD_{50} 为每千克体重 4.0g（大鼠，经口）。

4）磷酸二氢钠（CNS 号 15.005　INS 号 339i）

（1）特性。磷酸二氢钠又称酸性磷酸钠，该品分无水物与二水物，二水物为无色至白色结晶或结晶性粉末，无水物为白色粉末或颗粒，易溶于水，几乎不溶于乙醇。在 100℃下失去结晶水后继续加热，则生成酸性焦磷酸钠。

（2）应用。磷酸二氢钠可作为水分保持剂用于酿造、乳制品等食品加工中，还可用作酸度调节剂，在肉制品中可用作结着剂和稳定剂，用量为 0.4%左右。按 FAO/WHO（1984）规定，磷酸二氢钠可用于：低倍浓缩乳、甜炼乳和稀奶油，用量为 0.2%（以无水物计）；奶油粉、乳粉，用量为 0.5%；加工干酪，用量为 0.9%（以 P 计）；午餐肉、熟火腿、熟肉末等，用量为 0.3%；即食肉汤、羹，用量为 1%；冷饮，用量为 0.2%；在咸牛肉中用量为 0.2%～3.0%。

（3）安全性。磷酸二氢钠 ADI 为每千克体重 0～70mg（FAO/WHO，1994），LD_{50} 为每千克体重大于 8.29mg（小鼠，经口）。

5）磷酸二氢钾（CNS 号 15.010　INS 号 340i）

（1）特性。磷酸二氢钾又称磷酸一钾。该品为无色结晶或白色颗粒，或白色结晶性粉末，无臭，在空气中稳定。易溶于水，不溶于无水乙醇。

（2）应用。磷酸二氢钾可用作水分保持剂，还可用于缓冲剂、螯合剂、发酵助剂。

（3）安全性。磷酸二氢钾 ADI 为每千克体重 0～70mg（FAO/WHO，1994），LD_{50} 为每千克体重大于 2.82g（小鼠，经口）。

6）磷酸三钙（CNS 号 02.003　INS 号 341iii）

（1）特性。磷酸三钙，又称沉淀磷酸钙，为由不同磷酸钙所组成的混合物。该品为白色粉末，无臭，无味，在空气中稳定。不溶于醇，几乎不溶于水，但易溶于稀盐酸和硝酸。

（2）应用。磷酸三钙可用作缓冲剂、抗结剂、pH 值调节剂、增香剂。按 FAO/WHO（1984）规定，用途及最大使用量为：葡萄糖粉、蔗糖粉 15g/kg（单用或与其他抗结剂合用量，不得存在淀粉）；低倍浓缩奶、甜炼乳、稀奶油，2g/kg；乳粉、奶油粉，5g/kg；加工干酪，0.9%（总磷酸盐，以磷计）；肉汤、羹，15g/kg（脱水产品）；可可粉，10g/kg；冷饮，2g/kg。

（3）安全性。磷酸三钙 ADI 为每千克体重 0～70mg（FAO/WHO，1994），LD_{50} 为每千克体重大于 5g（小鼠，经口）。

7）磷酸二氢钙（CNS 号 15.007　INS 号 341i）

（1）特性。磷酸二氢钙又称酸性磷酸钙、磷酸一钙、二磷酸钙。该品为无色或白色晶体，或白色粗粉。存在无水物和一水物两种结构，不溶于乙醇，微溶于水，溶于盐酸与硝酸。其纯品无潮解性，而含游离磷酸的则有吸湿性，加热至 105℃失去结晶水，205℃分解成偏磷酸盐。

（2）应用。磷酸二氢钙可用作膨松剂、酸度调节剂、酵母营养料、螯合剂、水分保持剂。该品属缓效性膨松剂的酸剂，但磷酸盐类配制的膨松剂，用于面包、馒头类时会使外皮坚硬，故不常使用。面包类用丙酸钙作防腐剂时，面团的 pH 值上升，使发酵速率缓慢，此时宜添加该品 0.3%，以降低面团的 pH 值。用于酿造时可增进糖化力，促进酵母繁殖，提高发酵能力。100L 水添加该品 4.5g，可增加水的硬度 1° dH。

（3）安全性。磷酸二氢钙 ADI 为每千克体重 0～70mg（FAO/WHO，1994），LD_{50} 为每千克体重 15.25g（小鼠，经口）。

2. 聚磷酸盐

1）焦磷酸钠（CNS 号 15.004　INS 号 450iii）

（1）特性。焦磷酸钠又称二磷酸四钠，有无水物与十水物之分。十水物为无色或白色结晶或结晶性粉末，无水物为白色粉末，溶于水，不溶于乙醇和其他有机溶剂。焦磷酸钠是由磷酸氢二钠在 200～300℃加热，生成无水物，溶于水，浓缩后的结晶产物。其与 Cu^{2+}、Fe^{3+}、Mn^{2+}等金属离子络合能力强，水溶液在 70℃以下尚稳定，煮沸则水解成磷酸氢二钠。

（2）应用。焦磷酸钠可用作水分保持剂、品质改良剂、pH 值调节剂、金属螯合剂等，其应用如下：

① 鸭四宝、香菇鸭翅及香菇炖鸭等禽类罐头，在加热过程中易释放出硫化氢，硫化氢与铁离子反应生成黑色的硫化铁，影响成品品质。添加复合磷酸盐具有很好的螯合金属离子的作用，可以改善成品品质。用于香菇鸭翅罐头时，在预煮时添加的预煮液中使用，其配方为：10%复合磷酸盐溶液（三聚磷酸钠 85g、六偏磷酸钠 12g、焦磷酸钠 9g、水 900g 配成约 1 000g 的溶液）1.02kg，EDTA 二钠 0.042kg，加沸水至总量为 100kg，待溶化过滤后备用。用于鸭四宝罐头时，在罐装汤汁中，复合磷酸盐用量为 1g/kg，而香菇炖鸭罐头为 0.5g/kg。

② 用于猪肉香肠罐头，在斩拌肉时可添加复合磷酸盐（焦磷酸钠 60%、三聚磷酸钠 40%）2g/kg。

③ 在国外，鱼肉糜制品中复合磷酸盐（焦磷酸钠 60%、三聚磷酸钠 40%）使用量低于 0.5%（以 P_2O_5 计）。

④ 可用作干酪的熔融剂、乳化剂，使干酪中的酪蛋白酸钙释放出钙离子，使酶蛋白黏度增大，得到柔软的、富于伸展性的制品。通常与焦磷酸钠、正磷酸盐及偏磷酸盐等复合使用，用量不超过 0.9%（以 P 计）。

⑤ 用于酱油、豆酱生产中，使用量为 0.05%～0.3%，可防止褐变，改善色泽和品质。

⑥ 在清凉饮料、果汁、冷饮中添加 0.05%～0.4%的焦磷酸钠可防止氧化产生沉淀，对冰淇淋，可提高脂肪乳化分散性能。

⑦ 在咖啡、甘草浸出物的提取中，使用焦磷酸盐和三聚磷酸盐 1%，可使其着色成分增加 30%以上，浸出物增加 10%以上。

（3）安全性。焦磷酸钠 ADI 为每千克体重 0～70mg（FAO/WHO，1994），LD_{50} 为每千克体重大于 4.0g（小鼠，经口）。

2）焦磷酸二氢二钠（CNS 号 15.008　INS 号 450i）

（1）特性。焦磷酸二氢二钠又称酸性焦磷酸钠、焦磷酸二钠。其特性是易溶于水，可与 Fe^{3+}、Cu^{2+}形成螯合物，溶液与稀无机酸加热可水解成磷酸。

（2）应用。该品为酸性盐，作为水分保持剂时，一般与焦磷酸钠等碱性盐复合使用，也可为膨松剂用于水分含量少的烘烤食品。

（3）安全性。焦磷酸二氢二钠 ADI 为每千克体重 0～70mg（FAO/WHO，1994），LD_{50} 为每千克体重大于 2.65g（小鼠，经口）。

3）三聚磷酸钠（CNS 号 15.003　INS 号 451i）

（1）特性。三聚磷酸钠又称三磷酸五钠、三磷酸钠，有无水物和六水物两种。该品为白色玻璃状结晶块或结晶性粉末，有潮解性，易溶于水。其在水中发生水解时，水解产物为焦磷酸根、磷酸根和钠离子。该品具有离子交换功能，可使悬浮液变成澄清溶液，能络合许多金属离子形成稳定的水溶性的络合物。

（2）应用。三聚磷酸钠可用作水分保持剂、品质改良剂、pH 值调节剂、金属螯合剂等。常见应用如下：

① 用于火腿原料肉的腌制，每 100kg 肉加混合盐（食盐 91.65%、白砂糖 8%、亚硝酸钠 0.35%）2.2kg，三聚磷酸钠 85g，充分搅拌均匀，在 0～4℃冷库中腌制 48～72h，效果良好。

② 在日本，三聚磷酸钠广泛用于各种食品，与其他磷酸盐配合使用比单独使用机会更多。复配配方如下：三聚磷酸钠 29%，偏磷酸钠 55%，焦磷酸钠 3%，磷酸二氢钠（无水）13%复配使用。

③ 许多果蔬具有坚韧的外皮，随着果蔬的成熟，外皮愈加坚韧。在果蔬加工烫漂或浸泡时，加入聚磷酸盐，可络合钙，从而降低外皮的坚韧度。例如，用于蚕豆罐头生产，可使豆皮软化。具体方法是在蚕豆预煮时，按 150kg 水加三聚磷酸钠 50g、六偏磷酸钠 150g 或三聚磷酸钠 100g，煮沸 10～20min，可使豆皮软化。

（3）安全性。三聚磷酸钠 ADI 为每千克体重 0～70mg（FAO/WHO，1994），LD_{50} 为每千克体重大于 3.21g（小鼠，经口）。

3. 偏磷酸盐

六偏磷酸钠（CNS 号 15.002　INS 号 452i）

（1）特性。六偏磷酸钠又称偏磷酸钠、偏磷酸钠玻璃体、格兰汉姆盐。分子式为 $(NaPO_3)_6$，分子量为 611.76，是食品中常用的偏磷酸盐强化剂，为无色透明的玻璃片状或粒状或者粉末状物质。其潮解性强，能溶于水，不溶于乙醇及乙醚等有机溶剂，水溶液可与金属离子形成络合物；二价金属离子的络合物比一价金属离子的络合物稳定，在温水、酸或碱溶液中易水解为正磷酸盐。该品具有较强的分散性能、乳化性能和增大黏度的性能；此外，与金属离子的络合作用较其他磷酸盐强。

（2）应用。六偏磷酸钠可用作水分保持剂、品质改良剂、pH 值调节剂、金属螯合剂等。该品可单独使用，也可与其他磷酸盐配制成复合磷酸盐使用（配方见表 11-2），但总磷酸盐不能超过 GB 2760—2014 的规定。

表 11-2　复合磷酸盐的不同配方

组分	配方					
	1	2	3	4	5	6
三聚磷酸钠/%	23	26	85	10	40	25
六偏磷酸钠/%	77	72	12	30	20	27
焦磷酸钠/%		2	3	60	40	48

食品中使用磷酸盐需要考虑很多因素：磷酸盐的品种、加入量、加入方式、温度、腌制时间、pH 值、加工工艺及与其他添加剂的协同作用等。因此添加磷酸盐一定要慎重。

六偏磷酸钠实际参考使用：用于豆类、果蔬罐头，可稳定其天然色泽；用于果汁饮料，作为维生素 C 的分解抑制剂，使用量为 0.1%～0.2%。美国规定该品用于早餐谷物食品，最大使用量为 0.27%～0.3%；白蛋糕 1.0%；鱼片 0.5%；冰淇淋 0.05%；加工干酪 0.5%；贮藏火腿、肉制品等的腌制 0.5%（对最终制品）；用于蟹、蛙、鳝、金枪鱼等水产品罐头，可防止产生磷酸铵镁（玻璃状沉淀），用量为 0.05%～0.11%。白蛙罐头中添加由六偏磷酸钠 72%、三聚磷酸钠 26%、焦磷酸钠 2%组成的复合磷酸盐 0.05%，几乎完全可以防止产生磷酸铵镁沉淀。国外广泛用该品作为鱼、肉制品的品质改良剂，以提高肉制品的持水性。由于 1%该品水溶液的 pH 值为 6.3 左右，所以在成品 pH 值为 5.8～6.5 的火腿、灌肠、鱼肉香肠中，添加该品较添加其他 pH 值高的磷酸盐效果要好，使用量为 0.05%～0.3%；用于酱油、豆酱，用量为 0.01%～0.296%，可以防止变色和增加黏稠度。该品具有掩蔽钙、镁离子的作用，使用该品 2%～4%，对抽出果胶有显著效果。此外，该品还可用于番茄酱、葡萄酒、清酒等食品的强化。

（3）安全性。六偏磷酸钠 ADI 为每千克体重 0～70mg（FAO/WHO，1994），LD_{50} 为每千克体重大于 7.25mg（小鼠，经口）。

11.2　消泡剂及其应用

11.2.1　概述

食品加工过程中降低表面张力、消除泡沫的物质是消泡剂。

1. 消泡剂的作用机理

不溶性气体存在于液体或固体中，或存在于它们的薄膜所包围的独立的泡称为气泡。许多气泡集合在一起，彼此以薄膜隔开的聚集状态称为泡沫。泡沫中的液体是连续相，气体是分散相。泡和泡沫是由于表面作用而生成的。一般来说，纯液体不易起泡，即使有气泡出现，也转瞬即消失。在食品生产的过程中，由于在食品成分中不同程度存在着卵磷脂、皂苷等表面活性物质和蛋白质、明胶等泡沫稳定剂，因此在食品的发酵、搅拌、煮沸、浓缩等过程中，食品胶体所含的表面活性物质在溶液和空气交界处会不同程度地产生起泡现象，甚至产生大量泡沫，若不及时消泡，就会从容器中溢出，影响常规操作的进行。因此，在豆制品、制糖、发酵、酿造等食品加工中，广泛使用消泡剂。食品加工中加入的消泡剂可以降低表面张力，消除泡沫。过去常用的消泡剂有米糠油等植物油类、油脚、酸化油及其复合制品（加入碳酸钙、石灰等）。由于油脚和酸化油不符合食品卫生标准，现如今逐渐被各类消泡剂所取代。

2. 消泡剂的分类

有效的消泡剂既要能迅速破泡，又要在相当长的时间内，防止泡沫形成。实际上并不存在同时具有上述两种性能且都较好的物质，据此可以将消泡剂分为消除型和抑制型。例如，乙醇有破泡能力，但无抑泡作用，而硅油则相反。

消泡剂还可根据来源分为人工合成消泡剂和天然消泡剂。目前，食品工业上使用的食品消泡剂的主要品种不仅有人工合成消泡剂聚硅氧烷树脂、固体石蜡类等，也有天然消泡剂。一些天然的脂肪酸（如月桂酸、油酸、棕榈酸等）和油脂可用作消泡剂，相比而言，因为它们是天然物质，使用起来更为安全。

复配型的消泡剂在生产中的应用也越来越广泛，它们主要是由高级脂肪酸类、食品表面活性剂和天然油脂等组成，这类消泡剂比单一的消泡剂消泡能力更强，达到消泡效果的使用量会更少，因而经济又高效。GB 2760—2014 中许可使用的消泡剂有十几种。

11.2.2　常用的消泡剂

1. 聚二甲基硅氧烷及其乳液（CNS 号 03.007　INS 号—）

1）特性

聚二甲基硅氧烷乳液（原乳化硅油）是硅油经乳化而成的产品，为白色黏稠液体，相对密度为 0.98～1.02，几乎无臭，不溶于水（但可分散于水中）、乙醇、甲醇，溶于苯、甲苯、四氯化碳等芳香族碳氢化合物、脂肪族碳氢化合物、氯代碳氢化合物。其化学性质稳定，不挥发，不易燃烧，对金属无腐蚀性，久置于空气中也不易胶化。

除直接使用外，为了使甲基硅油分散好，便于浸渍，喷涂，提高效率，也可配成溶液型、脂类、乳液型三种类型使用。

2）应用

聚二甲基硅氧烷乳液在豆制品的生产（磨浆、煮沸、分离等）过程中可以消除气泡，最大使用量为 0.3g/kg（以每千克黄豆的使用量计）；还可以用于肉制品、啤酒、焙烤食品、油脂加工中，果冻、果汁、浓缩果汁粉、饮料、速溶食品、冰淇淋、果酱、调味品和蔬菜加工中，发酵工艺和薯片的加工中，最大使用量按照 GB 2760—2014 的规定进行。

3）安全性

聚二甲基硅氧烷及其乳液的 ADI 为每千克体重 0～1.5mg。

2. 高碳醇脂肪酸酯复合物（CNS 号 03.002　INS 号—）

1）特性

高碳醇脂肪酸酯复合物简称 DSA-5，是我国研制的消泡剂。其主要成分为表面活性剂，能显著降低泡沫液壁的局部表面张力，加速排液过程使泡沫破裂消除。DSA-5 为白色至淡黄色稠状液体，化学性质稳定，不挥发，无腐蚀性，黏度高，流动性差。冬季温度在－30～－25℃时，黏度会进一步增大。在室温下放置或加热时，黏度变小，易于流动。1%水溶液的 pH 值为 8～9，相对密度为 0.78～0.88。

2）应用

DSA-5 消泡剂可用于糖果、酒类、豆制品等多种食品生产过程中，最大使用量为 3.0g/kg。它的消泡效果好，消泡率可达 96%～98%。

3）安全性

高碳醇脂肪酸酯复合物 LD_{50} 为每千克体重大于 15g（大鼠，经口）。

3. 山梨糖醇（CNS 号 19.006　INS 号 420）

1）特性

山梨糖醇的分子式为 $C_6H_{14}0_6$，分子量为 182.17。山梨糖醇为甜味剂，近年来发现其具有良好的消泡作用，适用范围广。

2）应用

GB 2760—2014 规定，山梨糖醇用作消泡剂，可用于炼乳及其调制产品类以外的脂肪乳化制品，包括混合的和/或调味的脂肪乳化制品（仅限植脂奶油）、冷冻饮品（食用冰除外）、腌渍的蔬菜、熟制坚果与籽类（仅限油炸坚果与籽类）、巧克力和巧克力制品、糖果、面包、糕点、饼干、调味品、饮料类（包装饮用水类除外）、膨化食品、豆制品工艺用、制糖工艺用、酿造工艺等，按生产需要适量使用；用于冷冻鱼糜制品（包括鱼丸等），最大使用量为 0.5g/kg；用于生湿面制品（如面条、饺子皮、馄饨皮、烧卖皮），最大使用量为 30.0g/kg。

3）安全性

山梨糖醇的 ADI 不做特殊规定（FAO/WHO1985），LD_{50}为每千克体重 23.2～25.7g（小鼠，经口）。人以每日 4%剂量长期服用，无异常；超过 50g 时，因在肠内滞留时间过长，能导致腹泻。

11.3 被膜剂及其应用

11.3.1 概述

可涂抹于食品表面，起保质、保鲜、上光、防止水分蒸发的物质称为被膜剂或涂膜剂。虫胶、桃胶、蜂蜡等都是天然的被膜剂。被膜剂在食品保鲜和加工中具有许多用途。例如，涂布于果蔬表面形成具有某种通透和阻隔特性的薄膜，可减少水分蒸发，调节呼吸作用，防止微生物侵袭，从而保持果蔬的新鲜品质。如果在被膜剂中添加某些防腐剂、抗氧化剂等成分制成复配型被膜剂，还会有抑制或杀灭微生物、抗氧化等保鲜效果。在糖果，如巧克力等产品中使用被膜剂，不仅使产品光洁美观，而且还可防潮、保持质量稳定。在一些需覆膜的食品加工中，使用被膜剂不仅可保持产品完整的形状、花纹等，还可保证生产的正常进行，提高生产效率。列入 GB 2760—2014 中的被膜剂共有 14 种，其中紫胶、石蜡、巴西棕榈蜡为天然被膜剂。

11.3.2 常用的被膜剂

1. 紫胶（CNS 号 14.001　INS 号 904）

1）特性

紫胶又名虫胶。虫胶为紫胶虫分泌的紫胶原胶经加工制得的工业产品，虫胶的化学成分比较复杂，其主要成分是树脂物质。虫胶片为淡黄色至褐色的片状物，有光泽，可溶于碱、乙醇，不溶于酸。有一定的防潮能力。虫胶片的原料紫梗是天然的动物性树脂，是我国传统使用中药，称为紫草茸，在《本草纲目》中就有记载，具有清热、凉血、解毒之功能。

2）应用

GB 2760—2014 规定，紫胶可用于经表面处理的鲜水果，柑橘类最大使用量为 0.5g/kg，苹果最大使用量为 0.4g/kg。将紫胶溶解于乙醇中配成 10%的溶液，可作为水果被膜剂。用紫胶涂膜的苹果贮藏 1 个月后，失水率为 0.08%，单果失水的绝对重量最大值为 3g，同时由于不易被微生物侵染，鲜果贮藏期可延长。紫胶可用于巧克力、膨化巧克力的外膜涂层，可防止受潮发黏，并赋予其明亮的光泽。用于可可制品及巧克力制品、威化饼干，最大使用量为 0.2g/kg；用于糖果；最大使用量为 3.0g/kg。

3）安全性

紫胶 ADI 为允许使用，LD_{50}为每千克体重 15g（小鼠，经口）。

2. 石蜡（CNS 号 14.002　INS 号 905）及液体石蜡（CNS 号 14.003　INS 号 905a）

1）特性

石蜡别名固体石蜡，是从石油或页岩油中得到的各种固态烃的混合物，为白色半透明的块状物，常显结晶状，无臭、无味，手指接触有滑腻感。其不溶于水，微溶于乙醇，易溶于挥发油或多数油脂中，在紫外线的影响下色泽变黄。

液体石蜡又称白色油，为无色半透明油状液体，无臭、无味，但加热时可略有石油气味，不溶于水，易溶于挥发油，并可与大多数非挥发油混溶。

2）应用

石蜡分食品用精白蜡和食品包装用白石蜡两级。食品用精白蜡适于直接涂敷食品，目前多用作焙烤食品加工和糖果生产中。在日本，液体石蜡作为脱模剂只允许使用于面包生产上，并只允许涂布于生产面包的模具和盖板上，不许在面包上喷雾抛光，在面包里的残留量规定为≤0.1%。在美国，液体石蜡可用于以下几个方面：作为脱模剂、结合剂、润滑剂，在着香剂、营养剂、特殊疗效食品的胶囊和药片里添加 0.5%以下，在生产酵母中添加 0.15%以下；作为脱模剂、润滑剂，在生产面包中使用 0.15%以下；作为脱模剂，在干水果、干蔬菜中添加 0.02%以下，在固体蛋白里添加 0.1%以下，在糕点的蜡封里添加 0.2%以下；作为抛光剂，可添加 0.2%以下；在酿制米醋、葡萄酒时，为隔绝空气和防止蒸发，以防止酵母的污染，在发酵液的表层可添加最低量的该品。

固体石蜡可用作胶姆糖胶基，最大使用量为 5.0g/kg。液体石蜡可按正常生产需要用于面包脱模、味精发酵消泡，用于淀粉软糖、鸡蛋保鲜时，最大使用量为 5.0g/kg。液体石蜡亦可用于食品上光、防黏、消泡、密封和食品机械的润滑等。

3）安全性

石蜡安全性高，ADI 不需做毒性规定，少量几乎不呈现毒性，大量长期服用则食欲减退，脂溶性维生素的吸收减少，发生人体消化器官及肝脏的障碍，所以应控制其使用量和残留量。另外其品质不纯时，所残留的微量杂质，如硫化物、多环芳烃等是有碍健康的，应严格控制其质量。

3. 吗啉脂肪酸盐（果蜡）（CNS 号 14.004　INS 号—）

1）特性

吗啉脂肪酸盐的主要成分为天然棕榈蜡、吗啉脂肪酸盐和水，为褐色半透明乳状液，溶于水，pH 值为 7～8，黏度为 5～10Pa·s。在－5～42℃下稳定。

2）应用

吗啉脂肪酸盐具有优良的成膜性，涂布于果蔬表面，可形成薄膜，抑制果蔬呼吸，防止内部水分散失，同时可抑制微生物入侵，并能改善外观。吗啉脂肪酸盐主要应用于水果涂膜保鲜，用量按正常生产需要添加，使用时先配制成一定浓度的水溶液，然后采用浸果或喷雾的方法晾干后可在水果表面形成一层薄膜，实际使用时往往在水溶液中添加适量的防霉剂，可获得更好的贮藏效果。

3）安全性

吗啉脂肪酸盐 LD_{50} 为每千克体重大于 1.6g（小鼠，经口）。

4. 巴西棕榈蜡（CNS 号 14.008　INS 号 903）

1）特性

巴西棕榈蜡的主要成分由 C_{24}～C_{34} 的直链脂肪酸酯、C_{24}～C_{34} 的直链烃基脂肪酸酯、

C_{24}～C_{34}的桂酸脂肪酸酯组成，还含有C_{24}～C_{28}直链游离脂肪酸、C_{27}～C_{31}的直链烃类及树脂，为棕至浅黄色、硬质脆性蜡，具有树脂状断面。其微有气味，相对密度为0.997，熔点为82～85.5℃，碘值为13.5，微溶于热乙醇，溶于氯仿和乙醚及40℃以上的脂肪，不溶于水，但溶于碱液。

2）应用

GB 2760—2014规定，巴西棕榈蜡可用于新鲜水果，最大使用量为0.000 4g/kg；用于可可制品、巧克力和巧克力制品以及糖果中，最大使用量为0.6g/kg。巴西棕榈蜡配制成乙醇溶液后用于果蔬涂膜，可形成一层保鲜膜，由于其熔点高于口腔温度，且不易被肠道吸收，可用于作为胶姆糖胶基。

3）安全性

ADI为每千克体重0～7g（FAO/WHO，1994）。FDA将其列为公认的一般安全物质（1994）。

11.4　抗结剂及其应用

11.4.1　概述

抗结剂又称抗结块剂，是用来防止颗粒或粉状食品聚集结块，保持其松散或自由流动的物质。其颗粒细微、松散多孔、吸附力强，易吸附导致形成结块的水分、油脂等，使食品保持粉末或颗粒状态。我国许可使用15种抗结剂（微晶纤维素、亚铁氰化钾、二氧化硅、硅铝酸钠、磷酸三钙等）。

11.4.2　常用的抗结剂

1. 微晶纤维素（CNS号02.005　INS号460i）

1）特性

微晶纤维素又称纤维素胶、结晶纤维素，为白色或几乎白色的细小粉末，无臭、无味，可压成自身黏合的小片，并可在水中迅速分散。不溶于水、稀酸、稀碱溶液和大多数有机溶剂。

2）应用

微晶纤维素除可用作抗结剂，还可用于增稠剂、分散剂、黏合剂，以及用于特殊营养食品（低热量、低脂肪的食品）。

3）安全性

微晶纤维素ADI不做特殊规定（FAO/WHO，1994），LD_{50}为每千克体重21.5g（小鼠，经口）。

2. 亚铁氰化钾、亚铁氰化钠（CNS号02.001，02.008　INS号536，535）

1）特性

亚铁氰化钾又称黄血盐、黄血盐钾，分子式为$K_4Fe(CN)_6 \cdot 3H_2O$，为浅黄色单斜晶颗粒或结晶性粉末，无臭、味咸，在空气中稳定，加热至 70℃时失去结晶水并变成白色，10℃时生成白色粉状无水物，强烈灼烧时分解，放出氮并生成氰化钾和碳化铁。其遇酸可生成氰氢酸，遇碱可生成氰化钠。因其氰根与铁结合牢固，故属低毒性，可溶于水，水溶液遇光则分解为氢氧化铁，不溶于乙醇、乙醚。

2）应用

亚铁氰化钾可用作盐及代盐制品抗结剂，最大使用量为 0.01g/kg。

3）安全性

亚铁氰化钾 ADI 为每千克体重 0～0.25mg（FAO/WHO，1994），LD_{50} 为每千克体重 1.6～3.2g（小鼠，经口）。

3. 二氧化硅（CNS 号 02.004　INS 号 551）

1）特性

二氧化硅又称合成无定形硅，分子式为 SiO_2。供食品用的二氧化硅系无定形物质，按制法不同分胶体硅和湿法硅两种。胶体硅为白色、蓬松、无砂的精细粉末。湿法硅为白色、蓬松粉末或白色微孔颗粒。二氧化硅易吸湿或从空气中吸收水分，无臭，无味，相对密度为 2.2～2.6，不溶于水、酸、有机溶剂，溶于氢氟酸和热的浓碱液。

2）应用

二氧化硅除可用作抗结剂，还可用作饮料、果酒、酱油、醋等的助滤剂、澄清剂。

3）安全性

二氧化硅 ADI 不做特殊规定（FAO/WHO，1994），LD_{50} 为每千克体重 21.5g（小鼠，经口）。

4. 磷酸三钙（CNS 号 02.003　INS 号 341iii）

1）性状

磷酸三钙为白色粉末，无臭，无味，在空气中稳定，不溶于醇，几乎不溶于水，但易溶于稀盐酸和硝酸。

2）应用

磷酸三钙可用作抗结剂、水分保持剂、酸度调节剂、稳定剂。FAO/WHO 规定，作为抗结剂可用于葡萄糖粉、蔗糖，最大使用量为 1.5%；乳粉、奶油粉 0.5%；汤羹粉 1.59%；可可粉 1%；作为稳定剂可用于炼乳、稀奶油，使用量为 2%。

3）安全性

磷酸三钙 ADI 为每千克体重 0～70mg（FAO/WHO，1994），LD_{50} 为每千克体重大于 5g（小鼠，经口）。

11.5　胶姆糖基础剂

11.5.1　概述

胶姆糖是一种特殊类型的糖果，是唯一经咀嚼而不吞咽的食品，其类型既有口香糖，也有能成泡的泡泡糖，并有非甜味的营养口嚼片等。胶姆糖是由胶姆糖基础剂、糖、油脂、香精等制成，胶姆糖基础剂占胶姆糖的 20%～30%；糖包括白砂糖、葡萄糖、饴糖、麦芽糊精等，占胶姆糖的 70%～80%；油脂占 2%～3%；香精占 0.5%～2.0%；还有少量的甜味剂、卵磷脂、色素、水等。

胶姆糖基础剂又称胶基、基料、胶姆、底胶，是赋予胶姆糖起泡、增塑、耐咀嚼作用的物质，一般以高分子胶状物质，如天然树胶和合成橡胶为主，加上蜡类、软化剂、胶凝剂、抗氧化剂、防腐剂、填充剂等组成。胶基必须是惰性不溶物，不易溶于唾液，可根据生产厂家的需要，制作相应的胶基。

在天然树胶中，多年来多以糖胶树胶为主要胶基材料，这种树胶大部分产自墨西哥和洪都拉斯，产量很少，价格也高。作为糖胶树胶代用品的天然树胶，以爪哇、苏门答腊、罗洲产的节路顿树胶最负盛名。至于其他的树胶类，因产量小，工业用价值也小。20 世纪以来，随着胶姆糖日益盛行，天然树胶供不应求，所以已研究出合成橡胶作为替代品。

列入 GB 2760—2014 中的胶基及其配料允许使用的合成橡胶有 5 种，分别为丁二烯-苯乙烯 75/25、50/50 橡胶（丁苯橡胶）、聚丁烯、聚乙烯、聚异丁烯、异丁烯-异戊二烯共聚物（丁基橡胶)。GB 2760—2014 中允许使用的树脂有松香甘油酯、氢化松香甘油酯等 12 种，树脂的主要作用是增加胶基的塑性、弹性，有软化功能，占胶基的 30%～35%；允许使用的蜡类有巴西棕榈蜡、蜂蜡、聚乙烯蜡均聚物、石蜡、石油石蜡（费-托合成法)、微晶石蜡、小烛树蜡等 7 种蜡，蜡类占胶基 10%～25%，主要增加胶基的可塑性。配料中的乳化剂（甘油酯、卵磷脂、单甘酯、蔗糖酯等）可以起到软化、乳化胶基的作用；海藻酸钠、明胶、果胶可用作胶基的胶凝剂；甘油、丙二醇可用作胶基的润湿剂；抗氧化剂和防腐剂占胶基 0.1%～0.2%；作为填充剂用的细粉末的碳酸钙或滑石粉，都可以适当地抑制胶姆糖的弹性，同时也可防止胶基的黏着。

11.5.2 常用的胶姆糖基础剂

1. 丁苯橡胶（CNS 号 07.002 INS 号—）

1）特性

丁苯橡胶又称丁二烯-苯乙烯共聚物，按所含丁二烯和苯乙烯比例不同，分为 75/25 和 50/50 两种，分别称作 BSR75/25、BSR50/50。丁苯橡胶不完全溶于汽油、苯、氯仿。极性小，黏附性差，耐磨性及耐老化性较优，耐酸碱。BSR50/50 胶乳的 pH 值为 10.0～11.5，固形物含量为 41%～63%。BSR75/25 胶乳的 pH 值为 9.5～11.0，固形物含量为 26%～42%。

2）应用

丁苯橡胶可用作胶基糖果中的基础剂物质，在胶姆糖、口香糖中根据生产需要适量使用。

3）安全性

丁苯橡胶安全性好，ADI 未做限量规定。

2. 聚醋酸乙烯酯（CNS 号 07.001　INS 号—）

1）特性

聚醋酸乙烯酯又称聚乙酸乙烯树脂，分子式为$(C_4H_6O_2)_n$。分子量为 20 000～50 000，为白色黏稠液体或淡黄色细粉或玻璃状块，无臭、透明、韧性强，不溶于水、脂肪，溶于乙醇、乙酸乙酯等醇类或酯类。遇光、热不易变色，不易老化。相对密度为 1.19（20℃），熔点 100～250℃，吸水性为 2%～3%（25℃，24h）。软化点随聚合度而异，约为 38℃。对酸、碱比较稳定。

2）应用

聚醋酸乙烯酯可用作胶姆糖基础剂，果实被膜剂、乳化剂。

3）安全性

聚醋酸乙烯酯 LD_{50} 为每千克体重大于 0.025g（小鼠，经口）。

3. 其他胶姆糖胶基及配料

1）丁基橡胶

丁基橡胶又称异丁基橡胶，为异丁烯、异戊二烯共聚物。丁基橡胶为白色或浅灰色块状，无臭无味，相对密度为 0.92，玻璃化温度为－69～－67℃，不溶于乙醇和丙酮。

2）糖胶树胶

该品为白色或棕色固体，硬而易碎，不带任何异物，不易氧化。糖胶树胶是将从人心果或红松科的树液中提取出来的凝固胶乳，装在袋子中烧煮，通过浓缩，使水分蒸发约 50%而制得。

3）节路顿树胶

该品为外部灰白色，内部雪白色块状固体，不带任何异物，是从夹竹桃科植物中取得的胶乳制成的凝结胶乳，再在胶乳中加入稀乙酸或磷酸使之凝结变成块状固体，用水冲洗后制成。

4）滑石粉

滑石粉含有天然含水硅酸镁及少量的硅酸铝，不得含有石棉。

该品为白色至灰白色细微结晶粉末，无臭、无味，细腻润滑，对酸、碱、热均十分稳定，不溶于水、苛性碱、乙醇，微溶于稀无机酸。因原料来源不同，滑石粉产品中含有杂质石棉。石棉为一种致癌物，为此应选用不含石棉的滑石粉。滑石粉在食品工业中还可用作抗结剂、助滤剂、脱膜剂、防黏剂。

11.6　面粉处理剂

11.6.1　概述

面粉处理剂是促进面粉的熟化和提高制品质量的物质，是面粉加工中常用的食品添加剂。新磨制的面粉，特别是用新小麦磨制的面粉，筋力小，弹性弱，无光泽，其面团吸水率低，黏性大，发酵耐力、醒发耐力差，极易塌陷，面包体积小，易收缩变形，组织不均匀。因此，新面粉必须经过后熟或促熟过程。国内外均采用加入面粉处理剂来增强新面粉的筋力、促进面团发酵。我国允许使用的面粉处理剂有偶氮甲酰胺、碳酸镁、碳酸钙、L-半胱氨酸盐酸盐、抗坏血酸 5 种。

11.6.2 常用的面粉处理剂

1. 偶氮甲酰胺（CNS 号 13.004　INS 号 927a）

1）特性

偶氮甲酰胺是一种黄色至橘红色结晶性粉末，具有漂白和氧化双重作用，是一种速效面粉增筋剂，属于快速型氧化剂。它除了具有与溴酸钾相同的效果外，还能够直接影响面团搅拌和发酵时的流变学特性，减小面团的延伸性阻力，改善面团的操作性能，增强面团的保气能力，改善面包的内部组织。

2）应用

偶氮甲酰胺对面粉没有漂白作用。偶氮甲酰胺作为面粉增筋剂添加量为（15～25）× 10^{-6}，用于小麦粉中，最大使用量为 0.045g/kg。

3）安全性

偶氮甲酰胺的 ADI 为每千克体重 0～45mg（FAO/WHO，1994），LD_{50} 为每千克体重大于 10g（小鼠，经口）。

2. L-半胱氨酸盐酸盐（CNS 号 13.003　INS 号 920）

1）性状

L-半胱氨酸盐酸盐是一种面粉还原剂，具有促进面包发酵的作用，为无色至白色结晶或结晶性粉末，有轻微特殊气味和酸味，熔点为 175℃（分解）。溶于水，水溶液呈酸性，1%溶液的 pH 值约为 1.7，0.1%溶液的 pH 值为 2.4。亦可溶于醇、氨水和乙酸，不溶于乙醚、丙酮、苯等，具有还原性，有抗氧化和防止非酶褐变的作用。

2）应用

L-半胱氨酸盐酸盐与面粉增筋剂配合使用时，主要在面筋的网状结构形成后发挥作用，其作用具有时间的滞后性，能够提高面团的持气性和延伸性，加速谷蛋白的形成，防止面团筋力过高而引起老化，从而缩短面制品的发酵时间。L-半胱氨酸盐酸盐作为面包发酵促进剂，可加入面粉中混匀，或在和面时加入，最大使用量为 0.06g/kg；用于冷冻米面制品，最大使用量为 0.6g/kg。

3）安全性

L-半胱氨酸盐酸盐 LD_{50} 为每千克体重 1 250mg（小鼠，经口）。

第 12 章　食品工业用加工助剂

学习目标

（1）了解食品工业用加工助剂的作用。

（2）熟悉常用加工助剂中的溶剂及其应用。

（3）熟悉常用加工助剂中的助滤剂、吸附剂及其应用。

（4）了解其他可作为加工助剂的食品添加剂。

食品工业用加工助剂

食品工业用加工助剂是指使食品加工能够顺利进行的各种辅助物质，如助滤、澄清、吸附、脱膜、脱色、脱皮、提取溶剂等。其与食品本身无关，一般应在制成最后成品之前加以除去，有的应按规定控制其在食品中残留量不得超过允许值。为避免加工助剂引起的食物中毒事故，必须强调加工助剂本身为食品级商品，不得使用金属污染物及杂质含量不符合食品添加剂规格的工业级商品。在《食品安全国家标准 食品添加剂使用标准》（GB 2760—2014）中，将它们列在附录 C 中。

12.1　溶剂及其应用

12.1.1　概述

溶剂又称溶媒，是能溶解其他物质的物质，主要用于辅助溶解，如用于各种非水溶性物质的萃取，如油脂、香料的萃取；也常用作非水溶性物质的稀释，如油溶性色素、维生素等。食品工业中常用溶剂有丙二醇、甘油和溶剂油等。

12.1.2　食品工业中常用的溶剂

1. 丙二醇（CNS 号 18.004　INS 号 1520）

1）特性

丙二醇为无色透明状黏稠液体，无臭，有微苦感的甜味。相对密度为 1.036～1.040，沸点为 183～195℃。能与水、乙醇、丙酮、乙醚混溶，对光、热稳定，可燃。闪点为 107℃。150℃以上氧化。常温下稳定。

2）应用

丙二醇为溶剂，可溶解水溶性香料、色素、防腐剂、维生素、树脂及其他难溶于水的有机物。丙二醇还是润湿剂和保湿剂。不同有机物在丙二醇中的溶解度不同，见表 12-1。丙二醇的水溶液不易冻结，40%的丙二醇水溶液于－20℃仍不冻结，对食品有抗冻作用。

表 12-1　不同物质在丙二醇中的溶解度

成分	丙二醇中溶解度（25℃）/%	成分	丙二醇中溶解度（25℃）/%
烟酸	0.88	阿拉伯胶	0.16
维生素 B_2	0.006	柠檬酸钠	0.2
维生素 B_1 盐酸盐	2.73	蓖麻油	0.8
鞣酸	45.2	动物油	0.5
糊精	1.0	虫胶	0.5
薄荷油	0.8	柠檬油	0.94

按《食品安全国家标准 食品添加剂使用标准》（GB 2760—2014）规定，丙二醇用于糕点，最大使用量为 3.0g/kg；用于生湿面制品（如面条、饺子皮、馄饨皮、烧卖皮），最大使用量为 1.5g/kg。按日本规定，丙二醇用于生面条，最大使用量为 2%；饺子皮、烧卖皮、馄饨皮等最大使用量为 1.2%；其他食品，最大使用量为 0.6%；章鱼、乌贼的熏制品，最大使用量为 2%。

3）安全性

丙二醇的 ADI 为每千克体重 0～25mg（FAO/WHO，1985），LD_{50} 为每千克体重 22～23mg（小鼠，经口）。

2. 丙三醇

1）特性

丙三醇，俗称甘油。丙三醇为无色透明或微黄色的糖浆状液体，无臭，有甜味，沸点为 290℃（分解），相对密度为 1.265 6。纯粹的丙三醇冷却至 0℃时，可以慢慢地结晶出来，此晶体熔点为 17.8℃。丙三醇可与水、乙醇混溶，但不溶于乙醚、氯仿、己烷、油脂等非极性有机溶剂中，易吸湿，水溶液为中性，与强氧化剂接触易爆炸。

2）应用

难溶于水的防腐剂、抗氧化剂、色素等在添加于食品前，可使用甘油作为溶剂。食用香精，除用乙醇作香精原料的溶剂外，有时也配合使用甘油，如在有些食用水溶性香精中约配用 5%的甘油。

3）安全性

丙三醇的 LD_{50} 为每千克体重 3.2g（小鼠，经口）。

3. 6 号轻汽油

1）特性

6 号轻汽油是馏程为 60～71℃的溶剂汽油。6 号轻汽油为无色透明挥发性强的液体。该品馏程为：初馏点 60℃，98%馏出温度不高于 71℃，极易挥发着火。不溶于水，溶于乙醇、乙醚和丙酮，密度（20℃）不大于 0.670g/cm^3。

2）应用

6 号轻汽油主要用于食品工业上天然香料、着色剂、油脂和其他脂溶性物质的浸出抽提工艺。6 号轻汽油安全使用的关键之一是除尽成品中的残留溶剂。在适当的工艺条件下，油脂中残留溶剂可在 10mg/kg 以下。

3）安全性

6 号轻汽油 LD_{50} 为每千克体重 3.75g（小鼠，经口）。6 号轻汽油主要经呼吸道及皮肤吸收，对呼吸器官有刺激作用，多量吸入有麻醉作用。其进入人体后，大部分很快从体内排出，仅其氧化物与葡萄糖醛酸结合由肾脏排出。6 号轻汽油在体内主要作用于中枢神经系统，使神经细胞内酯质平衡失调，急性中毒可导致脑充血水肿。在 6 号轻汽油慢性作用下，可因红细胞中脂蛋白溶解而产生溶血倾向。溶剂汽油不纯时，其微量不纯物，如硫化物、芳香族烃及多环芳烃等都对健康有害。

12.2　助滤剂、吸附剂及其应用

12.2.1　0020 概述

在食品加工过程中，以帮助过滤为目的的食品添加剂称为助滤剂，食品吸附剂是为了降低食品袋中的湿度，防止食品变质的食品添加剂。食品加工所使用的助滤剂及吸附剂有活性炭、硅藻土和高岭土等。

12.2.2　食品工业中常用的助滤剂和吸附剂

1. 活性炭

1）特性

活性炭，分子式为 C，为黑色细微的粉末。无臭，无味。有多孔结构，对气体、蒸气或胶态固体有强大的吸附能力，每克的总表面积可达 1 500～1 000m^2。其相对密度为 1.9～2.1，表观相对密度为 0.08～0.45，沸点为 4 200℃。不溶于任何有机溶剂。

2）应用

活性炭一般用于蔗糖、葡萄糖、饴糖等的脱色，也可用于油脂和酒类的脱色、脱臭。另据报道，活性炭用于吸附油脂中残留的黄曲霉毒素或 3,4-苯并芘也有很好的效果。用活性炭对淀粉糖浆进行脱色和提纯，其方法是在用活性炭脱色之前，首先将糖液中的胶黏物滤去，然后将其蒸发至 48%～52%浓度的糖液，加入一定量的活性炭进行脱色，并压滤，以便将残存糖液中的一些微量色素吸附干净，得到无色澄清的糖液。活性炭除去糖中的焦糖色素、单宁色素、皮渣色素等效果较好。对糖液中分解的氨基酸等含氮色素，即离子型色素、金属类阳离子型色素使用活性炭不好，可采用离子交换树脂脱色较为经济。

活性炭之所以能脱色，是由于它有吸附作用，影响其吸附作用的因素是多方面的，在使用时应注意以下事项：

（1）温度。温度高，糖液黏度小，使杂质容易渗透入炭的组织内部，杂质被吸附的速率和数量相应提高，但过高的温度会使糖液炭化、分解，所以温度也不宜太高，一般为 70～80℃。

（2）搅拌。为了使糖液充分与活性炭接触，发挥炭的脱色作用，必须采用一定的转速来搅拌，通常为100～120r/min。

（3）脱色pH值。脱色效率一般在酸性条件下较为有利，所以采用的pH值为4.0～4.8，不宜太低。

（4）脱色时间。要使活性炭发挥其吸附作用，必须给予一定的时间，才能使杂质充分渗入炭内部，一般30min即可，当吸附平衡已达到饱和点时，就不必再延长时间。

（5）糖液浓度。糖液黏度与浓度成正比，浓度大，黏度也高；黏度高，会使炭的吸附作用降低，难于脱色，所以糖液浓度应掌握在48%～52%。

（6）活性炭的质量。活性炭的质量要好，可溶性灰分和杂质要少，否则会影响产品质量。成品中应将活性炭除尽。

3）安全性

以含有10%活性炭的饲料喂小白鼠12～18个月，与对照组观察，没有什么差异。ADI无特殊规定（植物性的食品用活性炭）。

2. 硅藻土

1）特性

硅藻土是由硅藻类的遗骸堆积海底而成的一种沉积岩，其主要成分是粗的二氧化硅的水合物，为黄色或浅灰色粉末，多孔而轻。其有强吸水性，能吸收其本身质量1.5～4.0倍的水，不溶于氢氟酸以外的酸，溶于强碱溶液。硅藻土真相对密度为1.9～2.35，表观相对密度为0.15～0.45。硅藻土的化学成分是硅酸，纯度较高的呈白色。但几乎所有的硅藻土都含铝、钙、镁、铁等盐类，含铁盐多的呈褐色。

2）应用

淀粉糖浆的脱色过程，若采用硅藻土吸附糖液中的胶质物，可提高活性炭的脱色效率。硅藻土用作葡萄酒、啤酒等的助滤剂也有效。其方法是先将硅藻土放在水中搅匀，然后流经过滤机网片，使其在网片上形成硅藻土薄层，当硅藻土薄层达1mm厚左右，即可过滤得到澄清的制品。视成品澄清度的下降情况，在适当的时候可更换硅藻土。

3）安全性

硅藻土不被人体消化吸收，其精制品毒性低。

3. 高岭土

1）性状

高岭土别名白陶土、瓷土。主要成分为含水硅酸铝，是由在我国江西景德镇附近的高岭地方发现而得名的高岭石，经粉碎而成的微细晶体矿物，为各种结晶岩（花岗岩、片麻岩）风化后的产物。纯净的高岭土为白色粉末，一般含有杂质，呈灰色或淡黄色，质软，易分散于水或其他液体中，有滑腻感，并有土味，相对密度为2.54～2.60，熔点约为1 785℃。

2）应用

高岭土常用于促进葡萄酒、果酒、黄酒的加工工艺和发酵工艺。每100L葡萄酒，用高岭土 500g，加水 1 000mL，打成极均匀的泥浆，加入葡萄酒充分搅匀，可使其自然澄清。其缺点是澄清速率很慢，需 3～4 周，且高岭土若含有微量铁时，会使酒变黑，所以，实际生产中必须使用品质纯净的高岭土。

3）安全性

高岭土不被人体消化吸收，其精制品毒性低。

12.3　其他加工助剂

《食品安全国家标准 食品添加剂使用标准》(GB 2760—2014）中，附录 D 列出了食品添加剂功能类别共 22 类，除 21 类具体功能的食品添加剂外，还有一类为其他。按用途归类，这一类其他功能的添加剂是属于加工助剂或者用于辅助使用、增加效果。现列举部分，如表 12-2 所示。

表 12-2　食品加工助剂的功能与品种

功能	品种
氧化剂	高锰酸钾
双歧乳酸杆菌的增殖因子	异构化乳糖液
水溶性膳食纤维	半乳甘露聚糖
润滑剂	矿物油
糖结晶助剂	蔗糖聚丙烯醚
蛋白澄清剂	固化单宁
调味剂	咖啡因、氯化钾、辣椒油树脂、乙酸钠
脱色剂	凹凸棒黏土
果蔬脱皮剂	月桂酸
植物油结晶抑制剂	羟基硬脂精
铁钙吸收促进剂	酪蛋白钙肽、酪蛋白磷酸肽

1. 高锰酸钾（CNS 号 00.001　INS 号—）

高锰酸钾又称过锰酸钾。该品为深紫色颗粒状或针状结晶，有金属光泽，味甜而涩，有收敛性，具有强氧化性，浓溶液对皮肤、黏膜有腐蚀作用，稀溶液可作为消毒、防腐药。

该品用于淀粉工业中，具有除臭功能，最大使用量为 0.5g/kg。

2. 异构化乳糖液（CNS 号 00.003　INS 号—）

异构化乳糖又称乳果糖、乳酮糖、半乳糖基果糖苷，该品为淡黄色透明液体，有甜味，甜度为蔗糖的 60%～70%，贮存或加热后色泽加深。

异构化乳糖液是一种功能性低聚糖，可作为双歧乳酸杆菌的增殖因子，能促进人体

（特别是婴儿）肠内双歧菌群的生长。据报道，该品可在体内增殖双歧杆菌 27 倍，在体外增殖 103.6 倍。双歧菌群有抑制肠内致病菌的作用，其次在肠内不断产酸可阻止其他有害菌的增殖，还能刺激肠道适当地蠕动，提高钙和铁的吸收，合成 B 族维生素，防止肠内产生腐败产物，抑制腐败发酵。异构化乳糖液在乳粉、奶油粉及其调制产品、婴幼儿配方食品中最大使用量为 15.0g/kg，在饼干中最大使用量为 2.0g/kg，在除包装饮用水之外的饮料类食品中最大使用量为 1.5g/kg。

3. 半乳甘露聚糖（CNS 号 00.014　INS 号—）

半乳甘露聚糖，其液体为无色透明，呈中性，并有很低的黏度。该品是一种水溶性膳食纤维，热量低（0.48kJ/kg），具有多种生理功能，可促进肠运动，改善脂类代谢和葡萄糖代谢，可降血糖，预防便秘、结肠癌、心血管病。

半乳甘露聚糖可添加于各种食品中，一般用量为 0.1%～10%。

4. 固化单宁

固化单宁是以五倍子为原料，用水、乙醇或乙醇-乙醚浸提法提取，经精制除去色素和树脂，再经真空浓缩并干燥成单宁，再以适当的固化技术结合在与水不溶性载体上而制成。该品不溶于水、乙醇，对蛋白质、金属离子有极强的亲合力，是一种高效蛋白吸附剂。

固化单宁为需要规定功能和使用范围的加工助剂，根据生产需要可适量使用，可用作黄酒、啤酒、葡萄酒和配制酒的加工工艺、油脂脱色工艺的助滤剂、澄清剂、脱色剂。

5. 咖啡因（CNS 号 00.007　INS 号—）

咖啡因又称茶碱，分子式为 $C_8H_{10}N_4O_2$。咖啡因为白色粉末或无色至白色针状结晶，无臭味，味苦，有无水物和一水物之两种。其溶于水，在冷水中可溶解 2%，80℃热水中可溶解 18%，100℃热水中可溶解 60%，冷乙醇中可溶解 15%，60℃乙醇中可溶解 45%，1%水溶液 pH 值为 6.9。咖啡因水合物可在空气中风化，80℃时失去结晶水，178℃时升华，熔点为 236℃。

该品有兴奋神经中枢作用，并易上瘾。咖啡因可用作兴奋剂、苦味剂、香料，添加到可乐型碳酸饮料，最大使用量为 0.15g/kg。

6. 氯化钾（CNS 号 00.008　INS 号 508）

氯化钾为无色长棱形或立方形晶体或白色结晶粉末，无臭，味咸涩，易溶于水、甘油，微溶于乙醇，不溶于乙醚和丙酮；对光、热和空气都稳定，但有吸湿性，易结块。该品可用作代盐剂、营养增补剂、胶凝剂。

实际使用时，该品 20%与食盐 78%的混合盐（即低钠盐），风味、咸度与食盐相同，可用于各种食品或配制运动员饮料，用于盐及代盐制品，最大使用量为 350g/kg。氯化钾用作其他饮用水（自然来源饮用水除外）的食品添加剂，起添加钾元素的作用，可按生产需要适量使用。

7. 硫酸镁（CNS 号 00.021　INS 号 518）

硫酸镁可用作其他饮用水（自然来源饮用水除外）的食品添加剂，起添加镁元素的作用，最大使用量为 0.05g/L。

8. 硫酸锌（CNS 号 00.018　INS 号—）

硫酸锌可用作其他饮用水（自然来源饮用水除外）的食品添加剂，起添加锌元素的作用，最大使用量为 0.006g/L（以 Zn 计为 2.4mg/kg）。

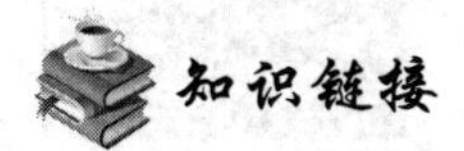

GB 25565—2010《食品安全国家标准 食品添加剂 磷酸三钠》

第13章　食品添加剂在食品中的应用

学习目标

（1）了解食品添加剂在面粉及焙烤食品中的应用。
（2）了解食品添加剂在肉制品中的应用。
（3）了解食品添加剂在饮料中的应用。
（4）了解食品添加剂在绿色食品中的应用。
（5）了解功能性食品添加剂。

食品添加剂在食品中的应用

13.1　食品添加剂在面粉及焙烤食品中的应用

我国是农业大国，小麦是我国重要的粮食作物之一，在农业生产中占据十分重要的地位。面粉作为小麦的主要加工品在人们的饮食结构中占有比较大的比重，特别是在我国的北方地区。据国家统计局数据，2018年我国小麦种植面积为2 427万hm^2，年产量为13 144.05万t。

随着经济的发展，生活节奏的加快，作为主食的面制品，其品种和数量在不断增加，人们对食物的要求也变得越来越高。面制品的生产无论从产品的口感、色泽，还是满足其加工工艺的需要方面，都要求进一步提升面粉的品质。我国小麦的筋力较差，较难适应制作高质量面制品的要求。为了满足市场各种面制品对面粉质量的多种要求，国家粮食部门研究制定了九种食品专用粉标准，经国家技术监督局批准实施，即面包用小麦粉、面条用小麦粉、饺子用小麦粉、馒头用小麦粉、发酵饼干用小麦粉、脆性饼干用小麦粉、蛋糕用小麦粉、糕点用小麦粉、自发小麦粉。但专用粉也只是大的分类，如面条用小麦粉是一种通用规格，但在中国，面条品种繁多，不算地方品种，全国通用面条品种就有生切面、挂面、方便面等，方便面又分油炸的和汽蒸的。这些不同品种，均有不同的生产工艺要求，而消费者对面条的品质要求，一般都为下锅耐煮，不糊汤，入口光滑、柔软、有弹性，这就需要在面条加工过程中配以各类面粉制品食品添加剂，以调整生产工艺。

《食品安全国家标准 食品添加剂使用标准》（GB 2760—2014）中，应用于面粉和面制品，包括面包、饼干、面条、糕点等的各类食品添加剂有50～60种，见表13-1。

表 13-1　《食品安全国家标准 食品添加剂使用标准》(GB 2760—2014)规定可用于面粉和面制品的添加剂

类别	食品添加剂名称	使用范围	最大使用量/(g/kg)	备注
面粉处理剂	L-半胱氨酸盐酸盐	发酵面制品	0.06	
	抗坏血酸	小麦粉	0.2	
	偶氮甲酰胺	小麦粉	0.045	
	碳酸镁	小麦粉	1.5	
	碳酸钙	小麦粉	0.03	
膨松剂	碳酸氢钠	各类食品(发酵大米制品和婴幼儿谷类辅助食品除外)	按生产需要	
	碳酸氢铵	各类食品(婴幼儿谷类辅助食品除外)	按生产需要	
	碳酸钙	小麦粉	0.03	
	磷酸氢钙	小麦粉及其制品	5.0	
	酒石酸氢钾	小麦粉及其制品、焙烤食品	按生产需要	
水分保持剂	磷酸二氢钙	面包饼干	4(以磷酸计)	
		小麦粉	5.0(以磷酸计)	主要用作过氧化苯甲酸稀释剂
	磷酸二氢钠	发酵粉	按生产需要	
	酸性磷酸铝钠	面糊、油炸面制品、焙烤食品	按生产需要	干品中铝的残留量≤100mg/kg
	硫酸铝钾	小麦粉及其制品、焙烤食品	按生产需要	铝的残留量≤100mg/kg(干样品,以 Al 计)
	焦磷酸二氢二钠	面包饼干	3	
	磷酸二氢钾	小麦粉	5	
乳化剂	蔗糖酯	专用小麦粉(如自发粉、饺子粉)	5.0	
	吐温-20	面包	2.5	
	吐温-40	糕点	2.0	
	单甘酯	各类食品	按生产需要	
	木糖醇酐单硬脂酸酯	面包、糕点	3	
	硬脂酰乳酸钙(CSL)	面包、糕点、专用小麦粉、生湿面制品	2	
	硬脂酰乳酸钠(SSL)	面包、糕点、专用小麦粉、生湿面制品	2	
	双乙酰酒石酸单(双)甘酯	焙烤食品	20	
	吐温-60	面包	2.5	
	改性大豆磷脂	各类食品	按生产需要	
	丙二醇	生湿面制品(如面条、饺子皮、馄饨皮、烧卖皮)	1.5	

续表

类别	食品添加剂名称	使用范围	最大使用量/（g/kg）	备注
乳化剂	丙二醇	糕点	3.0	
	琥珀酸单甘油酯	焙烤食品	5.0	
	果胶	生湿面制品	按生产需要	
	木糖醇酐单硬脂酸酯	面包、糕点	3.0	
	卡拉胶	生干面制品	8.0	
	司盘-20、司盘-40、司盘-60、司盘-65	面包、糕点、饼干	3.0	
	丙二醇脂肪酸酯	糕点	3.0	
	硬脂酸钾	糕点	0.18	
增稠剂	琼脂	各类食品	按生产需要	
	明胶	各类食品	按生产需要	
	海藻酸丙二醇酯	挂面、生湿面制品（如面条、饺子皮、馄饨皮、烧卖皮）	5.0	
	海藻酸钠	各类食品	按生产需要	
	果胶	各类食品	按生产需要	
	卡拉胶	各类食品	按生产需要	
	瓜尔胶	各类食品	按生产需要	
	醋酸酯淀粉	生湿面制品（如面条、饺子皮、馄饨皮、烧卖皮）（仅限生湿面条）	按生产需要适量使用	
	CMC	方便面	5	
	黄原胶	生干面制品	4	
		生湿面制品（如面条、饺子皮、馄饨皮、烧卖皮）	10	
	CMS	面包	0.02	
	磷酸化二淀粉磷酸酯	方便面、面条	0.2	
	亚麻籽胶	生干面制品	1.5	
	田菁胶	挂面、方便面、面包	2	
	聚葡萄糖	焙烤食品	按生产需要	
	-环状糊精	方便米面制品	1	
防腐剂	山梨酸钾	面包、糕点	1	不得延长原保质期
	丙酸及其钠、钙盐	生湿面制品（如面条、饺子皮、馄饨皮、烧卖皮）	0.25	以丙酸计
		面包、糕点	2.5	
抗氧化剂	丁基羟基茴香醚（BHA）	方便面、饼干	0.2	
	二丁基羟基甲苯（BHT）	方便面、饼干	0.2	
	茶多酚 40%～60%	方便面、糕点	0.2	
	特丁基对苯二酚（TBHQ）	方便面、饼干	0.2	
	甘草抗氧化物	方便面、饼干	0.2	

续表

类别	食品添加剂名称	使用范围	最大使用量/（g/kg）	备注
甜味剂	山梨糖醇	面包、糕点、饼干	按生产需要	
		生湿面制品（如面条、饺子皮、馄饨皮、烧卖皮）	30	
	环己基氨基磺酸钠	面包、糕点	1.6	
		饼干	0.65	
	异麦芽酮糖	面包、糕点、饼干	按生产需要	
	麦芽糖醇	面包、糕点、饼干	按生产需要	
	木糖醇	糕点	按生产需要	
	安赛蜜（AK 糖）	焙烤食品	0.3	

13.1.1　面粉及焙烤食品中添加剂的主要类别和作用

面粉是生产面包、饼干、蛋糕、面条、方便面、糕点等产品的主要原料，为了提高这类制品的质量，改进工艺，需要添加各种食品添加剂。这些食品添加剂添加的目的和作用不尽相同，因此也赋予它们各种名称，如面粉处理剂、面团改进剂、饼干疏松剂等。

1. 面粉改良剂或面团品质改进剂

由于空气中氧的作用，面筋变得更强和稳定，也更有弹性，使得面包制作质量随着新磨制白面粉放置时间的延长而有所提高。曾经有制粉企业在面粉出厂之前先贮存几周，让面粉自然“老化”。后来发现，在面粉中加入少量的过硫酸铵就可达到面粉老化的效果。随后科研人员发现，许多氧化剂都具有老化面粉的能力。在实际生产中，为了使制作面包的面粉品质得到改良，制粉企业都用面粉改良剂来处理面包用面粉，使得其面筋更强、更稳定和更富有弹性。一些面粉改良剂还具有漂白面粉中黄着色剂的作用。当使用无漂白作用的面粉改良剂时，为了使面粉从奶油色改变成白色，制粉企业还要在面粉中加入漂白剂。自 1989 年溴酸钾禁止使用以来，英国允许使用的面粉改良剂是抗坏血酸和二氧化氯，而二氧化氯还具有漂白作用，因而自 1997 年，二氧化氯在英国制粉企业也不再允许使用。

随着食品科技的发展，品质改良剂得到了长足的发展。制作面条时，除了添加单甘酯、硬脂酰乳酸钠外，还可添加复合磷酸盐（酸式焦磷酸钠、焦磷酸钠、三聚磷酸钠、六偏磷酸钠、磷酸二氢钠、磷酸氢二钠）、增稠剂（海藻酸钠、羧甲基纤素钠、瓜儿豆胶、刺槐豆胶、磷酸淀粉、聚丙烯酸钠），以使面条不易断条、不粘连、不浑汤、口感细腻、咀嚼性好。在馒头类发酵面制食品添加硬脂酰乳酸钠-钙、单甘油酯、蔗糖酯、酶制剂、调节剂等可增强面筋，延缓直链淀粉老化，且有较好的保湿性，使制品口感柔软、有弹性、延长货架期。制作饺子、馄饨、烧卖时，在面粉中添加卵磷脂、硬脂酰乳酸钠、丙二醇，在生产操作时，不粘辊，不粘器壁，同时，皮子之间不粘连、不破裂。一般面包品质改良剂用量为面粉的 1%～2%。

（1）抗坏血酸。抗坏血酸（维生素 C）是面粉品质改良剂，如在面粉中添加 20～200mg/kg 抗坏血酸，可大大提高面粉的烘焙质量。不同于其他面粉品质改良剂，抗坏血酸是还原剂，容易被空气氧化成脱氢抗坏血酸，正是这个化合物发挥了品质改良作用。抗坏血酸是唯一被英国面包与面粉条例允许在面包生产中使用的氧化还原品质改良剂。它的主要作用是缩短面包生产过程。

（2）酶制剂。添加酶制剂可以增强面粉的发酵能力，面粉厂通过添加大麦芽粉或淀粉酶可以补充小麦自身的不足，添加量据面团的特性及需要而定。欧洲各国目前使用的酶制剂主要包括脂肪氧化酶、葡萄糖氧化酶等。日本目前使用的酶制剂有真菌淀粉酶、淀粉葡萄糖苷酶和半纤维素酶。淀粉酶可将淀粉分子的无支链部分分解成更小的单位，从而降低面团的黏性，改善加工特性和发酵能力，增大面团的体积，增加制品的特色风味。

许多年以来制粉企业为了弥补淀粉酶的不足，通常在面包专用粉中添加麦芽粉作为 -淀粉酶的来源。但是在过去几年中，用真菌 -淀粉酶替代麦芽粉的趋势越来越明显。米曲霉菌经深层培养后，对培养基进行提取纯化可得到真菌 -淀粉酶。纯化的淀粉酶用载体稀释后得到的混合物，在面粉中加入 100mg/kg 可弥补淀粉酶的不足。与麦芽粉相比，真菌 -淀粉酶制剂作为淀粉酶矫正剂有几个优点：无杂酶，如在烘焙过程中也能存活的细菌淀粉酶，具有使面粉产品标准化的趋势，在超量使用时面包瓤也不会出现发黏现象。

（3）强筋剂。强筋剂主要是氧化剂，它通过氧化面筋蛋白质分子中的硫氨基（—SH）成为二硫键（—S—S—）以改变蛋白分子的分子量，尤其是增大了面筋蛋白质的分子量，导致面筋蛋白质的弹性及综合强度的增加。常用的氧化剂有偶氮甲酰胺等。

2. 膨松剂

（1）酒石酸氢钾。酒石酸氢钾，在一些烘焙粉中用作酸性配料。酒石酸氢钾的缺点是产气速率太快，虽然可用一系列廉价的酸式磷酸盐代替，但使用这些酸式磷酸盐的成品没有令人满意的风味。100 份酒石可中和 45 份碳酸氢钠，因此通常 2∶1 混合的烘焙粉会使产品少许偏碱性。

（2）葡萄糖酸 δ-内酯。葡萄糖酸 δ-内酯是葡萄糖酸的内酯。在膨松剂中它作为酸性物质有两个原因：第一，它没有焦磷酸钠那样明显的不良口感；第二，只有当它遇到水后才会缓慢地转变为活化状态，这样可延缓面团的产气过程。葡萄糖酸 δ-内酯比其他常用酸化剂价格偏高。

（3）碳酸氢钠。在烘焙粉和自发粉中碳酸氢钠是气体发生剂，当它与酸反应时可产生二氧化碳。通常成品应微偏酸性，因此需要调节碳酸氢盐与酸的比例。碳酸氢钠加热时也会放出二氧化碳，但无酸存在的情况下，其残留物碱性很强，这样不仅风味不良而且产品颜色发黄。

（4）磷酸氢钙。其用作面粉、蛋糕、糕点、焙烤食品的膨松剂，复配型面包改质剂，油炸食品改良剂，亦用于饼干、乳粉、冷饮、冰淇淋粉，价格便宜。GB 2760—2014 规定磷酸氢钙用于小麦粉及其制品、生湿面制品（如面条、饺子皮、馄饨皮、烧卖皮）最大使用量（以 PO_4^{3-} 计）为 5.0g/kg。

3. 防腐剂

下列物质可作为防腐剂添加在面包中：乙酸、磷酸钙、双乙酸钠和丙酸及其盐。所有这些防腐剂可防止面包黏腐菌的繁殖，而且丙酸盐还有防霉的作用。

（1）丙酸及其钠、钙盐。在欧共体面包制作中许可使用丙酸盐（饼干中不许可使用），其最大使用量为面粉质量的 3 000mg/kg，在其他国家的最大使用量也是这个水平或更高些。3 000mg/kg 丙酸盐使用水平会使面包的风味有所改变，在英国，丙酸盐的实际使用量约为 1 000mg/kg。在正常条件下，丙酸盐将使用包装面包的货架寿命延长 24h。因丙酸盐对酵母菌有延迟作用，故凡加入丙酸盐的制品，需额外增加酵母菌用量。GB 2760—2014 规定丙酸及其钠、钙盐可用于生湿面制品（如面条、饺子皮、馄饨皮、烧卖皮）最大使用量（以丙酸计）为 0.25g/kg；用于糕点、面包最大使用量（以丙酸计）为 2.5g/kg。

（2）山梨酸及其盐。山梨酸盐可抑制霉菌生长的能力比丙酸盐强。与丙酸盐一样，山梨酸盐对酵母菌也有延迟作用。

4. 加工配料

（1）碳酸氢铵。碳酸氢铵在热的作用下可分解为二氧化碳、氨和蒸气，因此可作为充气剂使用。它主要在饼干生产中使用，其优点是在成品中无残留，其缺点是刚出炉的焙烤食品略带氨味，但可以很快散发掉。

（2）氯化铵和硫酸铵。由于氯化铵和硫酸铵可作为酵母菌的氮源，故它们一直作为酵母菌养料，任一种都可作为面包品质改良剂的配料。然而，由于现代的面团品质改良剂含有乳化剂及复合酶系统，故酵母菌养料在现代面团品质改良剂中是非必需的。

（3）起酥油。对于具有体温以上熔点的脂肪，需控制其理想的甘油三酯比例，高熔点甘油三酯会使食品发生粘牙的口感，但热吃时这种感觉不明显。对于膨松糕饼，特制的起酥油中高熔点的脂肪比例较高，在制作糕饼过程中脂肪层不会分散。用在糖和液体含量比面粉高的配方中的起酥油（因此也称为高出率起酥油），掺入了如单硬脂酸甘油酯一类的乳化剂。由于氢化作用，起酥油的稳定性和抗氧化能力比非氢化油更好。

（4）盐。盐是面包的重要配料，无盐的产品缺乏风味。试验证明，面包中盐的含量可减少 12%而对口感无影响。

（5）酵母菌。酵母菌的种类有几百种。烘焙酵母是酒酵母菌种类，它是长度约 4mm 的卵形单细胞有机体。商用酵母菌在无菌发酵罐中以废糖蜜为培养基，先无氧培养再有氧培养，再通常压榨成固形物含量为 30%的块状形式出售。酵母菌可把面团中的碳水化合物转化成水和二氧化碳，后者在面包生产中产生膨胀。酵母菌对面包风味的产生也具有重要的作用。酵母菌活性在最佳温度 40℃左右时达到最高，超过这温度其活性迅速下降，50℃时酵母菌死亡。酵母菌是生物产品，理想的贮藏温度为 1～4℃，如果放在温暖的烘焙工厂中，它将很快失去活性。

目前我国在面粉添加剂使用中存在以下几个方面的问题：面粉加工企业或个体经营者在生产中严重超标添加增白剂或强氧化剂，或者使用质量不合格的添加剂，甚至添加禁止加入的有毒、有害物质的情况亦屡禁不止；在面粉添加剂的加入方法、技术等领域，缺乏创新研究，现在还停留在品种单一、简单混合，且化学合成种类较多的阶段。

13.1.2 食品添加剂在面粉及焙烤食品中的应用实例

1. *面粉添加剂的添加方法*

在面粉中使用面粉添加剂时，除了面粉添加剂的含量、水分、粒度、流动性和色泽等指标要符合相关国家标准外，面粉添加剂还要适用、添加量要适宜，并保证面粉添加剂在面粉中的均匀分布。

面粉添加剂的添加方法有两种：连续添加和分批添加。连续添加普遍地是在集粉铰龙上安装微量元素添加机把面粉添加剂按比例加入面粉中，由集粉铰龙将面粉和面粉添加剂混合均匀，这种方法比较简单，容易实现，但它的缺点是添加量不很稳定。因为进入集粉铰龙的面粉量并不总是稳定的。分批添加是指使用混合机，将定量的面粉和面粉添加剂混合的方法，需要有专门的设备操作，但添加量和混合情况比较稳定。

2. *面条添加剂的配方*

配方 1——中华面、蒸烧荞麦面用面条添加剂（以面粉 100 份计，质量分数）：

焦磷酸钠（无水）20%，或焦磷酸钾 30%，天然物（淀粉）38%，磷酸三钠 5%，酸式焦磷酸钠 12%。

配方 2——面条添加剂（1）（以面粉 100 份计，质量分数）：

焦磷酸钠（无水）20%，或焦磷酸钾 35%，天然物（淀粉）33%，酸式焦磷酸钠 12%。

配方 3——面条添加剂（2）（以面粉 100 份计，质量分数）：

焦磷酸钠（无水）12%，偏磷酸钠 18%，天然物（淀粉）42.5%，聚丙烯酸钠 2.5%，丙二醇 25%。

配方 4——面条添加剂（3）（以面粉 100 份计，质量分数）：

焦磷酸钠（无水）24.0%，偏磷酸钠 18%，天然物（淀粉）7.0%，磷酸氢二钠（无水）19.0%，磷酸二氢钠（无水）32.0%。

配方 5——中华面用添加剂（以面粉 100 份计，质量分数）：

焦磷酸钠（无水）26%，偏磷酸钾 5%，天然物（淀粉）69%。

配方 6——面条添加剂（4）（以面粉 100 份计，质量分数）：

焦磷酸钠（无水）20%，天然物（淀粉）31%，磷酸氢二钠 20%，柠檬酸 4%，脱水明矾 25%。

配方 7——面类、馄饨皮等改良剂（粉末）（以面粉 100 份计，质量分数）：

钙盐 35%，单脂肪酸甘油酯 13%，海藻酸钠 8%，天然糊料 15%。

3. *小麦面粉改良剂*

配方 1：

小麦面粉（水分 14.0%）100 份，水 40 份，单脂肪酸甘油酯 0.5 份。

配方 2：

小麦粉（水分 14.0%）100 份，柠檬酸 0.2 份，单脂肪酸甘油酯 5 份，酸式焦磷酸钠 0.02 份，水 10 份。

4. 添加乳化剂的冷冻面团

焙烤类发酵食品以面包为最常见，这种食品在制成面团以后，若长时间的冷冻贮存，面团中的酵母菌会灭活，再烘烤时面包成品的品质就会降低。冷冻后解冻所要的时间比热发酵所要的时间长，也会使产品存在各种缺点。发酵食品的面团需冷冻保存时，用乳化剂在 25～50℃条件下，使原料配方中的一部分水和油脂乳化（或全部乳化），再进行冷冻，取出解冻后烘烤，产品口感会有所改善。使用的乳化剂的 HLB 值一般为 6～17，最宜为 7～15，其中以蔗糖脂肪酸酯效果最佳。

配方实例——奶油面包用冷冻面团：

小麦面粉 100 份，酵母菌 0.1 份，酵母菌 5 份，鸡蛋 12 份，食盐 1.5 份，脱脂乳粉 2 份，白砂糖 12 份，蔗糖脂肪酸酯 0.5 份，人造奶油 14 份，水 48 份。

13.2　食品添加剂在肉制品中的应用

我国是肉类生产和消费大国，肉类总产量占世界总产量 1/3 左右，其中猪肉占到一半以上。根据国家统计局统计，2018 年我国肉类总产量 8 517 万 t，其中，羊肉产量 475.07 万 t，牛肉产量 644.06 万 t，猪肉产量 5 404 万 t。据全国肉类行业 50 强企业统计，2018 年我国牲畜屠宰行业规模以上企业数占行业企业总数的 35.3%；禽类屠宰行业规模以上企业数占行业企业总数的 20.8%；肉制品及副产品加工行业规模以上企业数占行业企业总数的 43.9%。肉制品加工行业的竞争格局在市场和政策的推动下正在发生迅速变化，虽然规模化企业同小型企业的竞争仍在持续，但行业产业集中度日趋提高，规模化肉制品加工企业之间的竞争已成为行业主流。

由于人们对肉类食品的需求正在不断增多，促使畜禽食品生产企业的规模在不断壮大。与此同时，在众多生产与包装技术的支撑下，促使肉类产品的生产效率不断提升。然而，无论是哪种肉制品，在实际生产与包装的过程中都会使用食品添加剂。要想在日趋激烈的市场经济竞争中立于不败之地，正确地使用食品添加剂变得尤为重要。它不仅能改善肉制品的色、香、味、形，而且在提高产品质量，降低产品成本方面也起着关键作用，可以说食品添加剂是推动肉制品高速发展的重要支柱。

13.2.1　食品添加剂在肉制品中的主要类别和作用

1. 改进产品质地的食品添加剂

用纯粹肉加工的产品，口感粗糙，切片不光滑，且食后不易消化，常需加入一些品质改良剂以改善它的组织结构，增加产品的持水性和保水性。添加品质改良剂可使制成的肉制品口感良好、结构紧密、切片平滑、富有弹性。能起到这种作用的食品添加剂有大豆蛋白、卡拉胶、淀粉、琼脂、明胶、单硬脂酸甘油酯、聚合磷酸盐、酪朊酸钠等。

1）大豆蛋白

大豆蛋白因其具有强烈的乳化性、保水性、吸油性、黏着性、凝胶形成性等特性在肉制品中如肉饼、烤肉块、肉浆、肉丸、蛋卷填充物中得到广泛应用。

大豆蛋白能吸收自由脂肪和结合脂肪，表现出吸油性。组织化大豆粉能吸收为自重的65%～150%的脂肪，并在15～20min达到吸收最大值。因此，大豆蛋白在肉制品中能防止脂肪析出。大豆蛋白广泛应用于小馅饼类肉制品，特别是组织化大豆蛋白，它不仅能产生肉一样的口感，而且可通过结合脂肪和水减少蒸煮损失及收缩率，提高出品率，它代替肉的比例可达20%～30%。

2）卡拉胶

卡拉胶是从红藻中提取的一类多糖物质的纯植物胶。在食品工业上主要作为增稠剂和凝胶形成剂，广泛应用于果蔬加工、饮料制作和人造蛋白纤维等方面。卡拉胶不同类型的结构特点决定了其具有水溶性、黏结性、乳化稳定性和凝胶形成性等多方面的功能。卡拉胶透明度高，吸水性强，易溶解是肉制品加工中常用的增稠剂。目前市场上卡拉胶的质量等级参差不齐，使用时应根据产品特性谨慎选择，它的吸水系数从30～60倍不等，肉制品中的添加量一般在1%以下，为成品质量的0.1%～0.6%。试验表明：在肉制品中添加卡拉胶，禽类制品蒸煮损失可减少2%～4%，腌肉损失可减少3%～6%，肠类制品损失可减少8%～10%，火腿制品损失可减少9.6%。

3）淀粉

淀粉和水一起加热，膨润的粒子就被破坏变成糊状，利用其遇水加热产生糊化的性质，吸收离子水分，可达到提高黏着力的目的。在肉制品中特别是灌肠、西式火腿、肉丸、肉饼、午餐肉罐头等制品中经常加入一定量淀粉起填充剂、黏着剂、增稠剂的作用。同时，淀粉又是肉类制品的填充剂，可以减少肉量，提高出品率，降低成本。用量可根据产品的需要适当加入。在糜状制品中，若淀粉加得太多，会使腌制的肉品原料在斩拌过程中吸水放热，同时增加制品的硬度，失去弹性，组织粗糙，口感不爽。并且，在存放过程中产品也极易老化。添加量一般为5%～30%。为了避免无序竞争，火腿行业统一规定了它的使用标准，普通肠≤10%，优级≤8%，特级≤6%。淀粉的种类很多，有小麦粉、马铃薯粉、绿豆粉、糯米粉等，其中糯米粉吸水性较强，马铃薯粉、玉米粉、绿豆粉其次，小麦粉较差。现在，在肉类制品中应用较多的为玉米粉、马铃薯粉、绿豆粉。

4）琼脂

琼脂为一种多糖类物质。在沸水中极易成溶胶，在冷水中不溶，但能吸水膨胀成胶块状。琼脂易分散于热水中，即使0.5%的低浓度也能形成坚实的凝胶，0.1%以下的浓度不胶凝化而成黏稠状溶液。1%的琼脂溶胶液在42℃固化，其凝胶94℃也不熔化，有极强的弹性。

琼脂广泛应用于红烧类、清蒸类、豉油类罐头及真空包装类产品中。用量按产品标准加入。使用前要先将琼脂洗净，然后按规定使用量用热水溶解后过滤加入，加入前应充分搅拌均匀。在肉类罐头中添加琼脂可增加汁液黏度，延缓结晶析出；在西式火腿加工中使用，可增加产品黏着性、弹性、持水性和保水性，对制品感官性状有重要作用。肉制品中的添加量一般为 0.2%～0.6%。

5）明胶

明胶为动物的皮屑、软骨、韧带、肌膜等含有的胶原蛋白经分解后制得的高分子聚合物。明胶为亲水性胶体，有保护胶体的作用，可用作疏水胶体的稳定剂、乳化剂。有特殊的气味，类似于肉汁味，不溶于冷水中，但加水则可缓慢地吸水膨胀软化，可吸收本身质量 5～10 倍的水分。明胶在热水中溶解，溶液冷却后即凝结成凝胶块。明胶分工业明胶和食用明胶，肉制品中多用食用明胶。在肉类罐头生产中使用明胶作增稠剂，火腿罐头添加明胶可形成透明度良好的光滑表面。明胶添加量应按产品标准添加。

6）单硬脂酸甘油酯

单硬脂酸甘油酯在肉制品中作为乳化剂使用，一般对人无害。例如，用于香肠制作中，可防止肉过度绞碎和与此相连的蛋白质结构破坏而发生的脂肪和肉冻离析，改进脂肪分布和提高肉糜对机械负荷和热负荷的稳定性，使产品保持脂肪性和持水能力提高，从而使香肠具有良好的保形性和丰满度，更耐加热，使用量一般为 0.2%～0.5%。

7）聚合磷酸盐

聚合磷酸盐在肉制品加工中虽然用量很少，却至关重要，它主要作用有以下几个方面：

（1）提高肉的离子强度。

（2）改变肉的 pH 值。

（3）螯合肉中的金属离子。

（4）解离肉中的肌动球蛋白。

聚合磷酸盐可以说是一种斩拌助剂，其添加量应严格控制在 0.2%～0.5%，若过少，产品结构会松散，过多，则会影响斩拌效果，产品发涩。磷酸盐有三聚磷酸钠、六偏磷酸钠、焦磷酸钠三种不同形式，它们各有特色，为生产方便常单用一种焦磷酸钠或三聚磷酸钠。但将三种经科学调配后混合使用最有效。使用时，一般将磷酸盐配成溶液浸泡肉块或火腿。由于磷酸盐高浓度时易产生沉淀，且常在肉制品的剖切面上形成结晶，使用时不易控制添加量。常用几种聚合磷酸盐的添加比例见表 13-2。

表 13-2　常用几种聚合磷酸盐的添加比例

品种	添加比例/%				
六偏磷酸钠	72	72	30	27	20
焦磷酸钠	0	2	48	48	40
三聚磷酸钠	28	26	22	25	40

8）酪朊酸钠

酪朊酸钠具有良好的乳化、发泡、增稠、水合、凝胶等特性，加上其氨基酸成分，使其成为一种集功能和高营养价值于一体的优良天然食品配料。酪朊酸钠作为乳化剂，能在脂肪粒上形成蛋白质包膜，提高肉蛋白乳化功能，若进行加热处理，肉蛋白会凝结并与耐热的乳蛋白相结合，形成骨架结构，防止脂肪分离。此外，它还有助于改良产品的结构，进一步提高肉制品的感官和营养质量，减少油腻口感，使产品更易消化。

酪朊酸钠在肉制品中的添加形式随肉品原料而异。在香肠、火腿肠等肉糜类制品的生产中，酪朊酸钠以干粉状或乳融状添加应用，按“正常生产需要”添加，以1%～2%为宜。乳状液应根据所用酪朊酸钠的乳化、增稠性能来选定酪朊酸钠和脂肪、水的配比，常用比例为1∶6∶6，一般用于低档肉类的生产；干粉状适用于中、高档产品，如罐装香肠、烟熏香肠等，使用前必须要在加入瘦肉后混入一定量的冰块，使之完全溶解。

2. 改善产品色泽的食品添加剂

对肉制品色泽起作用的食品添加剂根据其发色机理不同可分为三大类。

1）护色剂

在肉制品加工过程中，为了改善和保护食品色泽，除了使用着色剂对食品进行直接着色外，还可加入护色剂。肉制品中常用的护色剂是硝酸盐和亚硝酸盐。亚硝酸盐在肉品中的作用有以下几个方面：

（1）与血红素结合形成亚硝基肌红素，使肉色保持鲜红。

（2）低量使用时，可使肉制品具有独特的风味。

（3）有抑菌作用，尤其对于孢子生成菌及厌氧性革兰氏阳性杆菌（包括梭菌属）特别有效。但是硝酸盐和亚盐酸盐在肉制品中的使用剂量必须严格控制。因为添加到肉制品中的亚硝酸盐、硝酸盐经还原而生成的亚硝酸盐同乳酸反应生成的亚硝酸，可与肉制品中的二甲胺反应可生成二甲基亚硝胺，这是一种致癌物质。

常用的发色剂有亚硝酸钠、硝酸钠、硝酸钾等。亚硝酸盐在肉制品中应用最广泛，添加量很讲究，肉含量越高，添加量越大，肉含量越低，添加量越少，一般肉含量60%以上，需添加100～150mg/kg；肉含量在20%～60%，添加量为60～80mg/kg，作为腌制剂使用时添加量为150～200mg/kg。亚硝酸钠在食品加工过程中会产生有毒物质，对人体健康构成危害，常常采用湿加入法：在生产中先溶于水，化开后再随着配料一起加入料馅，其用量国家标准规定：用于肉类罐头和肉制品，最大使用量为0.15g/kg。残留量以亚硝酸钠计，肉类罐头不得超过50mg/kg，肉制品不得超过30mg/kg。此外，GB 2760—2014还规定亚硝酸盐可用于盐水火腿，但应控制其残留量为70mg/kg。美国法律则规定肉制品中硝酸盐残留量不得超过200mg/kg，使用时常与盐、糖等配成混合盐对原料肉进行腌制，混合盐比例为盐96%、蔗糖3.5%、亚硝酸钠0.5%，使用量为2%～2.5%。

2）护色助剂

由于肉制品要经过高速旋转制成料馅，还需加入一些护色助剂，利用它来防止肌红蛋白氧化。它可以把褐色的高铁肌红蛋白还原为红色的肌红蛋白以助护色，并且能使产品的切面不褐变。

L-抗坏血酸钠在肉制品中常用作护色助剂使用，L-抗坏血酸钠等还原物质可防止肌红蛋白的氧化，同时还可以把氧化型的褐色高铁肌红蛋白还原为红色的还原型肌红蛋白，以助发色。同时 L 抗坏血酸钠还有防腐作用，其添加量≤0.5%。

3）着色剂

着色剂是通过自身的颜色直接给食品染色，添加量酌情而定，在肉含量低于 60%添加亚硝酸盐不能起到应有作用时需添加着色剂。其使用种类随肉制品种类的不同而不同，高温火腿肠广泛使用红曲红着色剂；低温肉制品西式灌肠类使用红曲红的较多，少许使用胭脂红；块状肉制品如五香牛肉，只用护色剂，而不用着色剂，这样做出的产品肉感强烈，色泽自然，诱人食欲。目前国内常用在肉制品中的着色剂多为胭脂树橙、红曲红、焦糖色等。按照 GB 2760—2014 规定，胭脂树橙在西式火腿、肉类灌肠中最大使用量为 0.025g/kg；红曲红在腌腊肉制品、熟肉制品中可按生产需要适量使用；焦糖色（普通法）在调理肉制品中可按生产所需要适量使用。

3. 赋予产品风味的食品添加剂

1）食盐

食盐是烹调和食品加工中不可缺少的调味料。在肉制品加工中食盐不仅能增加制品的适口性，而且还能使肉脱水干燥，降低其水分活度（A_w），抑制微生物繁殖，从而达到防腐的作用。配合冷藏的使用，含盐量可在 2%左右。但这类低盐腌制品如暴露在室温下，将很容易腐败。食盐在肉制品中的用量：腌腊制品 8%～14%，酱卤制品 6%～8%，灌肠制品 2.5%～4%，油炸及干制品 3%～4%。

2）糖

肉制品中添加的糖类不仅有天然来源的糖的也有人工合成的甜味剂，如蔗糖、饴糖、糖蜜、甜菜糖、转化糖、蜂蜜及甜蜜素、阿斯巴甜等。肉制品中加入糖类，不仅可增加甜味感，改善风味，适应人们的口味，而且还有使肌肉组织柔软和调节肌肉过硬的作用。

3）酒

酒是肉制品生产中一种重要辅料，特别是各种中式肉制品几乎都要加酒。酒香浓郁，味道纯和。常用的辅料有黄酒、白酒，也有葡萄酒、醪酒等，因其能将肉、内脏、鱼类组织或体表上黏液中的三甲胺、氨基戊醛、四氰化吡咯等物质一起挥发掉，从而除去腥味和异味。此外酒中的乙醇同调味品中的醋结合生成酯类，以及酒中的氨基酸与调味品中的糖结合生成芳香物质，发出浓郁的香气。因此肉制品中加酒有去腥味、异味且增香、提味、解腻、固色和防腐等作用。

4）醋

肉制品中常用的醋有米醋、熏醋、糖醋、人工合成醋等。食醋富于营养，且鲜、香、酸俱全，有去腥解腻、增进食欲、提高钙、磷吸收、保护维生素 C 不受破坏等作用。

5）酱油和酱

酱油是以大豆、豆饼、豆粕、蚕豆、麸皮为原料酿制而成的，色、香、味兼具，富含各种氨基酸，其作用主要是增鲜增色，改良风味。在中式肉制品中酱被广泛应用，可使肉制品呈美观的酱红色，去腥味以达到调味的作用。

6）香辛料

香辛料在肉制品加工中有着色、赋香、矫臭、抑臭及赋予辣味等机能，并由此产生增进食欲的效果。另外，很多香辛料还具有抗菌、防腐、防氧化性，同时还有特殊的生理、药理作用。肉制品特别是熟肉制品之所以具有各种各样的风味，都是由于香辛料的不同搭配和用量，以及其他调味料的综合作用产生的。常用的香辛料有姜、葱、蒜、胡椒、花椒、山奈、茴香、八角、陈皮、桂皮、丁香、黑介子、辣椒、辣根、豆蔻、芫荽、罗勒、迷迭香、鼠尾草、百里香、甘牛至、牛至、月桂叶、香子兰、芹菜籽、龙蒿、洋葱、开心果、柠檬等。

虽说香辛料、肉风味香料在肉制品加工方面起到一定作用或有独到之处，但要科学利用，盲目加大剂量或不注重其品质，其效果往往适得其反。例如，如豆蔻、月桂等使用过量会产生苦味和涩味，香料过量使用香气不雅，有时还可能出现药品臭等异味，形成性状异常肉。因此，在实际使用中，应充分掌握香辛料特性及各种原料肉特性，根据当地消费者的口味，进行调配。

7）香精

香精里含有以含氧化合物如醛、酮、醇、酯等为主要成分的香气物质，被广泛应用于肉制品中。

香辛料和香精在肉制品中的应用与其他食品添加剂不一样。香辛料和香精用量少但对风味影响很大，过量则会产生相反作用。根据产品的档次来选择，火腿肠中多用膏状香精，它价位适中香味浓郁，风味众多，有鸡肉味、牛肉味、猪肉味等。添加时应注意不能长时间暴露在空气中，以防香味散发。

另外还有一些特殊增香剂，如酵母抽提物、烟熏剂。酵母抽提物在肉品中主要是赋予产品浓厚鲜美的风味，中式产品香肠中用得较多，它具有味精所不具备的厚味。烟熏剂在肉品中使用，产品不用烘烤就能产生同样的熏烤风味，提高产品档次，同时还具有防腐作用。

8）鲜味增味剂

添加在肉制品中鲜味增味剂最常见的有谷氨酸钠和肌苷酸钠等食品添加剂。在食品中，添加谷氨酸钠的标准量大致为食盐的 20%～30%。它极易溶解于冷水或温水中，在一般的加工条件下是稳定的。

4. 延长产品保质期的食品添加剂

肉制品中防腐剂的应用随季节、产品种类的不同而有差异。高温产品，在天气寒冷时不用防腐剂也可达到产品本身的保质期，遇到炎热夏季，则需增加防腐剂使用量。低温产品由于产品杀菌温度多在 100℃以下，不能彻底杀菌，需加入防腐剂。常用的防腐剂有：山梨酸及其钠盐、乳酸链球菌素等，不同防腐剂之间有协同作用，但是复合使用防腐剂的总量应符合国家标准。在实际应用中，常使用复配防腐剂以扩大抑菌范围，增加防腐效果。使用时，一般是将防腐剂粉体配成溶液，直接浸泡肉制品或注入肉制品中。

13.2.2　食品添加剂在肉制品中的应用实例

1. 卡拉胶在火腿肠生产中的应用

1）配方

猪瘦肉 70kg，肥膘 20kg，淀粉 10kg，白糖 2kg，胡椒 200kg，味精 100g，亚硝酸盐 50g，精盐 3kg，磷酸盐 400g，卡拉胶 400g，酪蛋白酸钠 250g，水适量。

2）操作过程

（1）腌渍法：即用卡拉胶、食盐、复合磷酸盐和酪蛋白酸钠等与占原料重 20%的水混合配成腌渍液，在 0～4℃自行腌制肉馅 24 h 。斩拌时只需慢斩 2min 再快斩 2min 即可；卡拉胶和酪蛋白酸钠等在斩拌时加入。

（2）斩拌程序如下：碎肉慢斩 1min→加入卡拉胶等慢斩 1min→加总数一半的肥膘快斩 1min→加入淀粉慢斩 0.5min→加香辛料斩拌 0.5min→加剩余的肥膘快斩 1min。整个斩拌过程中，温度不能超过 10℃，若温度高可用适量冰屑代替水加入肉馅，加入冰的重量应计算在水的重量内。

2. 大豆蛋白在火腿肠生产中的应用

大豆蛋白、水、脂肪的比例一般采取 1∶5∶5。瘦猪肉中的蛋白质含量约为 17%，脂肪中蛋白质含量约为2.2%，如果要求火腿肠中蛋白质含量为10%，则100%瘦肉∶100%肥肉∶水＝55∶25∶15，即采用 55kg 瘦肉、25kg 肥肉、15kg 水，其他 5kg 为食盐、磷酸盐、亚硝酸盐和调味料等。当添加 3kg 的大豆蛋白质后（约为总肉量的 4.3%），要使火腿肠蛋白质含量不低于 10%，则 100%瘦肉∶100%肥肉∶水＝40∶30∶25（蛋白含量为 10.5%）。由此可看出瘦肉的用量从 55kg 下降到 40kg，脂肪用量从 25kg 上升到 30kg，水的用量从 15kg 上升到 25kg，这说明，添加了大豆蛋白后，提高了肉制品的保水性和保油性，使产品更加多汁，口感更好。也有资料研究证明，大豆分离蛋白的加入量为 5.32%时，产品的硬度好，切片性好，凝聚性最好。大豆蛋白在肉制品中应用范围及用量参考见表 13-3。

表 13-3　大豆蛋白在肉制品中应用范围及用量参考（%）

主要肉制品		分离蛋白（SPI）	浓缩蛋白		组织蛋白（TSP）	脱脂蛋白（DSP）	全脂脱腥大豆粉（SPF）
			FSPC	TSPC			
西式火腿	去骨火腿	1～2	1～1.5	—	—	—	—
	通脊火腿	1.5～3	1.5～3	—	—	—	—
	成型火腿	1～4	1～5	—	—	—	—
畜、禽、水产类餐肠	乳化型香肠	1.5～4	1.5～5	2～6（16）	2～18	1～0.5	1～6
	搅拌型香肠	2～4	1.5～5	1～3（8）	1～10	1～3	1～5
	其他灌肠	2～5	1.5～5	1～2	1～2	1～2	1～5

续表

主要肉制品		分离蛋白（SPI）	浓缩蛋白		组织蛋白（TSP）	脱脂蛋白（DSP）	全脂脱腥大豆粉（SPF）
			FSPC	TSPC			
碎肉冷冻、油炸制品	碎肉火腿等	2～4	1.5～5	2～6（16）	2～18	2～5	1～4
	肉丸、肉饼	2～4	1.5～5	2～6（16）	2～18	2～5	1～4
	肉糕	2～5	1.5～5	2～8（15）	—	2～4	1～5
	饺子、包子、烧卖	1～3	—	—	2～12（18）	2～5	1～3
罐头制品	低温火腿	1～4	1.5～4	—	—	—	—
	高温火腿	2～4	2～4	—	—	1～3	1～3
	午餐肉（肉糜）	1～4	2～5	2～6	2～15	2～10	2～6
	咸牛（羊）肉	1～2	1～2	2～4	2～4	2～3	2～3
烤酱制品	烤酱类等块肉制品	1～4	2～3	—	—	—	1～2

3. 发酵香肠的制作

1）配方

瘦肉 1kg，肥肉 0.25kg，食盐 30g，白糖 125g，姜末 6.25g，白酒 5g，抗坏血酸 0.63g，亚硝酸钠 0.15g，小茴香粉 2g，五香粉 2g，胡椒粉 2g，味精 2g，豆蔻粉 0.5g，淀粉 50g。

2）工艺流程

各种辅料

↓

发酵剂的制备→切丁→拌馅及腌制→加入发酵剂及斩拌→灌肠及排气→整理及上架→发酵→烘烤及蒸制→成品。

3）操作过程

（1）发酵剂的制备。

菌种活化：将试管中的固体 MRS 培养基经 115℃、15min 灭菌、冷却至 40℃，以无菌方式接种，在 38℃保温培养，反复 3～4 次，使其充分活化。

母发酵剂：在装有液体 MRS 培养基 250mL 锥形瓶中接种已活化菌种的菌种，在 38℃保温培养 4～6h，备用。

（2）切丁。原料肉经过修整后瘦肉切成 0.6cm 左右的丁，肥肉切成 0.6～10cm 的丁，肥肉切好后用温水清洗一次，以除去浮油和杂质，捞入筛内，沥干水分备用，肥瘦肉应分开存放。

（3）拌馅及腌制。配料称好后倒入盆中，加入 20%左右的清水，使其充分溶解。然后将肉粒倒入盆中，将原料、辅料混合均匀，放在清洁室内腌制 1～2h 进行灌制。

（4）加入发酵剂及斩拌。将已活化的清酒乳杆菌、弯曲乳杆菌和片球菌的混合培养菌接种入已腌制好的肠馅中，斩拌均匀。

（5）灌制及排气。将拌好的肉馅灌入天然肠衣，并用排气针在肠衣上扎孔排气。

（6）整理及上架。在肠衣上每隔 10～20cm 用细线扎一次，将湿肠用清水漂洗除去表面污物，然后上架挂好。

（7）发酵。在 35～37℃、相对湿度 35%～55%的条件下发酵 48 h 。

（8）烘烤及蒸制。在 65～80℃烘烤至肠衣表皮干燥呈深红色即可，然后放入蒸煮炉内，在 75～80℃蒸煮 1 h 左右即为成品。

4. 叉烧米粉肉的制作

1）原辅料配方（以 100kg 原料肉计）

（1）腌制剂。亚硝酸盐 8g，盐 15kg，山梨酸 50g，异维生素 C 钠 100g，味精 150g，焦磷酸钠 80g，三聚磷酸钠 200g，没食子酸丙酯 4g。

（2）调味汁（配比 20kg）。八角 50g，肉蔻 10g，丁香 5g，白芷 10g，良姜 15g，荜茇 15g，花椒 50g，鲜姜 50g，甘草 10g。

（3）熬汁用。白糖粉 2.5kg，CMC10g，绍兴黄酒 300mL，老抽王 2.51mL，味精 200g，镇江醋 10mL，明胶 170g，水 10kg。

2）工艺流程

腌制剂 米粉

↓　　↓

选料→腌制→汽蒸→油炸→真空包装→小包装蘸汁→再包装→低温存放。

↑ ↑

调味汁已灭菌小包蘸汁

3）操作过程

（1）选料。将五花肉去皮，切成 4cm　3cm　2cm 块。

（2）腌制。在 4℃左右，加入调味汁和腌制剂，腌制 48h。

（3）汽蒸。捞出腌制好的肉块，拌入米粉，要均匀，量可自定。汽蒸 10℃ 45min，将肉蒸熟。

（4）油炸。放入 160℃左右色拉油中炸至棕黄色。

（5）真空包装。产品冷却后，真空包装。

（6）小包装蘸汁。需 121℃ 30min 灭菌。

（7）再包装。用大袋将小包装蘸汁和真空米粉肉再包装。

（8）低温存放（0℃左右）。

5. 低温冷藏灌肠的制作

1）配方（以 100kg 肉重计）

亚硝酸钠 15g，复合磷酸盐 200g，食盐 2.5kg，淀粉 10kg，魔芋精粉 1kg，卡拉胶 3kg，果胶 300g，黄原胶 300g。

2）工艺流程

原料肉→清洗→腌制→斩拌→调配→灌装→煮制→冷藏。

3）制法

采用混腌法，添加亚硝酸钠、复合磷酸盐、食盐，对原料肉进行在 4～6℃的低温下腌制 36～72h，然后加入淀粉、魔芋精粉、卡拉胶、果胶、黄原胶，混合调匀灌肠，用

85℃水加热 70～100min，冷藏。

13.3　食品添加剂在饮料制品中的应用

13.3.1　饮料制品中的食品添加剂

尽管食品添加剂在饮料制品中含量很少，但对饮料的加工操作、机械化和自动化生产、风味和外观及保质期等都有影响。因此，食品添加剂在我国的饮料工业中具有极其重要的意义。在饮料制品中常用的食品添加剂有防腐剂、抗氧化剂、着色剂、甜味剂、酸度调节剂、乳化剂、增稠剂、食品用香料、酶制剂等。

1. 防腐剂

在饮料生产中，只有极少部分的产品（如高压杀菌的产品）不使用防腐剂，大多数都要使用防腐剂来防止腐败、变味。饮料制品中的常见的防腐剂主要是山梨酸钾、苯甲酸及其钠盐、对羟基苯甲酸丙酯、乳酸链球菌素等。

2. 抗氧化剂

饮料在加工、贮存和运输的过程中会和空气中的氧气发生化学反应，导致一些不良褐变的发生影响饮料的感官品质和口感，但在发生反应之前，加入抗氧化剂可阻止氧气反应的发生，从而起到防止和延缓食品的氧化、提高食品的稳定性。饮料中最常见的抗氧化剂是抗坏血酸。

3. 着色剂

在饮料加工中，由于天然着色剂会发生变色或褪色，因此人工合成着色剂的使用在饮料中非常普遍。饮料制品中常用的有胭脂红、柠檬黄、日落黄、焦糖着色剂等人工合成着色剂。

4. 甜味剂

应用于饮料制品中的甜味剂一般是天然甜味剂和一些特殊的化学合成甜味剂，如天冬酰苯丙氨酸等。

5. 酸度调节剂

酸度调节剂是一类加入食品中，可以使食品呈现出酸味的食品添加剂，其作用具有调节食品的 pH 值，促进纤维素和钙、磷等物质的溶解，防止食品氧化褐变，作为香味辅助剂，同时也可增进食欲、促进食物消化吸收。在饮料中常用的是天然酸度调节剂，如柠檬酸、酒石酸、乳酸等。

6. 乳化剂

乳化剂是通过吸附作用使食品胶体的表面张力急剧下降，从而促使其体系稳定。常用于饮料中的乳化剂有单硬脂酸甘油酯、改性大豆磷脂、吐温-80、酪蛋白酸钠等。

13.3.2　食品添加剂在饮料制品中的应用实例

1. 调和糖浆的制备

调和糖浆是配制碳酸饮料的主剂，是在一定浓度的糖液中加入甜味剂、酸度调节剂、食品用增香剂、着色剂、防腐剂等，并充分混合均匀所得的浓稠状糖浆，与碳酸水混合即成碳酸饮料。

（1）调和糖浆的投料原则。调配量大的先加入，如糖液、水；原料间易发生化学反应的间开加入，如酸和防腐剂；黏度大的、易起泡的迟加，如乳化剂、稳定剂；挥发性的原料最后加入，如香精（香料）。

（2）投料的一般顺序。配制过程是将已过滤的原糖浆放入配料容器中，当原糖浆加到一定量时，在不断搅拌下，将各种所需原料按顺序逐一加入。如果是固体原料须经加水溶解过滤后再添加，加入的顺序是：原糖浆→防腐剂→甜味剂→酸度调节剂→果汁→乳化剂→稳定剂→香精→着色剂→加水定容。

各种原料应先配成溶液过滤后，在搅拌下徐徐加入以避免局部浓度过高，混合不均匀，同时搅拌不能太剧烈，以免造成空气大量混入，影响碳酸化、灌装和降低保藏性。

2. 乳制品中乳化剂和稳定剂的应用

乳化剂和稳定剂在乳制品中发挥重要的作用，虽然它们只在乳制品中添加 0.01%～0.3%，但对改善食品形态、质地，调整食品的营养构成，保持食品品质，改善食品加工条件，有利于食品的加工操作，适应生产的机械化和自动化，均发挥着重要的作用。常用的乳化剂、稳定剂及其特性分别见表 13-4 和表 13-5。

表 13-4　乳化剂在冰淇淋中的添加量及特性

名称	来源	性能	参考用量/%
单甘酯(90%)	油脂	乳化性强，并抑制冰晶生长，HLB 为 3.8	0.2
蔗糖酯	蔗糖、脂肪酸	可与单甘酯（1∶1）合用于冰淇淋，HLB 为 3～15	0.1～0.3
司盘-60	山梨糖醇、脂肪酸	乳化作用，与单甘酯合用，有复合效果，HLB 为 4.7	0.2～0.3
吐温-80	山梨糖醇、脂肪酸	与单甘酯合用效果好，延缓融化时间，HLB 为 15.4	0.05～0.1
三聚甘油酯	甘油、脂肪酸	乳化性强，HLB 为 7.2	0.1～0.2
PG 酯	丙二醇、油脂	与单甘酯合用，提高膨胀率及保型性	0.1～0.3
酪蛋白酸钠	酪蛋白、氢氧化钠	优质乳化剂、稳定剂	0.2～0.3
卵磷脂	蛋黄粉中含 10%	常与单甘酯合用	0.1～0.5
大豆磷脂	大豆	常与单甘酯合用，HLB 为 3.5	0.1～0.5

表 13-5 稳定剂在冰淇淋中的添加量及特性

名称	类别	来源	特性	参考量/%
明胶	蛋白质	牛猪骨皮	热可逆性凝胶，可在低温时融化，黏度为 4～5cP，凝胶强度 8～20g/cm^2	0.5
CMC	改性纤维素	植物纤维	增稠、稳定作用，黏度为 800～1 200cP	0.16
海藻酸钠	有机聚合物	海带、海藻	热可逆性凝胶，增稠、稳定作用，黏度为 150～300cP	0.27
琼脂	多糖	红藻类	热凝强度高，耐热性较强，黏度为 4～5cP	0.3
卡拉胶	多糖	红色海藻	热可逆性凝胶，稳定作用强，口中融化，口感好，黏度为 300～800cP，凝胶强度为 500～1 200g/cm^2	0.08
刺槐豆胶	多糖	角豆树	增稠，与乳蛋白合用，协同性好，黏度为 2 000～3 000cP	0.25
瓜尔豆胶	多糖	瓜尔豆树	增稠，黏度效果最好，黏度为 3 000～5 000cP	0.25
果胶	聚合有机酸	柑橘、苹果	胶凝、稳定作用，在低 pH 值稳定	0.15
微晶纤维	纤维素	植物纤维	增稠、稳定作用	0.5
黄原胶	多糖	淀粉发酵	增稠、稳定作用，pH 值适应性强，耐酸碱，黏度为 800～1 200cP	0.2
富兰克胶	多糖	明麻籽	增稠，中等黏度，具有乳化性	0.5
CMS	改性淀粉	淀粉变性	增稠，对碱稳定，水溶液易受细菌分解，黏度下降	0.5
淀粉	多糖	淀粉	提高黏度，阻止冰晶形成	2

注：1cP＝10^{-3}Pa · s。

3．调配果味酸奶的生产工艺

1）配方

蔗糖 10%，乳粉 4%，山梨酸钾 0.03%，柠檬酸 0.2%，柠檬酸钠 0.06%，水果香精 0.01%。CMC0.5%、黄原胶 0.2%、魔芋精粉 0.03%、SE.150.02%、单甘酯 0.03%、六偏磷酸钠 0.02%、三聚磷酸钠 0.02%。

2）工艺流程

（1）乳粉＋稳定剂→干混至均匀→温水溶解→升温至 65～70℃→过滤（100 目）→均质（30MPa）→降温至 40℃左右加酸→加热至 65℃→均质（16～20MPa）→调香→灌装→灭菌（80～85℃，10～16min）→冷却→成品。

（2）乳粉＋稳定剂→干混至均匀→温水溶解→升温至 65～70℃→降温至 40℃加酸→加热至 75～80℃→均质（30MPa）→调香→灌装→灭菌（80～85℃，10～15min）→冷却→成品。

3）操作要点

（1）生产工艺对产品稳定性的影响。通过对两种工艺的对比，采用工艺流程（1）的产品稳定性明显优于采用工艺流程（2）的产品稳定性，但在实际生产中，二次均质操作起来较为不便，中、小企业可采用工艺流程（2）进行生产。

（2）水处理对产品稳定性的影响。自然水源均含有悬浮物，胶体及钙、镁等盐，若不处理则会使水中的钙离子与 CMC 反应生成螯合物，一般对水的净化和消毒方法有：

软化、消毒、凝聚、过滤等，软化一般采用离子交换树脂法。

（3）稳定性的处理方式。较好的方式有两种：①将稳定剂与 5 倍蔗糖干混，并搅拌均匀，加冷水隔夜浸泡 8h 以上，再利用胶体磨磨细，使之进一步化开；②直接用沸水浸泡，可缩短浸泡时间，用胶体磨化开后效果较好，更有利于后续工艺中的过滤、均质。

（4）均质对产品稳定性的影响。均质可使饮料中各种成分混合充分，同时能使蛋白质颗粒和脂肪充分细微化。试验结果表明，当均质压力为 30MPa 时，产品的沉淀量和浮层厚度较少，效果较为理想。当均质压力大于 30MPa 时，产品的沉淀量无明显变化。

（5）加酸方式对产品稳定性的影响。酸奶饮料中每一种蛋白质都有固定的等电点（pH 值为 4.6～5.2），在等电点，蛋白质非常不稳定，极易沉淀。因此在加酸时，应快速通过等电点，防止沉淀发生，但加酸过快，又使饮料中的蛋白质微粒变得粗大，也容易使蛋白质离子沉淀，为了改善饮料口感，选择了合适的糖酸比，当蔗糖在 11%，pH 值为 3.8～4.0，酸度为 0.4%～0.5%（其中柠檬酸 0.2%左右，乳酸 0.2%左右）时，口感良好，在实际生产中，常将酸配成 2%～3%的溶液，采用滴状或喷雾状加酸，且加酸时需要不断高速搅拌，加酸温度应低于 40℃。

4. 胡萝卜汁饮料的生产

1）配方

胡萝卜汁 30%，白砂糖 10%，柠檬酸 0.3%，羟甲基纤维素钠 0.1%，黄原胶 0.1%，维生素 C 0.2%，香精适量。

2）工艺流程

原料选择→清洗→切分→预煮→打浆→研磨→调配→均质→脱气→灌装、封口→杀菌→冷却→成品。

3）操作要点

（1）原料选择。选择充分成熟、未木质化、无病虫害、无机械伤的新鲜胡萝卜。

（2）清洗。用流动水充分冲洗，去除原料表皮的泥沙和杂质。

（3）切分。去掉胡萝卜表面污物，切成 0.3～0.5cm 厚的小块。

（4）预煮。用原料 1.5 倍的水预煮 2～3min，温度控制在 95～100℃，从而抑制胡萝卜氧化酶的活性和使胡萝卜组织软化。

（5）打浆。将预煮过原料与预煮水一起倒入组织捣碎机捣碎成糊状，再用 120 目筛过滤。

（6）研磨。用胶体磨将胡萝卜汁细磨一次，使汁液的颗粒细粒化，均匀细腻。

（7）调配。将研磨后的胡萝卜汁送至调配罐，在不断搅拌的条件下，按配方添加处理好的辅料混合均匀。

（8）均质。将调配好的胡萝卜汁饮料采用高压均质机均质，均质压力为 20～25MPa，使饮料增加均质度和稳定性。

（9）脱气。将均质后的饮料在真空脱气机中脱除空气，脱气温度为 40～45℃，真空度不低于 0.075 MPa。

（10）灌装、封口、杀菌、冷却：将灌装密封后的饮料置于杀菌锅中进行杀菌，温度为 115～121℃，时间为 5～10min，然后冷却即为成品。

5. 酸奶冰淇淋的生产

1）配方

乳粉 2%，奶油 2%，蔗糖 8%，糊精 6%，蛋白粉 2%，酸奶 20%，黄原胶 0.025%，刺槐豆胶 0.025%，耐酸 CMC 0.035%，瓜尔豆胶 0.12%，蔗糖酯 0.15%，单甘酯 0.1%，香精适量。

2）酸奶冰淇淋的生产工艺流程

（1）酸奶的制备：

稳定剂
↓
鲜牛奶→原料混合→灭菌→冷却（45℃左右）→接种（3%～5%）→保温发酵（40℃左右，2.5～4h）→镜检→冷藏备用。

（2）酸奶冰淇淋的生产工艺：

白砂糖、稳定剂溶解　　　酸奶、香精
↓　　　　　　　　↓
原料处理→降温→混合→均质→老化→凝冻→分装成型→硬化→成品。

3）操作要点

（1）酸奶制备要点。按照搅拌型酸奶生产工艺，杀菌条件 100℃，冷却到 40～50℃，接入菌种，发酵至 pH 值为 3.5～4.0 时，停止发酵，此时溶液的酸度较一般酸奶的酸度大，可用来增加冰淇淋的风味。

（2）冰淇淋原料的预处理。采用巴氏消毒，即在 85℃灭菌 10～20min，40℃左右均质，均质压力 18MPa。

（3）料液的老化。将料液在 2～4℃，老化 4～6h。

（4）凝冻。凝冻温度为－2～－4℃。

（5）酸奶冰淇淋的成形、硬化和贮藏。成形后冰淇淋应保存在－20℃的冷库中，不能高于－18℃，库内的相对湿度为 85%～90%，贮藏温度波动要小。

13.4 食品添加剂在绿色食品中的应用

随着经济的发展和生活水平的提高，人们对食品的消费提出了新的要求，不再只满足于经济实惠，而且还要优质、安全、环保。绿色食品的开发，不仅可以有效地保护农业资源，改善生态环境，而且还可以创造良好的经济效益，两者兼顾，实现农业可持续良性循环。绿色食品是我国农业农村改革开放取得的重要成果，发展绿色食品推动了农业的绿色生产，引领了市场的绿色消费，助力了乡村振兴。绿色食品的市场公信力逐渐增强，越来越多的生产者主动要求加入绿色食品行列。发展绿色食品与农业“三增”（农业增效、农民增收、农产品竞争力增强）的关系非常紧密。许多绿色食品产品已形成集中产区，区域优势进一步显现。许多地区将发展绿色食品与优势农产品区域产业带建设相结合，提高了主产区优势农产品的标准化生产水平和产品的质量安全水平。2018 年全国新增绿色食品企业 5970 家，较上年度增长 35%。截至 2018 年年底，全国有绿色食品、有机农产品和农产品地理标志 37 778 个。

13.4.1 绿色食品的分类与生产特点

1. 绿色食品的概念与分类

绿色食品是遵循可持续发展原则，按照特定生产方式生产，经专门机构认证，许可使用绿色食品标志的无污染的安全、优质、营养类食品。

绿色食品分为 A 级绿色食品和 AA 级绿色食品（等同有机食品），前者系指在生态环境质量符合规定标准的产地，生产过程中允许限量使用限定的化学合成物质，按特定的生产操作规程生产、加工，产品质量及包装经检测、检查符合特定标准，并经专门机构认定，许可使用 A 级绿色食品标志的产品；后者系指在生态环境质量符合规定标准的产地，生产过程中不使用任何有害化学合成物质，按特定的生产操作规程生产、加工，产品质量及包装经检测、检查符合特定标准，并经专门机构认定，许可使用 AA 级绿色食品标志的产品。

2. 绿色食品生产的特点

根据农业部对绿色食品的界定，获得“绿色食品”标志的食品类产品除须符合一般食品营养标准外，还必须同时符合下列条件：

（1）产品或产品原料产地必须符合绿色食品生态环境质量标准。农业初级产品或食品的主要原料，其生长区域内没有污染源的直接污染，水域上游、上风口没有污染源对该区域构成污染威胁。该区域内的大气、土壤、水质均符合绿色食品生态环境质量标准。并有一套保证措施，确保该区域在绿色食品整个生产过程中的环境质量。产地的选择必须符合《绿色食品 产地环境质量》（NY/T 391—2013）要求，用以保证产品质量。

（2）农作物种植、畜禽饲养、水产养殖及食品加工必须符合绿色食品生产操作规程。绿色食品是按照特定的生产方式生产，这种特定生产方式是根据产品的标准要求，制定具有科学性、适用性和可操作性的生产技术规程，操作规程的制定必须符合《绿色食品 农药使用准则》（NY/T 393—2013）、《绿色食品 肥料使用准则》（NY/T 394—2013）、《绿色食品 食品添加剂使用准则》（NY/T 392—2013）和《绿色食品 兽药使用准则》（NY/T 472—2013）的标准要求，用以规范生产，确保产品质量。

（3）产品必须符合绿色食品产品标准。绿色食品最终必须由中国绿色食品发展中心（简称“中心”）指定的食品监测部门依据绿色食品产品标准检测合格。绿色食品产品标准是参照有关国家、部门、行业标准制定的，通常高于或等同现行标准，有些还增加了必要的检测项目。

（4）产品的外包装除必须符合《食品安全国家标准 预包装食品标签通则》（GB 7718—2011）外，产品的包装、贮运须符合《绿色食品 包装通用准则》（NY/T 658—2015）和《绿色食品 贮藏运输准则》（NY/T 1056—2006）。包装材料选用的范围、种类、包装上的内容等均做了规定，防止最终产品遭受污染，有利于消费者使用和识别。通过绿色食品认证的，按照中国绿色食品发展中心印发的《绿色食品标志营销形象设计应用规范手册》要求在包装上规范标注绿色食品标志。

3. 绿色食品与普通食品区别

1）产品必须出自良好生态环境

绿色食品生产从原料产地的生态环境入手，通过对原料产地及其周围的生态环境因素严格监测，判定其是否具备生产绿色食品的基础条件，而不是简单地在生产过程中禁止使用化学合成物质。这样既可以保证绿色食品生产原料和初级产品的质量，又有利于强化企业与农民的资源和环境保护意识，最终将农业和食品工业的发展建立在资源和环境可持续利用的基础上。

2）对产品实行全程质量控制

绿色食品生产实行“从土地到餐桌”的全程质量控制，而不是简单地对最终产品的有害成分含量和卫生指标进行测定，从而在农业和食品生产领域树立了全新的质量观，通过产前环节的环境监测和原料检测，产中环节具体生产、加工操作规程的落实，以及产后环节产品质量、卫生指标、包装、贮运、销售等环节的控制，确保绿色食品的整体产品质量，并提高整个生产过程的技术含量。

3）对产品依法实行标志管理

绿色食品标志是一个质量证明商标，属知识产权范畴，受《中华人民共和国商标法》保护。绿色食品文字、英文 greenfood 及标志与文字组合图形，在核定使用商品 1、2、3、5、29、30、31、32、33 共九大类食品及相关食品后进行了注册（见商标注册证明）。对绿色食品产品实行统一、规范的标志管理，不仅使生产行为纳入了技术和法律监控的轨道，而且使生产者明确了自身和对他人的权益责任；同时有利于企业争创名牌，树立名牌商标保护意识，提高企业和产品的社会知名度与市场的竞争力。

绿色食品是无污染、安全、营养类食品的统称，这类食品的原料对种植环境有严格的要求，执行“环境友好”的生产条件，在加工中有食品配料的特定标准。例如，专门有绿色食品生产中食品添加剂的使用准则，在食品从土地到餐桌的过程中，绿色食品能协调环境—资源—加工—健康的关系，是 21 世纪食品工业发展的主要方向之一。在种植、加工两方面，我国都规定了 A 级和 AA 级绿色食品的生产操作规范，对于取得标志的食品定期进行复审和检测，因此加工绿色食品是有严格要求的。

13.4.2　绿色食品生产中食品添加剂的使用要求

1. 绿色食品生产中食品添加剂使用的目的与原则

1）食品添加剂和加助剂使用的目的

（1）保持或提高产品的营养价值。

（2）作为某些特殊膳食用食品的必要配料或成分。

（3）提高产品的质量和稳定性，改进其感官特性。

（4）便于食品的生产、加工、包装、运输或者贮藏。

2）食品添加剂使用的原则

（1）如果不使用添加剂或加工助剂就不能生产出类似的产品。

（2）AA 级绿色食品中只允许使用“AA 级绿色食品生产资料”食品添加剂类产品，在此类产品不能满足生产需要的情况下，允许使用某些天然食品添加剂。

（3）A 级绿色食品中允许使用上面（2）所述产品和“A 级绿色食品生产资料”食品添加剂类产品，在这类产品均不能满足生产需要的情况下，允许使用除（7）以外的化学合成食品添加剂。

（4）所用食品添加剂的产品质量必须符合相应的国家标准、行业标准。

（5）允许使用食品添加剂的使用量应符合 GB 2760—2014 的规定。

（6）不得对消费者隐瞒绿色食品中所用食品添加剂的性质、成分和使用量。

（7）在任何情况下，绿色食品中不得使用表 13-6 中所列食品添加剂。

表 13-6　生产 A 级绿色食品不得使用的食品添加剂

类别	食品添加剂名称	在绿色食品中禁用的原因
酸度调节剂	富马酸一钠	具有特殊的味道，作为防腐保鲜剂用于水产品和肉制品中，生鲜肉类除外
抗结剂	亚铁氰化钾 亚铁氰化钠	同类添加剂中 ADI 最低为每千克体重 0～0.025mg，用途很窄
抗氧化剂	硫代二丙酸二月桂酯	油溶性，作为抗氧化剂喷涂于食品表面时，存在安全隐患
	4-乙基间苯二酚	有刺激性臭；收敛性强，仅使用于虾类褐变
漂白剂	硫磺	使用中破坏环境，破坏食品营养
膨松剂	硫酸铝钾（钾明矾） 硫酸铝铵（铵明矾）	与蛋白质结合影响吸收，钾明矾可导致呕吐、腹泻
着色剂	赤藓红及其铝色淀	其作用可由苋菜红代替
	新红及其铝色淀	其作用可由苋菜红代替
	二氧化钛	其作用可由苋菜红代替
	焦糖色（亚硫酸铵法）	用途狭窄，很少使用，仅用于糖果包衣、凉果的增白
	焦糖色（加氨生产）	焦糖色有不同的生产方法，已选用其中最安全的方法所制备的产品
护色剂	硝酸钠（钾） 亚硝酸钠（钾）	可形成强致癌的亚硝胺，欧共体建议不得用于儿童食品
乳化剂	山梨醇酐单油酸酯（司盘-80） 山梨醇酐单棕榈酸酯（司盘-40） 山梨醇酐单月桂酸酯（司盘-20） 聚氧乙烯山梨醇酐单油酸酯（吐温-80） 聚氧乙烯（20）、山梨醇酐单月桂酸酯（吐温-20） 聚氧乙烯（20）、山梨醇酐单棕榈酸酯（吐温-40）	目前已很少使用，色深、有异味、可用蔗糖脂肪酸酯，单硬酯酸甘油酯代替

续表

类别	食品添加剂名称	在绿色食品中禁用的原因
防腐剂	苯甲酸、苯甲酸钠	可用毒性较低的防腐剂代替
	乙氧基喹 仲丁胺 桂醛 噻苯咪唑 乙萘酚 联苯醚 2-苯基苯酚钠盐 4-苯基苯酚 2,4-二氯苯氧乙酸	这些添加剂属农药（中低毒）类，并且仅用于果蔬保鲜，不宜用于绿色食品中；绿色食品保鲜可采用气调等物理防腐方法
甜味剂	糖精钠	同类添加剂中 LD_{50} 值最低为每千克体重 0～5mg
	环己基氨基磺酸钠（甜蜜素）	1969 年 FDA 根据毒理试验，已从公认安全的食品添加剂中取消
增稠剂	海萝胶	仅用于胶基糖果中
胶基糖果中基础剂物质	胶基糖果中基础剂物质	

以上所列是目前禁用的食品添加剂品种，该名单将随国家新规定而修订。

在绿色食品生产中，可以按照国家标准合理使用添加剂，这是因为，除了生、鲜，并在能达到商业无菌的条件中生产、贮存、无包装的食品外，加工食品都要直接地或间接地，或多或少地使用食品添加剂，就以食盐这一原料为例，我国法定在食盐中加碘元素，而加入的碘强化剂，就是食品添加剂中的一类。所以生产绿色食品的企业，尤其是生产加工型产品的企业，可以使用绿色食品生产标准中允许的食品添加剂。

2. 绿色食品生产中食品添加剂的合理应用

绿色食品的加工产品，在生产中应该以更高的水平，合理使用添加剂，开发出各种花色品种的产品。同时还需不断地创新，以满足消费者的需要。根据目前绿色食品加工企业所反映的问题来看，在食品添加剂的使用上对其安全性有较大的认识的误区。

因此绿色加工食品的生产中，生产者在使用食品添加剂时一定要按照相关标准规定添加。天然食品添加剂的使用效果在许多方面不如人工合成添加剂，使用技术也需求很高的水平，所以在使用中要仔细研究、掌握天然食品添加剂的应用工艺条件，不得为达到某种效果而超标加入。虽然绿色食品的附加值较高，但仍然需要控制产品成本。因为天然添加剂的价格一般较高，这就要求绿色食品的生产厂家提高自身的研发能力，科学使用天然食品添加剂的复配技术可以减少添加剂使用量。食品添加剂的复配可使各种添加剂之间产生协同效应，可以显著减少食品添加剂的使用量，降低成本。

食品添加剂是食品工业中研发最活跃，发展最快的内容之一，许多食品添加剂在纯度，使用功效等方面不断提升。因此，绿色食品加工企业应时刻注意食品添加剂行业发展的新动向，不断提高产品加工中食品添加剂的使用水平。

13.5　功能性食品添加剂

食品添加剂是食品工业的重要组成，也是食品工业新的增长点。随着国际上对环境和健康问题的日益重视，回归大自然，崇尚绿色消费已成为一种潮流。近年来，我国食品添加剂行业提出了大力开发“天然营养多功能性添加剂”的发展方针。

功能性食品添加剂是作为一种基料或配料，供制备各种食品之用。功能性食品添加剂的分类很复杂，现将我国已经列入 GB 2760—2014，兼具生理活性的部分功能性食品添加剂简介如下。

1. 天然着色剂

天然着色剂主要从植物中提取，很多均具有生理活性。近年来，经国家批准使用的天然着色剂品种，从 20 多种增加到 40 多种，是目前世界上批准天然着色剂最多的国家。很多具有防病抗病功能，其中如姜黄有抗癌作用，红花黄有降压作用，辣椒红有抗氧化作用，菊花黄有抗氧化作用，高粱红有抗氧化作用，玉米黄有抗癌、抗氧化作用，红曲米有降血脂作用，沙棘黄有抗氧化作用，桑葚红有降血脂作用，花生衣红有凝血作用，葡萄皮红有调脂作用，紫草红有抗炎症作用，茶绿素有调血脂作用等。这些天然着色剂均具有促进健康的功能，且部分天然着色剂可按照生产所需适量使用。

2. 甜味剂

近年来，肥胖症、糖尿病和龋齿等人群高发病的产生都被认为与饮食习惯及膳食结构尤其是与蔗糖摄入过多有密切关系，蔗糖作为传统甜味剂，口感较好，但对人体的健康有一定的影响。因此，安全性高，无营养价值、无热量或极低热量的功能性甜味剂受到普遍关注。例如，天然甜味剂甘草酸胺，除作为食品添加剂可按照生产需要适量使用于蜜饯凉果、糖果等食品中，还具有明显的解毒功能，常用于草药配伍和止咳片。人工合成甜味剂中的糖醇，普遍具有防龋齿和不影响血糖值等多种功能。例如，木糖醇不仅能防龋齿，不升血糖，还具有护肝、增殖双歧杆菌的功能。

3. 增稠剂

增稠剂中的水溶胶及其降解产物很多均具有生理活性，例如，高甲氧基果胶能降低食品中胆固醇含量并能抑制内源性胆固醇生成；降解的瓜尔豆胶能调节血脂；黄原胶具有抗氧化和免疫功能；经低分子化的海藻酸钾有显著的降压作用。

4. 乳化剂

很多乳化剂除了能改变食品的结构、性能和口感外，均兼具抑菌作用，如蔗糖脂肪酸酯、木糖醇脂肪酸酯、辛酸甘油酯等。辛癸酸甘油酯是一种乳化性能优良的食品添加剂，可应用于乳粉、氢化植物油、冰淇淋、巧克力、饮料等食品中，最大使用量不限，可按生产需要适量添加。辛癸酸甘油酯在肠道内极易水解吸收，吸收速率比一般油脂快4倍，并在肝脏和身体内不积累。由于它的黏度低、耐氧化性、低凝固点及和各种溶剂、油脂、维生素的相容性好，在食品中尚有抑制微生物繁殖的防腐功效。由于辛癸酸甘油酯是中碳链脂肪酸甘油酯，作为脂肪代用品在体内吸收代谢速率快，不会引起肥胖，可用作调节脂肪代谢紊乱症，且能降低胆固醇。又可作为预防和治疗高血脂和脂肪肝的药物。由于它的口感近似脂肪，所以远胜于过去的变性淀粉或菊粉原料制取的脂肪代用品。还有研究表面，辛癸酸甘油酯还具有对癌细胞的杀伤作用。可应用于治疗肝癌，而不影响正常细胞。

5. 防腐剂

乳酸链球菌素，亦称乳链菌肽，虽然不是天然提取物，但它是以可用食用蛋白质原料经发酵法生成，由34个氨基酸组成的肽，人体能消化代谢，无任何毒性，可认为视同天然物。早在1969年就被世界卫生组织和国际粮食与农业组织食品添加剂法规委员会推荐为安全的食品防腐剂。乳酸链球菌素对革兰氏阳性菌，包括葡萄球菌、链球菌、微球菌等有害菌有较强的抑制作用，它在乳制品和肉制品中使用，有较好的抑菌效果，而且在肉制品中使用，可降低杀菌温度，从而改善熟肉制品的口感。近年发现，乳酸链球菌素不仅能抑制口腔中糖类发酵，具有防龋齿功能，还对幽门螺旋杆菌有明显的抑制作用，可替代某些抗生素。

随着，功能性食品添加剂的发展，原有品种中新生理活性的发现和新功能性食品添加剂的研发，都将进一步推动我国食品添加剂向天然、营养、多功能的方向发展。

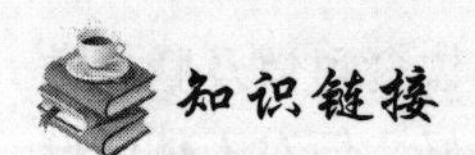

GB 29216—2012《食品安全国家标准
食品添加剂 丙二醇》

第 14 章　食品中违法添加的非食用物质和滥用的食品添加剂

☞ 学习目标

（1）了解我国针对食品添加剂使用导致的食品安全问题的管理办法和判定依据。
（2）熟悉食品中可能违法添加的非食用物质。
（3）熟悉食品中易滥用的食品添加剂。

食品中违法添加的非食用物质和滥用的食品添加剂

14.1　概　　述

随着我国食品工业的发展，我国食品添加剂工业也迅速发展，越来越多的食品添加剂产品应用于食品工业。食品添加剂与食品安全之间的关系受到关注度也越来越高。

因食品添加剂使用而导致的食品安全问题主要涉及两方面：一是把非食用物质作为食品添加剂非法地添加到食品中，以达到牟利的目的，如在牛奶中添加三聚氰胺；二是不科学地使用添加剂，或者滥用添加剂。按照《中华人民共和国食品安全法》、《食品安全国家标准 食品添加剂使用标准》（GB 2760—2014）及《中华人民共和国刑法》的相关条款规定，非食品物质添加到食品中间，即使没有造成健康后果，也涉嫌构成犯罪。

自 2008 年，由工业和信息化部、国家卫生和计划生育委员会等九部门联合开展的全国打击违法添加非食用物质和滥用食品添加剂专项整治行动开始，为针对性地打击在食品中违法添加非食用物质的行为，对食品添加剂超量、超范围使用进行有效监督管理，全国打击违法添加非食用物质和滥用食品添加剂专项整治领导小组于 2008 年、2009 年、2010 年、2011 年及 2012 年分别公布了部分食品中可能违法添加的非食用物质和易滥用的食品添加剂品种名单各五批次和各批次补充、修改内容，详见表 14-1～表 14-11。

判定一种物质是否属于非法添加物，根据相关法律、法规、标准的规定，可以参考以下原则：

（1）不属于传统上认为是食品原料的。

（2）不属于批准使用的新资源食品的。

（3）不属于国家卫生健康委员会公布的食药两用或作为普通食品管理物质的。

（4）未列入《食品安全国家标准 食品添加剂使用标准》（GB 2760—2014）的食品添加剂。

（5）其他我国法律法规允许使用物质之外的物质。

表 14-1　食品中可能违法添加的非食用物质名单（第一批）

序号	名称	主要成分	可能添加的主要食品类别	可能的主要作用	检测方法
1	吊白块	次硫酸钠甲醛	腐竹、粉丝、面粉、竹笋	增白、保鲜、增加口感、防腐	GB/T 21126—2007《小麦粉与大米粉及其制品中甲醛次硫酸氢钠含量的测定》；卫生部《关于印发面粉、油脂中过氧化苯甲酰测定等检验方法的通知》（卫监发〔2001〕159 号）附件 2 食品中甲醛次硫酸氢钠的测定方法
2	苏丹红	苏丹红 I	辣椒粉	着色	GB/T 19681—2005《食品中苏丹红染料的检测方法 高效液相色谱法》
3	王金黄、块黄	碱性橙 II	腐皮	着色	
4	蛋白精、三聚氰胺		乳及乳制品	虚高蛋白含量	GB/T 22388—2008《原料乳与乳制品中三聚氰胺检测方法》 GB/T 22400—2008《原料乳中三聚氰胺快速检测 液相色谱法》
5	硼酸与硼砂		腐竹、肉丸、凉粉、凉皮、面条、饺子皮	增筋	
6	硫氰酸钠		乳及乳制品	保鲜	
7	玫瑰红 B	罗丹明 B	调味品	着色	
8	美术绿	铅铬绿	茶叶	着色	
9	碱性嫩黄		豆制品	着色	
10	酸性橙		卤制熟食	着色	
11	工业用甲醛		海参、鱿鱼等干水产品	改善外观和质地	SC/T 3025—2006《水产品中甲醛的测定》
12	工业用火碱		海参、鱿鱼等干水产品	改善外观和质地	
13	一氧化碳		水产品	改善色泽	
14	硫化钠		味精		
15	工业硫磺		白砂糖、辣椒、蜜饯、银耳	漂白、防腐	
16	工业染料		小米、玉米粉、熟肉制品等	着色	
17	罂粟壳		火锅		

表 14-2　食品加工过程中易滥用的食品添加剂品种名单（第一批）

序号	食品类别	可能易滥用的添加剂品种或行为	检测方法
1	渍菜（泡菜等）	着色剂（胭脂红、柠檬黄等）超量或超范围（诱惑红、日落黄等）使用	GB 5009.35—2016《食品安全国家标准 食品中合成着色剂的测定》 GB 5009.141—2016《食品安全国家标准 食品中诱惑红的测定》
2	水果冻、蛋白冻类	着色剂、防腐剂的超量或超范围使用，酸度调节剂（己二酸等）的超量使用。	
3	腌菜	着色剂、防腐剂、甜味剂（糖精钠、甜蜜素等）超量或超范围使用。	
4	面点、月饼	馅中乳化剂的超量使用（蔗糖脂肪酸酯等），或超范围使用（乙酰化单甘脂肪酸酯等）；防腐剂，违规使用着色剂超量或超范围使用甜味剂	

续表

序号	食品类别	可能易滥用的添加剂品种或行为	检测方法
5	面条、饺子皮	面粉处理剂超量	
6	糕点	使用膨松剂过量（硫酸铝钾、硫酸铝铵等），造成铝的残留量超标准；超量使用水分保持剂磷酸盐类（磷酸钙、焦磷酸二氢二钠等）；超量使用增稠剂（黄原胶、黄蜀葵胶等）；超量使用甜味剂（糖精钠、甜蜜素等）	GB 5009.182—2017《食品安全国家标准 食品中铝的测定》
7	馒头	违法使用漂白剂硫磺熏蒸	
8	油条	使用膨松剂（硫酸铝钾、硫酸铝铵）过量，造成铝的残留量超标准	
9	肉制品和卤制熟食	使用护色剂（硝酸盐、亚硝酸盐），易出现超过使用量和成品中的残留量超过标准问题	GB 5009.33—2016《食品安全国家标准 食品中亚硝酸盐与硝酸盐的测定》
10	小麦粉	违规使用二氧化钛、超量使用过氧化苯甲酰、硫酸铝钾	

表 14-3 食品中可能违法添加的非食用物质名单（第二批）

序号	名称	主要成分	可能添加的主要食品类别	可能的主要作用	检测方法
1	皮革水解物	皮革水解蛋白	乳与乳制品 含乳饮料	增加蛋白质含量	乳与乳制品中动物水解蛋白鉴定-L（-）一羟脯氨酸含量测定
2	溴酸钾	溴酸钾	小麦粉	增筋	GB/T 20188—2006《小麦粉中溴酸盐的测定 离子色谱法》
3	-内酰胺酶（金玉兰酶制剂）	-内酰胺酶	乳与乳制品	掩蔽、抗生素	液相色谱法
4	富马酸二甲酯	富马酸二甲酯	糕点	防腐、防虫	气相色谱法

表 14-4 食品中可能违法添加的非食用物质名单（第三批）

序号	名称	主要成分	可能添加的主要食品类别	可能的主要作用	检测方法
1	废弃食用油脂		食用油脂	掺假	无
2	工业用矿物油		陈化大米	改善外观	
3	工业明胶		冰淇淋、肉皮冻等	改善形状、掺假	无
4	工业乙醇		勾兑假酒	降低成本	无
5	敌敌畏		火腿、鱼干、咸鱼等制品	驱虫	GB/T 5009.20—2003《食品中有机磷农药残留的测定》
6	毛发水		酱油等	掺假	无
7	工业用乙酸	游离矿酸	勾兑食醋	调节酸度	GB/T 5009.41—2003《食醋卫生标准的分析方法》

表 14-5　食品加工过程中易滥用的食品添加剂品种名单（第三批）

序号	易滥用的添加剂品种	可能添加的主要食品类别	检测方法
1	滑石粉	小麦粉	GB 21913—2008《食品中滑石粉的测定》
2	硫酸亚铁	臭豆腐等	

表 14-6　食品中可能违法添加的非食用物质名单（第四批）

序号	名称	主要成分	可能添加或存在的食品种类	添加目的	涉及环节	检测方法
1	-兴奋剂类药物	盐酸克伦特罗（瘦肉精）、莱克多巴胺等	猪肉、牛羊肉及肝脏等	提高瘦肉率	养殖	GB/T 22286—2008《动物源性食品中多种 -受体激动剂残留量的测定 液相色谱串联质谱法》
2	硝基呋喃类药物	呋喃唑酮、呋喃它酮、呋喃西林、呋喃妥因	猪肉、禽肉、动物性水产品	抗感染	养殖	GB/T 21311—2007《动物源性食品中硝基呋喃类药物代谢物残留量检测方法 高效液相色谱/串联质谱法》
3	玉米赤霉醇	玉米赤霉醇	牛羊肉及肝脏、牛奶	促进生长	养殖	GB/T 21982—2008《动物源食品中玉米赤霉醇、 -玉米赤霉醇、 -玉米赤霉烯醇、 -玉米赤霉烯醇、玉米赤霉酮和玉米赤霉烯酮残留量检测方法 液相色谱-质谱/质谱法》
4	抗生素残渣	万古霉素	猪肉	抗感染	养殖	需要研制动物性食品中测定万古霉素的液相色谱/串联质谱法
5	镇静剂	氯丙嗪	猪肉	镇静，催眠，减少能耗	养殖、运输	GB/T 20763—2006《猪肾和肌肉组织中乙酰丙嗪、氯丙嗪、氟哌啶醇、丙酰二甲氨基丙吩噻嗪、甲苯噻嗪、阿扎哌隆、阿扎哌醇、咔唑心安残留量的测定 液相色谱-串联质谱法》需要研制动物性食品中测定安定的液相色谱/串联质谱法
6	荧光增白物质		双孢蘑菇、金针菇、白灵菇、面粉	增白	加工、流通	蘑菇样品可通过照射进行定性检测 面粉样品无检测方法
7	工业氯化镁	氯化镁	木耳	增加重量	加工、流通	无
8	磷化铝	磷化铝	木耳	防腐	加工、	无
9	馅料原料	二氧化硫脲	焙烤食品	漂白	加工、餐饮	需要研制馅料原料中二氧化硫脲的测定方法
10	酸性橙Ⅱ		黄鱼	增色	流通	需要研制食品中酸性橙Ⅱ的测定方法（说明：水洗方法可作为补充，如果脱色，可怀疑是违法添加了着色剂）
11	抗生素	磺胺类、喹诺酮类、氯霉素、四环素、 -内酰胺类	生食水产品	杀菌防腐	餐饮	GB/T 21316—2007《动物源性食品中磺胺类药物残留量的测定 高效液相色谱-质谱/质谱法》 GB 21312—2007《动物源性食品中 14 种喹诺酮药物残留检测方法 液相色谱-质谱/质谱法》 GB/T 22338—2008《动物源性食品中氯霉素类药物残留量测定》 GB 21317—2007《动物源性食品中四环素类兽药残留量检测方法 液相色谱-质谱/质谱法与高效液相色谱法》 SN/T 2127—2008《进出口动物源性食品中 -内酰胺类药物残留检测方法 微生物抑制法》

续表

序号	名称	主要成分	可能添加或存在的食品种类	添加目的	涉及环节	检测方法
12	喹诺酮类	喹诺酮类	麻辣烫类食品	杀菌防腐	餐饮	需要研制麻辣烫类食品中喹诺酮类抗生素的测定方法
13	水玻璃	硅酸钠	面制品	增加韧性	餐饮	无
14	孔雀石绿	孔雀石绿	鱼类	抗感染	养殖、流通	GB 20361—2006《水产品中孔雀石绿和结晶紫残留量的测定 高效液相色谱荧光检测法》(建议研制水产品中孔雀石绿和结晶紫残留量测定的液相色谱-串联质谱法)
15	乌洛托品	六亚甲基四胺	腐竹、米线等	防腐	加工	需要研制食品中六亚甲基四胺的测定方法

表 14-7　食品中可能滥用的食品添加剂品种名单（第四批）

序号	名称	主要成分	可能添加或存在的食品种类	添加目的	涉及环节	检测方法
1	山梨酸	山梨酸	乳制品（除干酪外）	防腐	加工	GB 21703—2010《食品安全国家标准 乳与乳制品中苯甲酸和山梨酸的测定方法》
2	纳他霉素	纳他霉素	乳制品（除干酪外）	防腐	加工	GB/T 21915—2008《食品中纳他霉素的测定方法 液相色谱法》
3	硫酸铜	硫酸铜	蔬菜干制品	掩盖伪劣产品	加工	无

表 14-8　食品中可能违法添加的非食用物质名单（第五批）

序号	名称	主要成分	可能添加或存在的食品种类	添加目的	可能涉及的环节	检测方法
1	五氯酚钠	五氯酚钠	河蟹	灭螺、清除野杂鱼	养殖	SC/T 3030—2006《水产品中五氯苯酚及其钠盐残留量的测定 气相色谱法》
2	喹乙醇	喹乙醇	水产养殖饲料	促生长	养殖	《水产品中喹乙醇代谢物残留量的测定高效液相色谱法》(农业部 1077 号公告－5-2008)； SG/T 3019—2004《水产品中喹乙醇残留量的测定 液相色谱法》
3	碱性黄	硫代黄素	大黄鱼	染色	流通	无
4	磺胺二甲嘧啶	磺胺二甲嘧啶	叉烧肉类	防腐	餐饮	GB/T 20759—2006《畜禽肉中十六种磺胺类药物残留量的测定 液相色谱-串联质谱法》
5	敌百虫	敌百虫	腌制食品	防腐	生产加工	目前没有检测食品中敌百虫的国家标准方法，可参照《SN 0125—2010《进出口食品中敌百虫残留量检测方法 液相色谱-质谱/质谱法》

表 14-9　食品中可能易滥用的食品添加剂名单（第五批）

序号	食品添加剂	可能添加的主要食品类别	主要用途	可能涉及的环节	检测方法
1	胭脂红	鲜瘦肉	增色	生产加工、流通	GB 5009.35—2016《食品安全国家标准 食品中合成着色剂的测定》
2	柠檬黄	大黄鱼、小黄鱼	染色	流通	GB 5009.35—2016《食品安全国家标准 食品中合成着色剂的测定》
3	焦亚硫酸钠	陈粮、米粉等	漂白、防腐、保鲜	流通、餐饮	GB/T 5009.34—2016《食品安全国家标准 食品中二氧化硫的测定》
4	亚硫酸钠	烤鱼片、冷冻虾、烤虾、鱼干、鱿鱼丝、蟹肉、鱼糜等	防腐、漂白	流通、餐饮	GB/T 5009.34—2016《食品安全国家标准 食品中二氧化硫的测定》

表 14-10　食品中可能违法添加的非食用物质和易滥用的食品添加剂名单（第六批）

名称	可能添加的食品品种	检验方法
邻苯二甲酸酯类物质，主要包括：邻苯二甲酸二（2-乙基）己酯（DEHP）、邻苯二甲酸二异壬酯（DINP）、邻苯二甲酸二苯酯、邻苯二甲酸二甲酯（DMP）、邻苯二甲酸二乙酯（DEP）、邻苯二甲酸二丁酯（DBP）、邻苯二甲酸二戊酯（DPP）、邻苯二甲酸二己酯（DHXP）、邻苯二甲酸二壬酯（DNP）、邻苯二甲酸二异丁酯（DIBP）、邻苯二甲酸二环己酯（DCHP）、邻苯二甲酸二正辛酯（DNOP）、邻苯二甲酸丁基苄基酯（BBP）、邻苯二甲酸二（2-甲氧基）乙酯（DMEP）、邻苯二甲酸二（2-乙氧基）乙酯（DEEP）、邻苯二甲酸二（2-丁氧基）乙酯（DBEP）、邻苯二甲酸二（4-甲基-2-戊基）酯（BMPP）等	乳化剂类食品添加剂、使用乳化剂的其他类食品添加剂或食品等	GB 5009.271—2016《食品安全国家标准 食品中邻苯二甲酸酯的测定》

表 14-11　各批次补充和修改内容

序号	名称	主要成分	对主要产品类别等的修改内容	备注
1	工业用火碱	工业用火碱	增加“生鲜乳”	“食品中可能违法添加的非食用物质名单（第一批）”第 12 条
2	甜味剂	甜蜜素	增加“酒类”（配制酒除外）	“食品加工过程中易滥用的食品添加剂品种名单（第一批）”第 4 条
3	甜味剂	安塞蜜	增加“酒类”	“食品加工过程中易滥用的食品添加剂品种名单（第一批）”第 4 条
4	工业硫磺	SO_2	增加“龙眼、胡萝卜、姜等”	“食品中可能违法添加的非食用物质名单（第一批）”第 15 条
5	铝膨松剂	硫酸铝钾、硫酸铝铵	增加“面制品和膨化食品”	“食品加工过程中易滥用的食品添加剂品种名单（第一批）”第 6 条
6	一氧化碳	一氧化碳	将“水产品”改为“金枪鱼、三文鱼”	“食品中可能违法添加的非食用物质名单（第一批）”第 13 条
7	着色剂	胭脂红、柠檬黄、诱惑红、日落黄等	增加“葡萄酒”	“食品加工过程中易滥用的食品添加剂品种名单（第一批）第 1 条”
8	亚硝酸盐	亚硝酸盐	增加“腌肉料和嫩肉粉类产品”	“食品加工过程中易滥用的食品添加剂品种名单（第一批）”第 9 条

续表

序号	名称	主要成分	对主要产品类别等的修改内容	备注
9	皮革水解物	皮革水解蛋白	将“皮革水解物”修改为“革皮水解物”；将“检测方法”适应范围限定为“仅适应于生鲜乳、纯牛奶、乳粉”	“食品中可能违法添加的非食用物质名单（第二批）”第 1 条
10	甲醛	甲醛	“产品类别”中增加“血豆腐”	“食品中可能违法添加的非食用物质名单（第一批）”第 11 条
11	苏丹红	苏丹红	“产品类别”中增加“含辣椒类的食品（辣椒酱、辣味调味品）”	“食品中可能违法添加的非食用物质名单（第一批）”第 2 条
12	罂粟壳	吗啡、那可丁、可待因、罂粟碱	“产品类别”中增加“火锅底料及小吃类”	“食品中可能违法添加的非食用物质名单（第一批）”第 17 条
13	氯霉素	氯霉素	“产品类别”中增加“肉制品、猪肠衣、蜂蜜”	“食品中可能违法添加的非食用物质名单（第四批）”第 11 条
14	酸性橙Ⅱ		“产品类别”中增加“鲍汁、腌卤肉制品、红壳瓜子、辣椒面和豆瓣酱”	“食品中可能违法添加的非食用物质名单（第四批）”第 10 条

14.2　食品中违法添加的非食用物质

14.2.1　食品中违法添加的非食用物质的管理

非食用物质和食品添加剂完全是两个概念。非法添加的非食品类添加物加入食品中会对人体产生严重危害，给食品安全带来极大的风险。《中华人民共和国食品安全法》中明确指出，在食品生产经营过程中，不得使用非食品原料，或者添加食品添加剂以外的化学物质和其他可能危害人体健康的食品。

食品中可能违法添加的非食用物质因其的某些功效，从而被不法商贩在食品生产经营中违法使用。在生产加工过程中，生产者使用非食用物质替代食品原料，鱼目混珠，降低生产加工成本，提高产品利润；另一方面，生产者弄虚作假，违法添加非食用物质使产品产生良好的色泽、形态，增强口感，防腐防虫。例如，吊白块对面粉、粉丝等可以起到增白、防腐作用，苏丹红可用于辣椒粉着色来掩盖因贮存不当而导致的色泽暗沉现象。

按照《中华人民共和国食品安全法》及其实施条例的规定，食品生产经营者应当依照法律、法规和食品安全标准从事生产经营活动，建立健全食品安全管理制度，采取有效措施，保证食品安全。法律同时还规定了食品生产企业应当建立并执行原料验收、生产过程安全管理等制度，对原料采购、原料验收、投料等原料控制事项制定并实施控制要求。因此，食品企业严格执行法律、法规和包括《食品安全国家标准 食品添加剂使用标准》（GB 2760—2014）在内的食品安全标准，不采购、使用非食用物质，坚持企业诚信和自律，是防范违法添加非食用物质的前提和基础。同时，各食品安全监管部门按照职责分工，对食品生产、流通和餐饮消费等环节加强监管，督促落实企业主体责任，及时发现和查处违法使用非食用物质行为，移送公安司法机关加大刑事打击力度，是防范违法添加非食用物质的有效手段。

14.2.2　食品中常见的违法添加的非食用物质

1. 吊白块

吊白块化学名称为甲醛次硫酸氢钠，呈白色块状或结晶性粉状，溶于水，常温时较为稳定，但其水溶液在60℃以上即分解为有害物质甲醛、二氧化碳和硫化氢等有毒气体。

2. 苏丹红

苏丹红学名叫苏丹，偶氮系列化工合成染色剂，主要应用于油彩、汽油等产品的染色。共分为Ⅰ、Ⅱ、Ⅲ、Ⅳ号，都是工业染料。国际癌症研究机构将苏丹红Ⅳ号列为三类致癌物，其初级代谢产物邻氨基偶氮甲苯和邻甲基苯胺均列为二类致癌物。

3. 王金黄、块黄

“王金黄”“块黄”是碱性橙Ⅱ的俗名。碱性橙Ⅱ是一种偶氮类碱性染料，为致癌物，主要用于纺织品、皮革制品及木制品的染色。根据美国卫生研究所（NIH）化学品健康与安全数据库资料表明：过量摄取、吸入及皮肤接触该物质均会造成急性和慢性的中毒伤害。

4. 三聚氰胺

三聚氰胺为一种化工原料，可用作生产三聚氰胺甲醛树脂（MF）的原料，还可以作阻燃剂、减水剂、甲醛清洁剂等。在乳粉、蛋白粉等食品或饲料中添加三聚氰胺可以在检测中造成蛋白质含量达标假象，因此三聚氰胺也被称为“蛋白精”。大量摄入三聚氰胺会损害人体和动物的生殖、泌尿系统，产生肾、膀胱结石，并可能导致肾功能衰竭。

5. 硼酸与硼砂

硼酸为白色结晶性粉末或无色微带珍珠状光泽的鳞片，有刺激性。硼砂，为硼酸盐，无色半透明的结晶或白色结晶性粉末。过多食入硼酸或硼砂可引起中毒，少量长期食入对肾脏有损害。

6. 玫瑰红B

玫瑰红B也称罗丹明B，俗称花粉红，是一种碱性荧光染料。经老鼠试验发现，罗丹明B会引致皮下组织生肉瘤，为三类致癌物。

7. 铅铬绿

铅铬绿俗称“美术绿”，也称“翠铬绿”，外观色泽鲜艳，主要用于生产油漆、涂料、油墨及塑料等工业产品，是一种工业颜料。违法用于茶叶着色，会使其铅、铬等重金属严重超标，可对人的中枢神经、肝、肾等器官造成极大损害，并会引发多种病变。

8. 碱性嫩黄

碱性嫩黄为黄色粉末，是一种工业染料，一般用于布料染色。碱性嫩黄接触或者吸入都会引起中毒，具有致癌性。

9. 工业用甲醛

工业用甲醛为无色水溶液或气体，有刺激性气味。甲醛是一种化学防腐剂，是有刺激性的原生质毒物。浓度为 35%～40%的甲醛溶液在医学上被称为福尔马林。人体摄入后，会破坏人体的新陈代谢功能，损坏中枢神经系统，可导致口腔、咽喉、食道和胃肠灼痛，伴有呕吐、腹泻等症状，还会损害肝、肾功能。工业用甲醛还含有甲醇等有害杂质，对人体伤害更大。

10. 工业用火碱

工业用火碱又名烧碱、苛性钠，主要化学成分为氢氧化钠，常温下是一种白色晶体，具有强腐蚀性，广泛应用于化工、印染、造纸、环保等多行业。工业用火碱对人体危害巨大，会强烈刺激人体胃肠道，还存在致癌、致畸形和引发基因突变的潜在危害。

11. 一氧化碳

一氧化碳是一种无色、无臭、无味的气体，腐坏的水产品及畜禽肉类产品经一氧化碳处理后，可使肉品看起来新鲜、鲜红，用以掩盖食品腐败变质的实际情况。食用含有一氧化碳的食品会导致人体中毒，轻度中毒者出现头痛、头晕呕吐、无力。重度患者昏迷不醒、瞳孔缩小、肌张力增加，频繁抽搐、大小便失禁等，深度中毒可致死。

12. 硫化钠

硫化钠又名臭碱、硫化碱，为无色或微紫色的棱柱形晶体，广泛应用于印染、制革、橡胶等工业，在传统味精生产过程中，曾作为除铁剂使用。硫化钠不属于 GB 2760—2014 中规定的食品添加剂。食用含有硫化钠的食品会在胃肠道中分解出硫化氢，引发硫化氢中毒，导致胃肠道损伤。

13. 工业硫磺

工业硫磺别名石硫磺、昆仑磺、胶体硫，外观为淡黄色脆性结晶或粉末，有特殊臭味，广泛应用于制造染料、农药、火柴、火药、橡胶、人造丝等。工业硫磺相比于食品级硫磺（食品添加剂硫磺 CNS 号 05.007)，含有硫、铅、砷等有毒物质。经工业硫磺熏蒸的食品会残留大量的二氧化硫及重金属杂质，长期或过量摄入会导致恶心、呕吐，影响钙元素吸收，加速机体钙流失，诱发恶性肿瘤。

14. 皮革水解物

顾名思义，这种非法添加物就是将皮革用化学的方法进行水解，由于动物的皮毛主要成分是蛋白质，因此水解产物被称为皮革水解蛋白，添加到食品中可以提高蛋白质的含量。

皮革水解物与三聚氰胺不同，是真正的蛋白质，若添加到乳制品、乳饮料当中，检测判别难度比三聚氰胺更大。

食品中违法添加皮革水解物的危害在于，其生产原料主要来自制革工厂的边角废料，皮革水解蛋白中存在大量皮革加工过程中使用一些化学品残留，例如六价铬、工业染料、有机致癌物等，被人体摄入后可能导致中毒、关节肿大、关节疏松等危害。

15. 溴酸钾

溴酸钾为无色三角晶体或白色结晶性粉末，主要用作分析试剂、氧化剂、羊毛漂白处理剂。溴酸钾在焙烤业曾被认为是最好的面团调节剂之一，可以作为一种缓慢氧化剂，在面团发酵、醒发及焙烤过程中与面筋发生反应，影响面的结构和流变性能，增加面筋的强度和弹性，形成好的面筋网络，从而改善面粉的烘焙效果和口感。

但针对溴酸钾的研究表明，大约有 0.000 05%的溴酸盐残留在烤制面包中。溴酸钾可引起人的恶心、呕吐、胃痛等症状，大量接触可导致血压下降，严重者发生肾小管坏死和肝脏损害，引起肾脏的突发病变。WHO 1992 年把溴酸钾列为致癌物质。

目前，包括中国、欧盟、澳大利亚、马来西亚、巴西、阿根廷、智利、乌拉圭、新加坡、泰国在内的大多数国家都已禁用溴酸钾。

16. -内酰胺酶

-内酰胺酶是一种由细菌产生的能水解 -内酰胺类抗生素的酶。 -内酰胺酶添加到乳与乳制品中，可作为抗生素的分解剂，以掩盖其抗生素残留超标的事实。

部分不法生产者为了达到乳制品“无抗”标准，在乳与乳制品中人为添加 -内酰胺酶，给乳制品市场造成了混乱。另外， -内酰胺酶的滥用也助长了牛奶生产中 -内酰胺类抗生素的滥用，加速了耐药菌的传播，严重威胁了行业的可持续发展。外源性 -内酰胺酶是我国不允许在食品中使用的物质。

17. 富马酸二甲酯

富马酸二甲酯为白色鳞片状结晶体，略有辛辣味，对霉菌有特殊的抑菌效果，常用于皮革、鞋类、纺织品等行业。

研究表明，富马酸二甲酯易水解生成甲醇，对人体肠道、内脏产生腐蚀性损害，当该物质接触到皮肤后，会引发接触性皮炎痛楚，包括发痒、刺激、发红和灼伤，其危害极大。另外，长期食用还会对肝、肾有很大的副作用，尤其对儿童的生长发育造成很大危害。欧盟等国家在 2000 年以后陆续禁止或限制富马酸二甲酯在食品中使用。我国也于 2009 年明令禁止其在食品中的使用。

14.3　食品中滥用的食品添加剂

14.3.1　概述

食品添加剂可以起到提高食品质量和营养价值，改善食品感官性质，防止食品腐败变质，延长食品保藏期，便于食品加工和提高原料利用率等作用，但是滥用食品添加剂就会适得其反。

食品添加剂的滥用主要是指在食品生产、经营、使用过程中向食品中超范围或超量添加添加剂，对消费者的生命健康造成损害的危险行为。我国对食品添加剂的生产、加工、使用管理严格，在《中华人民共和国食品安全法》、《食品安全国家标准 食品添加剂使用标准》（GB 2760—2014）中都明确规定了食品添加剂的生产加工要求及允许使用的品种和使用量。但在近年来全国发生的食品安全事件中，仍有部分事件产生原因指向食品添加剂，滥用食品添加剂的行为仍然存在于食品生产经营过程中。某些食品生产经营者为了达到延长食品保质期、改善食品外观吸引消费者的目的，加入超标的防腐剂、着色剂或违规使用其他添加剂等，对人们的身体健康产生危害，并且造成了市场混乱。究其原因是部分食品企业管理者、食品生产者缺乏食品安全意识，罔顾食品添加剂使用标准；部分食品生产小作坊设备简单陈旧，缺乏精确的计量设备，缺少食品专业生产技术人员，从而出现违规、违禁、超标使用食品添加剂的情况。

超范围和超量使用食品添加剂是一种违法行为。按照《中华人民共和国食品安全法》（2018 年修正）第一百二十四条规定，生产经营超范围、超限量使用食品添加剂的食品，尚不构成犯罪的，由县级以上人民政府食品安全监督管理部门没收违法所得和违法生产经营的食品、食品添加剂，并可以没收用于违法生产经营的工具、设备、原料等物品；违法生产经营的食品、食品添加剂货值金额不足一万元的，并处五万元以上十万元以下罚款；货值金额一万元以上的，并处货值金额十倍以上二十倍以下罚款；情节严重的，吊销许可证。

随着我们全民科学文化素质的提高，消费者对于食品安全的认识和食品安全的意识越来越强。以前消费者选购食品时还只是看表观，现在很多消费者都要仔细阅读食品标签。特别是看到非常鲜艳的颜色的食品，看到很白的面粉和面食品，尝到不正常的甜味（如糖精的带苦的甜味）等，都会对食品的安全性提出质疑，会影响消费者对食品的选择，甚至形成消费者对该食品的生产企业和该食品品牌的信任危机。

各食品行业组织要切实负起行业自律的责任，积极组织企业开展自查自纠工作，对本行业存在的违法添加非食用物质和滥用食品添加剂的问题进行系统梳理，鼓励和引导企业自觉清理问题，遵守行业诚信，履行企业社会责任。要进一步加强行业自律和诚信制度建设，健全企业自律机制。对不能认真履行行业自律职责、未及时发现和处理本行业存在的违法添加非食用物质和滥用食品添加剂问题的，要给予通报批评并依法严肃处理。

14.3.2 易滥用的食品添加剂

1. 食品中易滥用的着色剂

超量或超范围使用着色剂是我国添加剂滥用问题中比较突出的一个方面。着色剂的使用是为了改善食品的颜色，部分食品企业为了吸引消费者或掩盖食品质量问题，在生产经营中违规使用食品着色剂。人体若摄入过量的着色剂尤其是合成色素，会造成肝脏损害，影响人体健康。

2. 食品中易滥用的防腐剂

超量或超范围使用防腐剂，是食品因防腐剂产生安全问题的主要原因之一。一些食品生产企业利用防腐剂兼具抑菌、消毒的特点，把防腐剂视为万能药剂，在加工食品时普遍使用防腐剂，将防腐、抑菌、消毒等多种工序合而为一，导致防腐剂的过量使用；部分食品生产企业不遵守国家标准要求，为达到食品保鲜、延迟货架期等要求，在某些食品中超范围使用防腐剂。

目前我国批准使用的食品防腐剂都为低毒、安全性较高的品种，但如果不按照规定，超量或超范围使用会对健康造成一定损害，严重可能导致急慢性中毒。

3. 食品中易滥用的甜味剂

甜味剂的超范围、超量甚至叠加使用是目前食品添加剂滥用导致食品安全问题的常见原因。一些食品生产企业为了食品口感和经济利益，不顾消费者的健康安全，违法违规使用甜味剂。消费者如果经常食用大量甜味剂含量超标的食物和饮料会对肝脏和神经系统造成危害。

4. 食品加工过程中易滥用的食品添加剂

食品加工过程中易滥用的食品添加剂品种包括：在腌菜（泡菜等）中超量使用着色剂胭脂红、柠檬黄等，或超范围使用诱惑红、日落黄等；水果冻、蛋白冻类食品中超量或超范围使用着色剂、防腐剂，超量使用酸度调节剂（己二酸等）；腌菜中超量或超范围使用着色剂、防腐剂、甜味剂（糖精钠、甜蜜素等）；面点月饼馅中超量使用乳化剂（蔗糖脂肪酸酯等），或超范围使用（乙酰化单甘脂肪酸酯等）；面条、饺子皮的面粉超量使用面粉处理剂；糕点中使用膨松剂过量（硫酸铝钾、硫酸铝铵等），造成铝的残留量超标准，或超量使用水分保持剂磷酸盐类（磷酸钙、焦磷酸二氢二钠等）、增稠剂（黄原胶、黄蜀葵胶等）及甜味剂（糖精钠、甜蜜素等）；馒头违法使用漂白剂硫磺熏蒸；油条过量使用膨松剂（硫酸铝钾、硫酸铝铵），造成铝的残留量超标准；肉制品和卤制熟食超量使用护色剂（硝酸盐、亚硝酸盐）；小麦粉违规使用二氧化钛、超量超范围使用过氧化苯甲酰、硫酸铝钾等。

主要参考文献

侯振建，2004. 食品添加剂及其应用技术［M］. 北京：化学工业出版社.

胡国华，2006. 复合食品添加剂［M］. 北京：化学工业出版社.

刘程，等，2003. 食品添加剂实用大全［M］. 北京：北京工业大学出版社.

刘志皋，高彦祥，等，1994. 食品添加剂基础［M］. 北京：中国轻工业出版社.

天津轻工业学院食品工业教研室，1985. 食品添加剂［M］. 北京：中国轻工业出版社.

温辉梁，黄绍华，刘崇波，2002. 食品添加剂生产技术与应用配方［M］. 南昌：江西科学技术出版社.

袁勤生，1994. 应用酶学［M］. 上海：华南理工大学出版社.

郑建仙，1997. 功能性食品甜味剂［M］. 北京：中国轻工业出版社.

中国食品添加剂生产应用工业协会，1999. 食品添加剂手册［M］. 北京：中国轻工业出版社.